全栈开发

Vue.js

前端开发

基础与项目实战

郑韩京 / 编著

人 民 邮 电 出 版 社

北 京

图书在版编目（CIP）数据

Vue.js前端开发基础与项目实战 / 郑韩京编著. -- 北京 : 人民邮电出版社, 2020.4（2024.2重印）
ISBN 978-7-115-53210-7

Ⅰ. ①V… Ⅱ. ①郑… Ⅲ. ①网页制作工具－程序设计 Ⅳ. ①TP392.092.2

中国版本图书馆CIP数据核字(2019)第291754号

内容提要

本书以项目实战的方式引导读者渐进式学习 Vue.js。本书从 Vue.js 的基础语法讲起，然后介绍 ES6 的语法规范，最后通过项目构建、项目部署介绍 Vue.js 项目开发的全套流程。本书内容侧重于 Vue.js 项目实战开发中的组件复用、代码解耦等操作，读者不但可以系统地学习 Vue.js 的相关知识，而且能对 Vue.js 的开发应用有更为深入的理解。

本书分为基础准备篇和项目实战篇。基础准备篇主要介绍 Vue.js 的核心功能，包括但不限于 Vue.js 的语法与组件、ES6 的语法规范、前后端项目框架的构建、数据库及其相关操作。项目实战篇主要以网页版知乎为例讲解实战开发流程与方法，所涉及的项目分析、开发流程、项目部署等内容可帮助读者融会贯通地应用所学知识。阅读本书，读者能够掌握 Vue.js 框架主要 API 的使用方法、组件开发、前后端项目联调等内容。

本书示例丰富、侧重实战，适用于刚接触或即将接触 Vue.js 的开发者，也适用于对 Vue.js 有过开发经验，但需要进一步提升的开发者。

◆ 编　　著　郑韩京
　责任编辑　张天怡
　责任印制　王　郁　马振武

◆ 人民邮电出版社出版发行　　北京市丰台区成寿寺路 11 号
　邮编　100164　　电子邮件　315@ptpress.com.cn
　网址　http://www.ptpress.com.cn
　三河市君旺印务有限公司印刷

◆ 开本：787×1092　1/16
　印张：19.25　　　　2020 年 4 月第 1 版
　字数：475 千字　　　2024 年 2 月河北第14次印刷

定价：69.00 元

读者服务热线：(010)81055410　印装质量热线：(010)81055316
反盗版热线：(010)81055315
广告经营许可证：京东市监广登字 20170147 号

前言
Foreword

刚开始接触 Vue.js 框架时，我就被其轻量、组件化和友好的应用程序接口（Application Programming Interface，API）所吸引。之后经过深入研究与实际开发，更加意识到 Vue.js 的奇妙。再后来研究了其他 MVVM 框架，几经对比后，发现 Vue.js 依然是最适合初学者学习的 MVVM 框架之一，其学习成本低、效果好，是前端开发的不二之选。

我将多年的知识积累与实际开发经验浓缩成这本书，从简到难，并且通过实际开发的案例来分析，深入浅出、图文并茂，力求将枯燥的知识用诙谐幽默、浅显直白的方式叙述出来。本书抛开了冗余难懂的理论化内容，除实战需要用到的必备知识外，没有其他多余的内容，绝不贪多求全，尤其强调实际操作、快速上手，并且侧重点绝不是展示示例（Demo），而是更注重实战开发——从如何分析涉及项目、如何构建项目框架到项目实际开发、数据库配置、后端接口的配置，读者学到的都是项目开发中所需要的知识，项目构建的整体过程。

本书主要分为基础准备篇与项目实战篇，其中基础准备篇涵盖了项目开发需要的各种内容与工具，并做了详细的讲解。

1. 前端历史的介绍

“以史为镜，可以知兴替”。从前端最开始的故事讲起，介绍这20多年来前端的发展。讲解前端如何从静态网页到如今的单页面应用，其间不断的革新是由无数人一步一个脚印走出来的，发展的艰辛可想而知。了解前端的历史的目的，主要就是明确前端的发展方向，以便有的放矢地学习。

2. Vue.js 基础知识的介绍

这部分主要介绍了后期实战所需用到的 Vue.js 相关知识，从两个简单的 Demo 先了解 Vue.js 的特性，之后根据这些特性来逐步分析学习 Vue.js 的知识。此外，还单独列出一章，讲解 Vue.js 组件的相关知识，不仅仅是因为组件知识比较重要，还因为组件知识的内容也比较复杂，尤其是组件之间信息的传递，相对来说比较复杂。

3. ES6 语法介绍

后期实战代码中较多使用了 ES6 语法，而 ES6 与前代 ES5 语法区别较大，若不加以讲解，可能有些读者无法理解，有可能严重影响开发进度。书中详细讲解 ES6 的重点特性，并辅以例子方便读者理解。

4. 前后端项目框架构建

为项目实战做好基础工作，在脚手架工具的基础上二次开发，得到了具备一定程度上自动化解析代码的方法，为项目的开发提供了很好的底层内容。

第 2 篇为项目实战篇，以网页版知乎为例，介绍如何实现主要的增、删、改、查功能，帮助读者了解项目实际开发中需要经历的流程，并且熟练使用 Vue.js 来构建项目。

1. 基础部分的开发

本部分介绍页面整体框架与用户登录、登出功能的实现方法，如何使用 Cookies 存储用户登录信息以及页面相应的展示状态，并对项目的逻辑层也进行简单介绍。

2. 文章问题回答等一系列内容的增、删、改、查

实战项目的主要内容，从增、删、改、查的角度为读者介绍前后端的操作逻辑，让读者对项目的整体流程有一个更立体的认识，能熟练使用 Vue.js 对数据进行各种形式的展示及灵活调用组件。本部分对代码的解耦和复用性也做了一定程度上的介绍，帮助读者养成更好的开发习惯，促进职业道路的发展。

3. 个人信息的展示与修改

对整个项目的展示与修改，通过规范化配置与组件的灵活调用，力求用最少的代码实现此功能，同时对整个项目的内容进行梳理，对每种类型的内容的存在与意义有了更深刻的认识。

4. 前后端项目的部署

从购买服务器、配置服务器到项目的实际部署，一步步教会读者独立部署项目，并且介绍相关工具的使用，扩展读者的知识面，让读者对开发有更长远的认识。

本书读者对象

本书包括基础内容和实战项目，适用于刚接触 Vue.js 的前端或后端开发者。当然，有一定 Vue.js 开发经验的读者也能从中收获不少实战经验。

目录

Contents

第 1 篇　基础准备篇

第 2 篇 项目实战篇

第 1 篇　基础准备篇

第1章 关于前端开发你需要知道的事

在开始讲解技术之前，首先需要了解一下关于前端开发的一些事——前端开发的历史、前端的发展过程、前端的现状等。这些知识并非毫无用处，因为只有对前端有了更好的理解，我们对整个开发过程的认识才能更加深刻，对前端的功能改善与整体项目的布局才会有更好的想法。

本章主要涉及的知识点如下。

- 前端开发的历史
- 前端的三大框架
- 前端开发工具的日常使用

1.1 网页开发的前世今生

我们知道，历史有其独特性，是无法抹去的。只有牢记历史，才能更好地面对未来。前端出现的时间不长，迄今为止只有20多年。但这20多年间，前端的变化可以说是翻天覆地的。

1.1.1 是否还记得曾经的前端开发

1994年秋天，网景推出了第一版Navigator，也是这个秋天，万维网（World Wide Web，W3C）在麻省理工学院计算机科学实验室成立。同年，CSS的概念被提了出来（之前只有RRP）。几个月后，一个加拿大人为了追踪访问他个人主页的用户的数据，开发出PHP的前身。以上种种事件的发生，宣告着前端正式出现在人们的视野中。

万维网创建的初衷是为了方便欧洲核子研究组织的科学家们查看文档、上传论文。这也就解释了为什么Web网页都是基于Document的。Document就是用“标记语言+超链接”写成的由文字和图片构成的HTML页面，这样的功能已经完全可以满足学术交流的需要，所以网页的早期形态和Document一样，完全基于HTML页面，并且所有内容都是静态的。这也解释了为什么原生JavaScript（简称“JS”）用document.getElementBy获取页面元素。

最开始的网页在很多方面都受到限制，当时JS还没有出现，没有任何手段可以对页面进行修改，就连最简单的显示或隐藏都做不到，所以，不管网页之间的变化有多小，只要有变化，就要重新加载一个页面。同时本地无法对数据进行任何操作，所有计算都是在服务端完成的。

虽说这些在现在看来，可能只是些很好解决的小问题，但是当时的网络运行不流畅，网速与现在相比完全没有可比性。所以，在当时用户提交一个表单后，屏幕首先会出现一片雪白，经过漫长的等待，可能返回一个一模一样的页面，只是在输入框下面出现了一行红字——用户名或密码输入错误！

除此之外，纯静态页面还带来了另外一个问题：例如一个电商平台有1000种商品，就算布局一模一样，但因为商品不同，还是要写1000个页面，即使是修改其中某个商品，困难都不敢想象。

退一步说，就算网速提高了，但是服务器也受不了这种任何数据计算都要请求的情况，不仅是数据的存储，其数据的处理和返回也对服务器有着极大的要求。所以，前端的数据处理和修改文档对象模型（Document Object Model，DOM）元素的能力真的很重要。

因此，JS于1995年应运而生，它不仅实现了客户端的计算任务，而且减轻服务器压力的用时，降低了网速慢带来的限制。1996年，微软又推出了iframe标签，实现了局部的异步加载。1999年，XMLHttpRequest技术出现，谷歌使用其开发了Gmail和谷歌地图之后，XMLHttpRequest获得了巨大的关注。2006年，XMLHttpRequest被W3C正式纳入标准，同时有了新的名字——Ajax。

Ajax的出现不仅解决了早期前端的众多问题，同时将我们从Web网页时代带到了Web应用时代，也就是常说的Web 2.0时代，同时提出了前后端分离的概念。

Web网页时代与Web应用时代的区别是十分巨大的：在Web网页时代，网页都是服务端渲染的，服务器先渲染出HTML页面，之后糅合JS和CSS文件，再发送给浏览器，浏览器解析这个类似文档的内容，展示给用户。如此便把所有压力都放在服务器，客户端只负责解析服务器返回的文档。但是在Web应用时代，客户端可以自己对数据进行处理，并且做出相应的渲染。不仅分摊了服务器的压力，同时由于数据量的减少，页面的反馈速度也提升了，缺点就是对机能提出了一定的要求，但随着计算机性能的不断提高，这点要求变得微不足道。

1.1.2 大前端时代的来临

在Web 2.0时代，网页在某种程度上被当作一个App，浏览器就是运行这个App的容器，在这个App里，前端会对数据进行很多操作，只要不对数据进行永久化修改，就无须请求服务，这使网页独立成为一个整体。

jQuery的出现促进了Web 2.0时代的进步，其优雅的语法、符合直觉的事件驱动型的编程思维使其极易上手，因此很快风靡全球，大量基于jQuery的插件构成了一个庞大的生态系统，更加稳固了jQuery作为JS“库一哥”的地位。

同样，谷歌的V8引擎也搭了把手，因为即使有了jQuery，若是浏览器的解析不到位，依然会制约JS的使用。但V8的出现彻底解决了这个问题，也终止了当时微端对浏览器的垄断。有了V8引擎，浏览器可以更好地对JS进行解析，前端机能一下变得过剩。同时ES5也发布出来，前端整体的发展环境得到了很大的提高，迈入了一个崭新的时代。

在所有准备工作都做好的时候，各大框架出现了，从2009年的AngularJS，到2010年的

backbone.js，再到 2014 年的 React、Ember、Vue.js 等，这些框架增进了前后端分离的进程。

前后端分离使得前端工程师可以更加专注地开发前端功能，同时避免了前后端共同开发的一些分歧。在前后端分离的架构中，后端只负责按照约定的数据格式为前端提供可调用的 API 服务即可。前后端之间通过 HTTP 请求进行交互，前端获取数据后进行组装和渲染，最终展示在浏览器上。

前后端分离的代码库也进行了一定的操作，代码组织方式如图 1.1 所示。

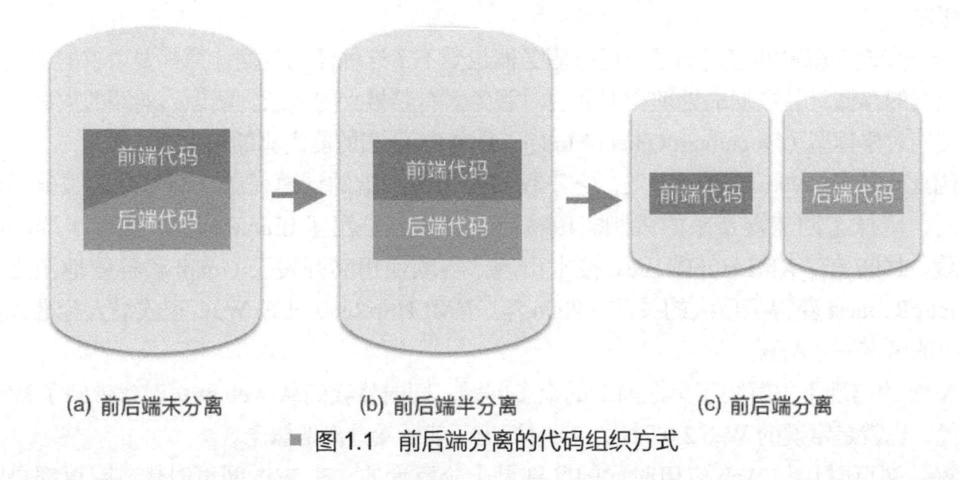

■ 图 1.1　前后端分离的代码组织方式

在前后端没有分离的时代，前端工程师进行开发的时候，必须把整个项目都导入开发工具中，页面中可能夹杂了些许后端代码，使项目的修改变得十分复杂，一不小心就可能造成不可预料的后果。

有些前端工程师不满足于仅仅涉猎前端，但后端语言学习的成本又很高，那怎么办呢？Node.js 是一个不错的选择。2009 年，Node.js 出现了，它是一个基于 V8 引擎的服务端 JS 运行环境，类似于一个虚拟机，也就是说，JS 在服务端语言中占据了一席之地。至此，仅凭 JS 一门语言就可以开发整个系统了。

其实 Web 2.0 的眼光更加长远，其更多的是放在替代传统软件上。Web 应用相比传统的应用有着太多的好处——无须针对系统来开发不用的版本，无须安装，无须审核，无须升级等。其中最大的好处就是降低了软件的开发成本。虽然理想很好，但是当前制约 Web 应用的因素也有很多。例如浏览器的处理速度跟不上，对系统功能的调用不完善等。但是目前这些弊端正在渐渐消失，系统权限正在逐步开发出来，Luminosity API、Orientation API、Camera API 等日渐完善。谷歌为了促进 Web 应用的发展，推出了 Chromebook，在此款笔记本中，谷歌浏览器（Chrome）被整合到系统中，并且系统中只有谷歌浏览器这一个应用，用户的所有操作都是在谷歌浏览器中完成的，这足以证明 Web 应用是完全可行的。

除了 Chromebook，还有很多程序可以证明 Web 应用正在逐渐替代传统的应用，最有名的应当是微信小程序，开发者只需要在自己的 App 中嵌入 Weex 的 SDK，就可以通过撰写 HTML/CSS/JS 来开发 Native 级别的 Weex 界面。Weex 界面的生成码就是一段很小的 JS，可以像发布网页一样轻松地部署在服务端，然后在 App 中请求执行。目前，Web 应用时代正在如火如荼的发展，相信不久的将来，真的会如阮一峰所说：“未来只有两种工程师——端工程师（PC 端、手机端、TV 端、VR 端……）和云工程师”。

1.2 MVC、MVP、MVVM 傻傻分不清楚

在开始讲解本节内容之前，先举一个例子，如图 1.2 所示。

这是一个很简单的计数器，单击“减”按钮，数字就会减 1；单击“加”按钮，数字就会加 1。

■ 图 1.2　MV 系列框架例子

接下来需要知道的是，在 MV 系列框架中，M 和 V 指 Model 层和 View 层，但是其功能会因为框架的不同而变化。Model 层很好理解，就是存储数据；View 层则是展示数据，读者能看见这个例子，完全就是因为存在 View 层。虽然在不同的框架中，View 层和 Model 层的内容可能会有所差别，但是其基础功能不变，变的只是数据的传输方式。

下面就从这个例子开始了解 MV 系列框架的概念。

1.2.1 MVC 小解

MVC 框架是 MVC、MVP、MVVM 这 3 个框架中历史最悠久的。20 世纪 70 年代，施乐公司发明了 Smalltalk 语言，用来编写图形界面的应用程序，脱离了 DOS 系统，让系统可视化，不用一直看着黑白的界面。

在 Smalltalk 发展到 80 版本的时候，MVC 框架被一位工程师提出来，MVC 框架的出现在很大程度上降低了应用程序的管理难度，之后被广泛应用于构架桌面和服务器应用程序。MVC 框架如图 1.3 所示（实线表示调用，虚线表示通知）。

Controller 是 MVC 中的 C，指控制层，在 Controller 层会接收用户所有的操作，并根据写好的代码进行相应的操作——触发 Model 层，或者触发 View 层，抑或是两者都触发。需要注意：Controller 层触发 View 层时，并不会更新 View 层中的数据，View 层中的数据是通过监听 Model 层数据变化而自动更新的，与 Controller 层无关。MVC 框架流程如图 1.4 所示。

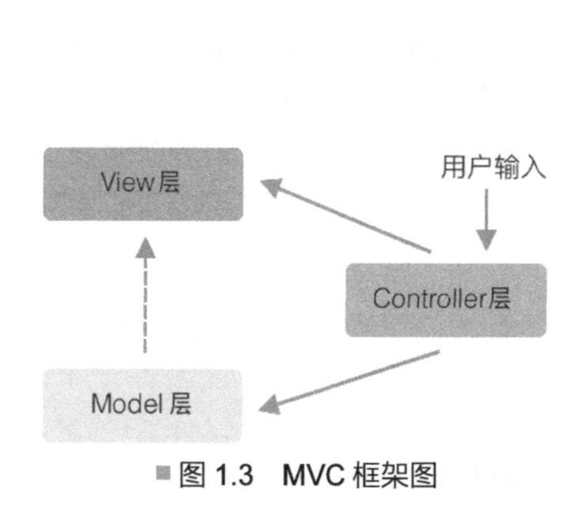

■ 图 1.3　MVC 框架图

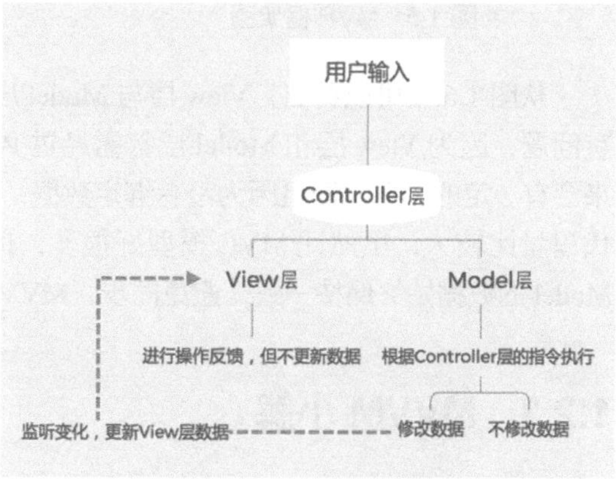

■ 图 1.4　MVC 框架流程图

从图 1.4 中可以看出，MVC 框架的大部分逻辑都集中在 Controller 层，代码量也都集中在 Controller 层，这带给 Controller 层很大的压力，而已经有独立处理事件能力的 View 层却没有用到。还有一个问题，就是 Controller 层和 View 层之间是一一对应的，断绝了 View 层复用的可能，因而产生了很多冗余代码。为了解决这个问题，MVP 框架被提出来。

1.2.2 MVP 小解

首先需要知道，MVP 不是指 Most Valuable Player，而是指 Model-View-Presenter。

MVP 框架比 MVC 框架大概晚出现 20 年，1990 年，MVP 由 IBM 的子公司 Taligent 公司提出，它最开始好像是一个用于 C++ CommonPoint 的框架，这种说法正确与否这里不做考证，先来看一下 MVP 框架图（图 1.5）。

在 MVC 框架中，View 层可以通过访问 Model 层来更新，但在 MVP 框架中，View 层不能再直接访问 Model 层，必须通过 Presenter 层提供的接口，然后 Presenter 层再去访问 Model 层。这看起来有点多此一举，但用处着实不小。首先是因为 Model 层和 View 层都必须通过 Presenter 层来传递信息，所以完全分离了 View 层和 Model 层，也就是说，View 层与 Model 层一点关系也没有，双方是不知道彼此存在的，在它们眼里，只有 Presenter 层。其次，因为 View 层与 Model 层没有关系，所以 View 层可以抽离出来做成组件，在复用性上比 MVC 模型好很多。MVP 框架流程如图 1.6 所示。

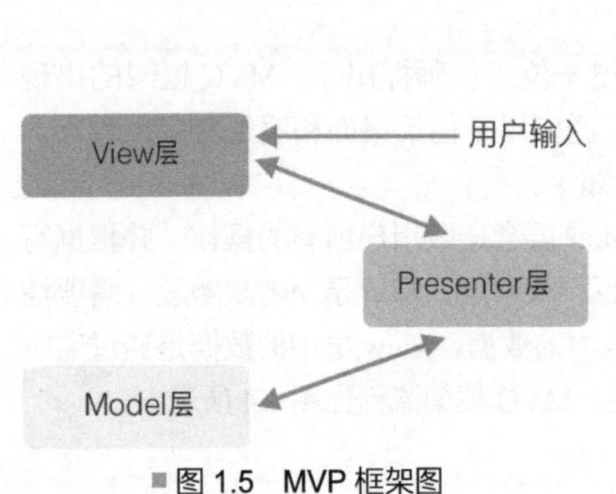

■图 1.5　MVP 框架图

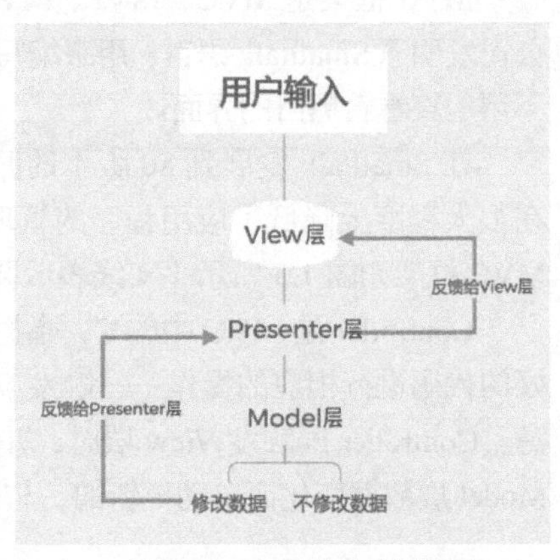

■图 1.6　MVP 框架流程图

从图 1.6 中可以看出，View 层与 Model 层确实互不干涉，View 层也自由了很多。但还是有问题，因为 View 层和 Model 层都需经过 Presenter 层，致使 Presenter 层比较复杂，维护起来会有一定的问题。而且因为没有绑定数据，所有数据都需要 Presenter 层进行“手动同步”，代码量比较大，虽然比 MVC 模型好很多，但也是有比较多的冗余部分。为了让 View 层和 Model 的数据始终保持一致，避免同步，MVVM 框架出现了。

1.2.3 MVVM 小解

MVVM 最早是由微软在使用 Windows Presentation Foundation 和 SilverLight 时定义的，

2005年微软正式宣布MVVM的存在。VM是ViewModel层，ViewModel层把Model层和View层的数据同步自动化了，解决了MVP框架中数据同步比较麻烦的问题，不仅减轻了ViewModel层的压力，同时使得数据处理更加方便——只需告诉View层展示的数据是Model层中的哪一部分即可，MVVM框架如图1.7所示。

读者可能感觉MVVM的框架图与MVP的框架图相似，确实如此，两者都是从View层开始触发用户的操作，之后经过第三层，最后到达Model层。但是关键问题是这第三层的内容，ViewModel层双向绑定了View层和Model层，因此，随着View层的数据变化，系统会自动修改Model层的数据，反之同理。而Presenter层是采用手动写方法来调用或者修改View层和Model层，两者孰优孰劣不言而喻。MVVM框架流程图如图1.8所示。

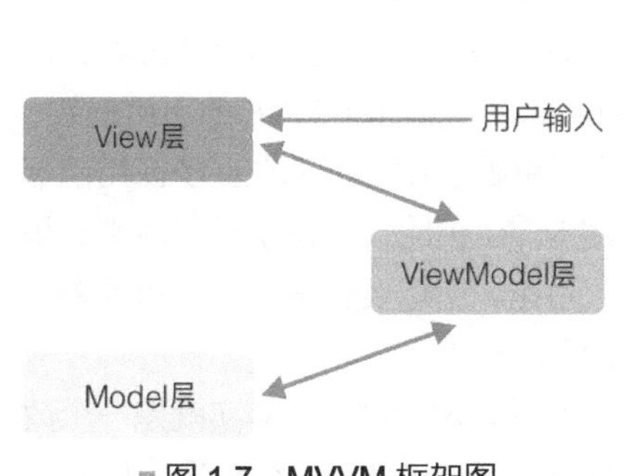

■图1.7　MVVM框架图

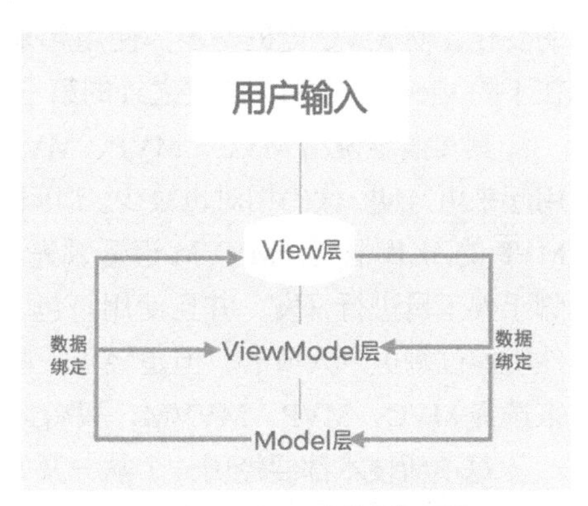

■图1.8　MVVM框架流程图

从图1.9可以看出，View层和Model层之间数据的传递也经过了ViewModel层，ViewModel层并没有对其进行“手动绑定”，不仅使速度有了一定的提高，代码量也减少很多，相比于MVC和MVP，MVVM有了长足的进步。

至于双向数据绑定，可以这样理解：双向数据绑定是一个模板引擎，它会根据数据的变化实时渲染。这种说法可能不是很恰当，但是很好理解，如图1.9所示。

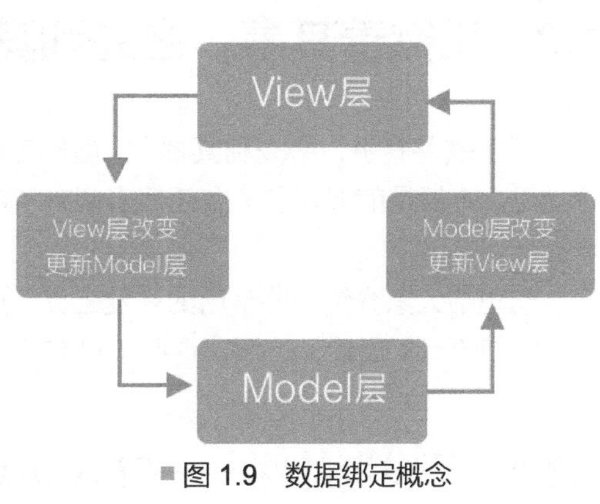

■图1.9　数据绑定概念

如图1.9所示，View层和Model层之间的修改都会同步到对方。MVVM模型中数据绑定方法一般有以下3种。

- 数据劫持
- 发布 - 订阅模式
- 脏值检查

Vue..js使用的是数据劫持和发布 - 订阅模式两种方法。首先来了解3个概念。

- Observer：数据监听器
- Compiler：指定解析器
- Watcher：订阅者

Observer用于监听数据变化，如果数据发生改变，不论是在View层还是Model层，Oberver都会知道，然后告诉Watcher。Compiler的作用是对数据进行解析，之后绑定指定的事件，在这里主要用于更新视图。

Vue.js 数据绑定的流程：首先将需要绑定的数据用数据劫持方法找出来，之后用 Observer 监听这堆数据，如果数据发生变化，Observer 就会告诉 Watcher，然后 Watcher 会决定让哪个 Compiler 去做出相应的操作，这样就完成了数据的双向绑定。

1.2.4 三者的区别和优劣

详细了解 MV 系列框架之后，相信读者已经了解 MVC、MVP、MVVM 这三者的优劣了。其实从 MVC 到 MVP 再到 MVVM，是一个不断进步的过程，后两者都是在 MVC 的基础上做的变化，使 MVC 更进一步，使用起来也更加方便。MVC、MVP、MVVM 三者的主要区别就在于除 View 层和 Model 层之外的第三层，这一层的不同使得 MV 系列框架区分开来。

其实很难说出 MVC、MVP、MVVM 哪一个更好，从表面上看，显然是 MVVM 最好，使用起来更方便，代码相对也较少。但问题是MVVM的框架体积较大，相比于MVC的不用框架、MVP 的 4KB 框架，MVVM 遥遥领先。虽然 MVVM 框架可以单独引用，但现在更多使用前端脚手架工具进行开发，并且使用打包工具，这样一来，它跟 MVC 相比，体积是天差地别。虽然机能过剩更令人放心，但是轻巧一些的框架会令项目锦上添花。所以要根据实际项目的需求来选择 MVC、MVP、MVVM，只有最适合的模式才是最好的框架。

每项新技术都要经历一个从一开始不被大众认可到后来人尽皆知的过程，其实就是一个改变的过程。只要这个框架能跟上时代的潮流，满足人们开发的需求，这就是一个合适的框架。

因此，如果你想真正从事开发这一行业（尤其是前端），需要拥有一颗不惧变化的心。

1.3 工欲善其事，必先利其器

“工欲善其事，必先利其器”，虽然这句话是 2000 多年前孔子说的，但放到今天依然十分受用。不仅是前端开发，做任何事情有了合适的工具，便可事半功倍，令人“有着丝滑般的享受”。

这里给大家介绍一些常用的开发工具，这些开发工具并不是下载安装后就非常好用，重点在于它们的可扩展性，扩展让这些工具有着更多的可能。

1.3.1 开发者的眼——Chrome

先从最基础的浏览器开始介绍，基本上每个前端开发人员都会使用 Chrome。但是有多少开发人员能用好 Chrome 呢？下面先介绍一些常用的插件。

1. Vue.js devtools

开发 Vue.js 时，这个插件是必不可少的，可以方便地用它查看当前路由和组件内容，及时地反馈变量内容的变化。

2. AdBlock

AdBlock 是用来屏蔽广告的，功能十分强大，一般广告都会被屏蔽掉，给用户一个“干净”的网页。但是要注意，有些网站可能不支持 AdBlock，打开 AdBlock 之后，网页的样式和架构可能会乱掉，这时可以选择把这个网页网址加入 AdBlock 的白名单里，这样 AdBlock 就不会对此网站进行过滤，简单方便。

3. JSONView

Chrome 上其实有很多查看 JSON 数据的插件，但是经过测试，此款插件的展示效果非常好，除了放大、缩小、折叠之外，没有其他多余功能，简单易用。

4. Momentum

这个插件与开发没有多大关系，它用来替换初始页的背景图片，并且提供了一个 TodoList，每次新开一个页面的时候，都会随机出现一张令人赏心悦目的风景图，同时 TodoList 还会提醒你接下来要做什么，在开发之余，还能放松心情。

5. minerBlock

此插件的作用是防止电脑被人恶意当作矿机使用。现在开源的东西比较多，可能就会有人利用这一点，曾经有人开源了一款 JS 插件，在插件中藏有恶意挖矿的代码，若是使用了这样的插件，每次运行的时候，都是在帮制作者挖矿。所以找到了 minerBlock，用来防止类似事件的发生，有需要的读者可以安装一下。

介绍完插件，下面来了解一些常用的断点功能。断点功能可以说是代码调试中最常用的功能，有经验的读者可以直接跳过这部分内容。

断点调试：断点可以让程序运行到某一行的时候，将程序的整个运行状态进行冻结。你可以清晰地看到这一行所有的作用域变量、函数参数、函数调用堆栈。总而言之，就是比 console.log 强了不止一个档次，运行速度也快很多。一般情况下，调试网页的时候，都会打开 Chrome 控制台，在控制台界面有 Source 栏，如图 1.10 所示。

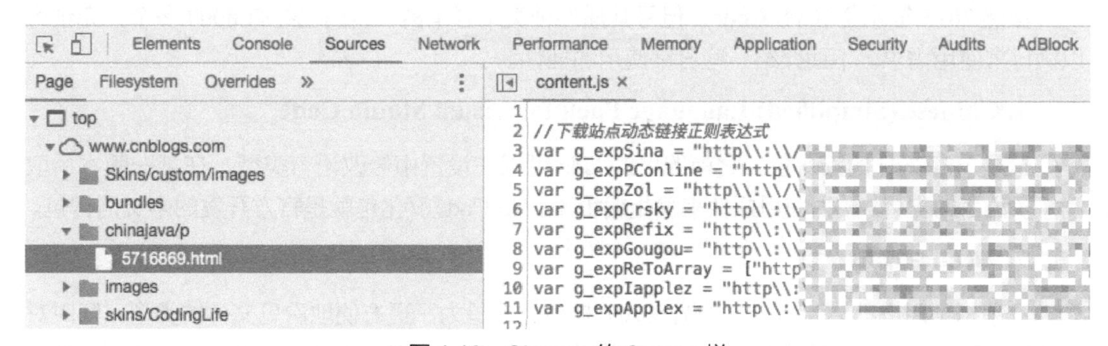

■ 图 1.10　Chrome 的 Source 栏

在开发环境下可以看到当前项目的所有文件，之后找到需要的文件，在需要暂停的行上单击行号，页面如图 1.11 所示。

页面一片灰色，同时出现两个按钮：第一个按钮用于逐过程执行，可以理解为直接跳到下一断点处，如果没有断点，会直接执行完。第二个按钮用于逐语句执行，单击它之后，程序会到下一条语句处暂停，不管这条语句有没有断点。在控制台中可以输出当前状态下所有变量，如函数参数等关键信息，这样一来，整个项目的运行过程更加清晰明了，寻找漏洞（Bug）也就更方便了。Chrome 的断点功能还有更高级的用法，例如条件断点，在此不再赘述。

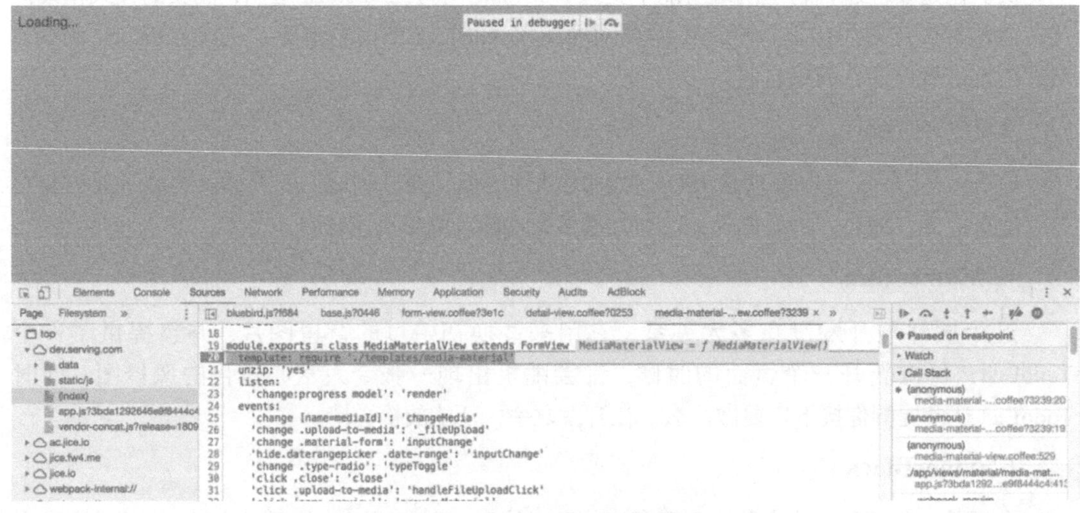

■ 图 1.11　Chrome 断点调试

1.3.2　开发者的手——VS Code

VS Code 是一款编辑器，全称 Visual Sutdio Code，它是由微软开发的，与 Visual Sutdio 无关。编辑器一直是程序员们争论不休的焦点，我使用过很多编辑器，觉得 VS Code 最顺手。

VS Code 一直在走一条比较中庸的路线，从大小上来说，它没有 Sublime 那么小，但相比 Atom 和 Webstorm 来说却小了很多，Windows 系统安装包大概 40MB，完全可以接受。而且它运行流畅，在复杂项目上，打开时间比 Sublime 快很多。

虽然 2015 年才发布 VS Code，但是其插件种类十分丰富，目前已经有 8000 多个，完全可以满日常使用需求。下面介绍一些日常使用的插件。

1. Chinese (Simplified) Language Pack for Visual Studio Code

这是 VS Code 的汉化包，之前的 VS Code 可以在设置中修改语言类型，在某一版本后取消了多语言的支持，改为使用插件来汉化编辑器。VS Code 汉化包就是官方开发的中文语言包。

2. vscode-icons

几乎每个用户都会装一个这种图表式的插件，这是为了更方便地看见文件的类型，同时对文件进行区分。这款插件是 VS Code 官方推荐的，图标种类无比丰富，几乎涵盖了所有类型的文件。

3. ESLint

一般前端都会使用 ESLint 来对代码格式进行规范，这可以解决很多不必要的 Bug，在项目中也可以使用，但是只有在项目运行时的 Terminal 才能看见，这样相对比较麻烦，不利于修改。在 VS Code 中可以直接安装 ESLint 插件，在编写代码的时候，就可以看见自己的语法有哪些错误，利于修改。

4. Vetur

Vetur 是针对 Vue.js 的语法高亮、提示和补全的插件，同时还可以在 VS Code 内部进行 Debugg，或者进行相应的代码格式化，是 Vue.js 开发者必备插件之一。

5. Beautify

Beautify 属于代码格式规范插件，可以针对 HTML、CSS、Sass、JS 进行代码格式整理，虽然 Vetur 也有代码规范功能，但仅限于 Vue.js 文件，对于一般的文件，Beautify 使用起来更加方便。

6. Markdown Preview Enhanced

它可以增强对 Markdown 格式文件的预览，比原生的预览好看了很多。

7. One Dark Pro

这是一个暗黑系的 Atom 主题，虽然不是五花八门的黑，但也不是简简单单的纯黑，看上去比较舒服。

8. Solarized-light Theme

暖黄色的主题，对护眼比较看重的读者可以看看。

需要注意：在这里没有安装任何语法提示的插件，因为 VS Code 原生已经支持了 HTML、CSS 和 JS 的语法提示，十分全面。

1.3.3 开发者的心——Terminal

Terminal 其实就是命令行工具，用来启动和查看系统的运行状态。macOS 系统使用起来比较方便，Windows 系统就有些问题，自带的 CMD 不是很好用，PowerShell 也是勉勉强强，下面介绍根据不同的系统使用的不同 Terminal 软件。

1. macOS

虽然自带的已经可以满足部分需求，但是人总是得朝着更高的目标追求。iTerm 可是说是 macOS 上最好用的 Terminal 软件之一，目前版本是 2，也就是 iTerm2。下载也很方便，登录官网，单击下载即可。

下载之后进行安装即可使用，完全可以替代原生的 Terminal，而且在分屏分页展示上更加方便。这里再推荐两个命令行工具的插件，可以让命令行工具用起来更方便。

Oh My Zs 界面很好看，共有 142 个皮肤可以选择。而且提供了超强的补全功能，使用 Tab 键可以展示出所有的可选项，同时可以用方向键切换，按 Enter 键进入，方便快捷。不仅可以补全目录，还可以补全 git 分支以及之前输入的命令，基本上可以补全任何东西。还有一个非常好的功能就是系统记录所有的操作日志，并存放在 zsh_history 文件夹下，每次记录还会同步记录时间，这点配合补全操作记录，效果简直无懈可击。只要你想，就可以一直用上方向键找到你以前输入的命令。

Tmux 用于分屏，虽然 iTerm2 有分屏功能，但是软件的分屏起始位置总是在当前用户的文件夹。如果用 Tmux，分屏之后依然会保存分屏之前的状态。这个状态不仅指位置，而且指当前窗口的软件状态。例如当前窗口的 Node.js 版本是 4.5，而系统默认的是 8.9。如果使用 iTerm2 打开新窗口，Node.js 版本会是 8.9。如果使用 Tmux 分屏，则会保留 Node.js 的状态，依然是 4.5，这一特性在很多情况下都是很有用的。还有一些常用的快捷键，可以让用户的使用更加方便，例如当前窗口太小了，但是内容很多，想要全屏展示，若是用 iTerm2，就要单独把这个窗口挪出去，才能实现全屏显示效果，但是 Tmux 中的快捷键可以直接将当前窗口全屏，并且不影响其他窗口。全屏查看完之后，可以使用快捷键将当前窗口变回原来的大小，所有窗口均不受影响。

如果你的电脑是 macOS 系统，那么上述工具和插件可以让你的 Terminal 实现质的飞越，美观性和实用性都会得到很大提高，带来“飞一般”的感觉。

2. Windows

如果说 macOS 系统里原生的 Terminal 勉强可以使用，那么 Windows 就变得无从入手了，尤其是 CMD。所幸 cmder 让我脱离了苦海。

虽然这款软件的名字含有“cmd”，但是其内容和使用方式已经无限接近 Linux 环境了，很多 Windows 系统不支持的命令在这里面都是支持的，对文件的操作更加得心应手，还可以执行分屏等操作。因为系统本身原因，Windows 系统不支持命令行工具插件，所以无法使用 oh My Zsh 和 Tmux，而其没有替代品，除非安装一个虚拟机，例如 Docker 之类的，之后把代码放到 Docker 里执行，但这样的操作比较复杂。VS Code 上还有 SFTP 工具可以同步代码到 Docker 里，配合起来还是挺好的。

关于 Terminal 的内容就介绍到这里，这些工具已经能够满足大部分前端开发人员的使用需要，开始使用时，因为比较陌生，可能记不住快捷键，但是熟练掌握之后，可以在很大程度上提升工作效率。

1.4 小结

在本章里，回顾了前端的发展历史、三大主流框架和一些日常使用的工具。基本上囊括了一个前端需要了解的基础知识，当然仅仅了解这些知识，在技术上可能不会有多大的进步，但在判断一个项目应该怎样开发、使用何种技术进行开发时，可以通过这些知识进行快速判断，给出合理的解决方案。

从 MVC、MVP、MVVM 这 3 个框架的发展历史可以看出，它们一开始并不是为前端开发准备的，前端使用这些框架都是基于其先进的思想从别的语言借鉴来的。在 MVC 框架出现的时候，前端还没有开始发展，MVP 框架出现的时候，前端也只能算是刚刚开始发展，就是现在最火的 MVVM 框架，也是在 Ajax 刚推出时才出现，那时，前端根本无法使用 MVVM 框架进行开发。

由此可知前端虽然出现较晚，而且基本都是从别的语言借鉴来的，但它的发展势头迅猛。

现在前端能够独挡一面，可以独立开发出一整套服务了，即从前端到后端都使用 JS 进行开发，所以前端的潜力还是很大的。随着移动业务的开展，手机端也变得重要起来，除小程序外，手机上的很多宣传页都是采用网页的方式。方便快捷，无须客户端，展示效果好，这些都是前端的优势。虽然现在前端竞争压力很大，但只要真正掌握核心技术，市场需求这么大，还愁找不到工作吗？

前端工具的发展与前端的发展相辅相成，JS 的每次进步都会带动浏览器厂商和相关开发工具的进步，这一点毋庸置疑，但需要注意的是，这种进步所需的时间很难估计，例如 ES6 出现两年多了，浏览器还没有做到完全适配，所以在尝试新技术的时候要小心，尤其是在公司开发项目的时候，不成熟的技术最好不用，但若是自己开发博客之类的，则不用担心，遇到问题时，可以去社区寻找答案，或提问都可以，维护项目的人员基本上都会给你一个完美的解释。

还有一点需要注意，就是浏览器的兼容问题，这个问题目前没有一个合理的办法去解决，主要是看用户群体。如果项目的主要用户群体对电脑不是十分了解，那么就需要考虑兼容性的问题，不要想当然认为现在没人会用 IE8 之类的浏览器，要知道 IE8 在浏览器市场上所占无几的份额可能代表着庞大的用户数量，难保你的用户就不是其中之一。所以这时候就要考虑框架的兼容性了，本书所讲的 Vue.js 就不兼容 IE8 及以下的浏览器，所以只能考虑换框架，或者不使用框架，在插件的选择上也是同理。

至此，关于前端开发，你需要知道的知识已经介绍完了，在下面的章节将会介绍 Vue.js 的一些基础概念以及用法，这部分的内容是后续实战开发的基础。

第2章 关于 Vue.js 的一些小事

第 1 章介绍了前端开发的历史，有了这些铺垫，会对 Vue.js 的内容理解更深刻。本章主要介绍 Vue.js 项目的构建，然后通过 Vue.js 的两个 Demo 了解 Vue.js 的特性，最后将逐一讲解 Vue.js 的语法，让读者对 Vue.js 有一个清晰的认识。

本章主要涉及的知识点如下。

- Vue.js 的两种引用方法
- Vue.js 简单 Demo 的介绍
- Vue.js 特性的讲解

2.1 从安装开始

Vue.js 很适合搭建类似于网页版知乎这种表单项繁多，且内容需要根据用户的操作进行修改的网页版应用。学会使用它，可以更快、更简单、更高效地进行项目开发。

要想学好 Vue.js，首先要了解 Vue.js 的开发环境搭建和 Vue.js 项目的构建，下面将介绍 Vue.js 的两种构建方法，由于第一种方法使用范围较小，局限性较大，所以着重介绍第二种方法。

2.1.1 直接引入

第一种方法就是直接在 HTML 文件中引入，此种方法相对比较简单，直接使用 <script> 标签引入内容，此时的 Vue.js 会被注册为一个全局变量，直接使用即可。

首先了解一下 <script> 标签的 defer 和 async 属性，这两个属性会让 <script> 标签引入的文件异步加载，也就是与 DOM 元素同时加载，这样即使把 <script> 标签放在 head 中，也不会影响页面的加载速度。但是在 async 属性下，<script> 标签引入的文件没有顺序，谁加载得快就先用谁。在 <script> 标签文件相互依赖的情况下，这种加载方式会直接导致报错。若使用 defer 属性，文件就会按照顺序依次加载，保证了文件的先后顺序，就不会出现上面的问题，所以这里推荐在 <script> 标签上添加 defer 属性，之后将 <script> 标签放在 head 中，与 DOM 元素同时加载，新建 HTML 文件，代码如下。

```
01    <!DOCTYPE html>
02    <html>
```

```
03  <head>
04      <title>Script 标签引入 Demo</title>
05      <script defer src="https://cdn.jsdelivr.net/npm/vue@2.5.17/dist/
vue.js"></script>
06  </head>
07  <body>
08      <h1>Script 标签引入 Demo</h1>
09      <script type="text/javascript">
10      // 需要执行的 JS 语句
11      </script>
12  </body>
13  </html>
```

<script> 标签中的内容可以是本地文件，也可以是一个内容分发网格（Content Delivery Network，CDN）的地址。如果在本地开发，将 Vue.js 文件放到本地会快些，本地文件可以从 Vue.js 官网获取。如果在线上开发，当服务器不够快，可以使用 CDN 链接提速，这里为了方便，直接使用 CDN 链接。（关于 CDN 链接，读者可自行查阅相关资料，供应商较多，可自行选择。）

用户可以直接在 <script> 标签中编写 Vue.js 代码，十分方便，但是局限性较大。首先，这种方法只适用于小型项目的开发，若项目比较大，则会浪费很多资源，造成代码的冗余。其次就是插件较多时不利于插件的引入与使用，而且看起来不够直观。所以一般只用于做个 Demo 来演示简单的内容。大部分情况下，都会使用下面脚手架配置方法构建 Vue.js 项目。

2.1.2 脚手架的配置

这里的脚手架，其实与盖房子时用的脚手架类似，使用脚手架工具可以很方便地构建出项目的基本模型，并且有很多插件可以丰富我们的项目，省得去一个个安装。例如项目里一般都会引入 Eslint 规范代码格式，引入 Babel 进行 ES6 语法转译，还会使用一个打包工具对项目进行打包，减小线上的大小。若是手动安装，则需要花费较多时间；使用脚手架，只需要简单的几步操作即可，省时省力。

Vue-CLI 是 Vue.js 官方推荐的脚手架工具，现在已经到 3.0 版本。至于 3.0 以前的版本，它的功能与其他脚手架工具差不多，但是到 3.0 版本，出现图形用户界面（Graphical User Interface，GUI），对于新手来说，不再友好，下面就来了解 Vue-CLI3.0 的简单使用方法。

首先配置本地环境。Node.js 必不可少，这是一个基于谷歌 V8 引擎的 JS 运行环境。简单来说，就是先要在这里执行项目代码，否则不能启动项目。Node 不管 macOS 系统还是 Windows 系统，依照官网的指示进行下载与安装即可。

Node.js 安装包自带 npm，无须独立安装。npm 是一个包含众多 JS 包的管理工具，通过 npm 命令可以安装很多 JS 插件，不管是安装在本地还是项目中，都是可以的。下面使用 npm 安装 Vue-CLI 脚手架，打开命令行工具，输入以下命令。

```
npm install -g @vue/cli
```

其中 -g 表示全局安装，指在本地任何地方打开命令行工具都可以调用这个安装包；@ 表示最新的版本。

npm 还有很多类似的命令，例如 -S 是安装到生成环境的依赖，-D 是安装到开发环境的依赖，其余命令可以查阅相关资料。Vue-CLI 3.0 有一个要求是，Node.js 版本最低是 8.9，这里安装最新的稳定版即可。

直接使用 npm 时，有些读者可能会感觉很慢，不用担心，可以使用 cnpm 来进行代替。cnpm 是淘宝的一个 npm 镜像，每 10 分钟和 npm 同步一次，不用担心插件的版本问题。在命令行工具中执行如下命令。

```
npm install -g cnpm --registry=https://registry.npm.taobao.org
```

全局安装 cnpm 即可，这样以后遇到 npm 命令时，可以直接使用 cnpm 替换。

安装完成后，可以查看当前开发环境软件的各种版本，如图 2.1 所示。

```
# admaster @ RZs-MacBook-Pro in ~ [11:26:19]
$ node -v
v9.5.0

# admaster @ RZs-MacBook-Pro in ~ [11:26:24]
$ vue --version
3.0.1

# admaster @ RZs-MacBook-Pro in ~ [11:26:32]
$ npm -v
5.6.0
```

■ 图 2.1 开发环境软件版本

2.1.3 脚手架的使用

至此，开发环境的安装已经完成，接下来运行 Vue-CLI 的图形化界面，执行以下命令。

```
vue ui
```

命令行工具如图 2.2 所示，此时就可以通过浏览器访问 http://localhost:8000 打开 Vue-CLI3.0 运行界面，如图 2.3 所示。

```
# admaster @ RZs-MacBook-Pro in ~ [11:26:42] C:127
$ vue ui
🚀  Starting GUI...
🌠  Ready on http://localhost:8000
```

■ 图 2.2 Vue-CLI 命令行工具

单击“创建”按钮会出现图 2.4 所示的界面。

选择一个合适的文件夹，如在桌面新建一个 VueDemo 文件夹。单击“在此创建新项目”按钮，运行 Vue-CLI 配置，如图 2.5 所示。

■ 图 2.3　Vue-CLI 运行界面

在此创建新项目

(无当前项目)　/Users/admaster/Desktop/VueDemo　Ready on http://lo…2018/9/29 上午11:30:24

■ 图 2.4　Vue-CLI 创建项目界面

首先配置“详情”界面，给项目起一个名字，如 HelloWorld；然后在“包管理器”中选择 npm，有经验的用户也可以选择 yarn；最后，选择“初始化 git 仓库（建议）”。如果代码只用在本地使用，就不用选择这一项。

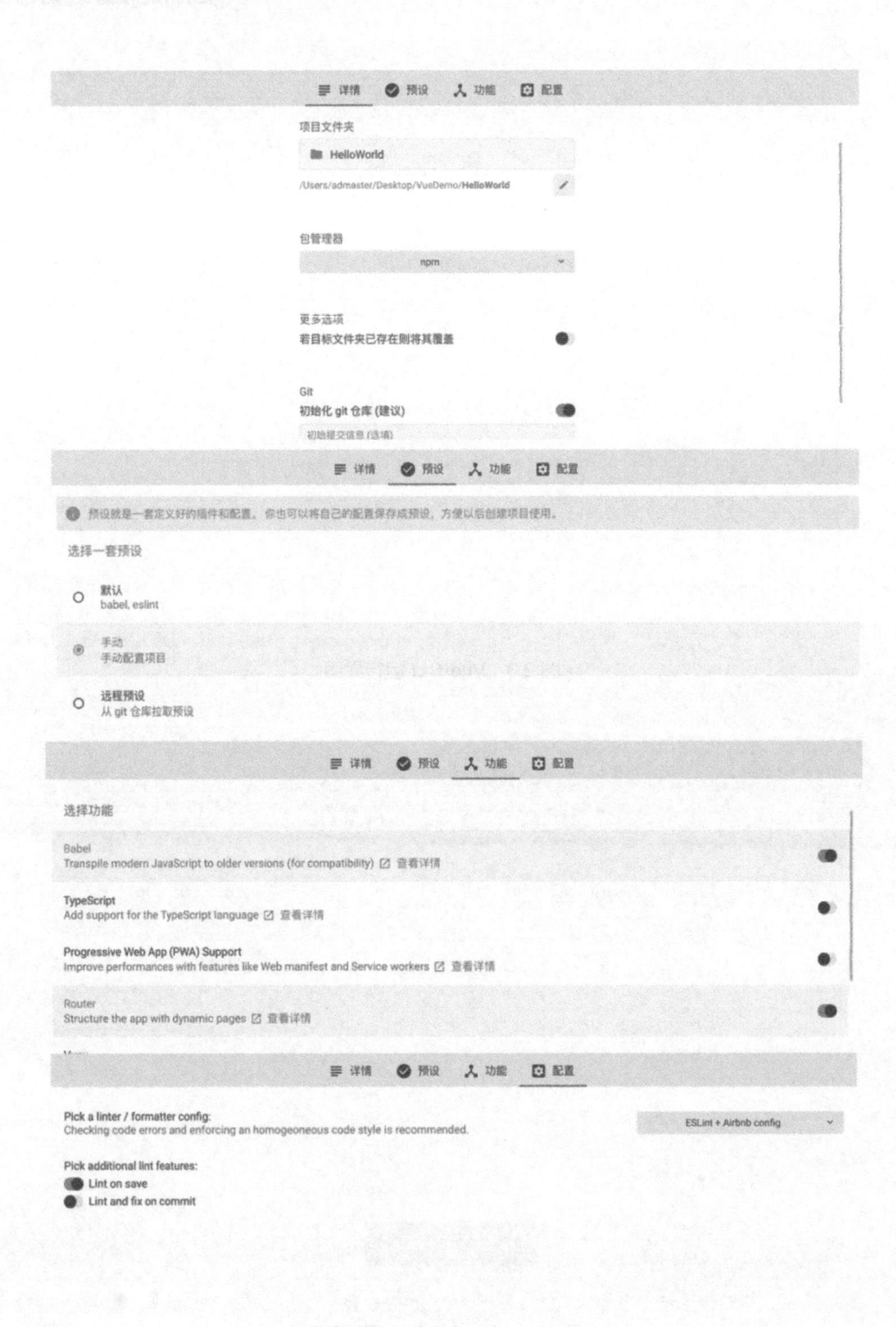

■图 2.5 Vue-CLI 配置

接下来配置预设“界面”，因为默认配置无法进行自定义修改，我们这里不使用默认配置。然后到“功能”界面选择需要的包，例如选择 2 个默认的包——Babel 和 Linter/Formatter，Babel 用来转译 ES6 语法，Linter/Formatter 用来规范代码格式。乍一看这种选择默认包的操作跟默认配置一样，其实并不是，默认配置不可以使用配置项来修改 ESlint 的规则。使用手动预设可以在配置里选择 ESlint 中的 Airbnb 规则，这是 ESlint 中最严格的规则，可以最大化地规范代码格式。

有些读者可能不习惯用 ESlint，因为写起来比较麻烦，经常一个缩进、一个标点有问题就会报错。可这却是规范自身代码的必经之路，试想你看别人代码的时候，是有规范的代码看起来舒服，还是毫无章法可言的代码舒服呢？为了不给别人带来困扰，也为了提高编程水平，使用 ESlint 还是很有必要的。尤其对一些新手来说，ESlint 会强制性使用 ES6 代码规范，帮助熟悉 ES6。

单击“创建”按钮的时候，系统会提示是否保存预设，可以保存，也可以不保存，之后就是等待项目的创建与依赖的安装，安装完成后，项目结构如图 2.6 所示。

此时在命令行工具中进入项目文件夹，启动项目。

```
npm run serve
```

调用 Vue-CLI 3.0 的服务来启动服务，成功后，项目运行命令行工具如图 2.7 所示。

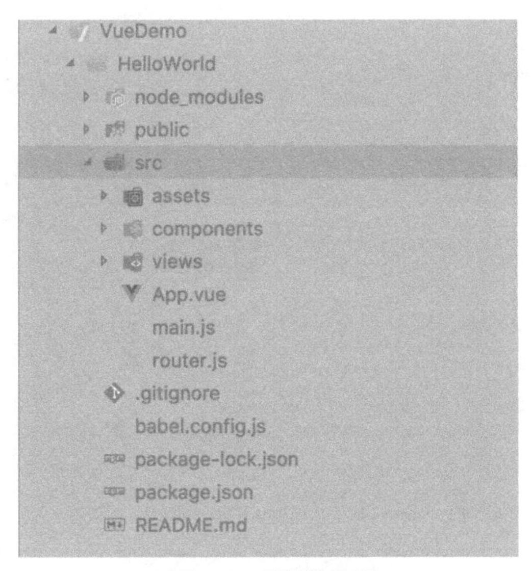

■ 图 2.6　项目结构图

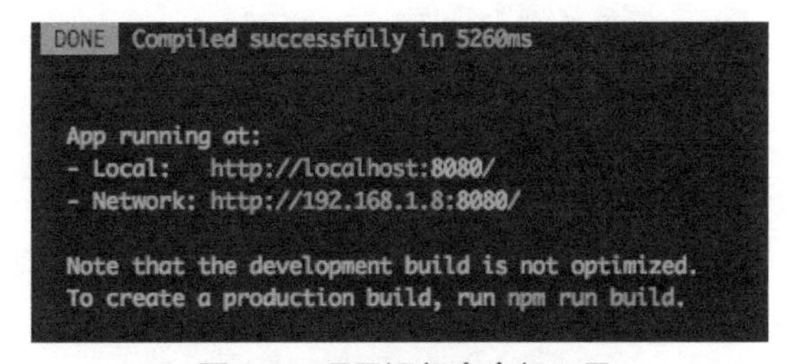

■ 图 2.7　项目运行命令行工具

此处给了两个网址：第一个 Local 是内网访问的地址，本机只要在浏览器上访问这个网址即可看到项目；第二个是外网网址，别的用户可以通过访问这个网址来访问本地地址，对于多设备测试来说很方便。此时访问 http://localhost:8080/ 就可以看到刚刚新建的项目，项目运行界面如图 2.8 所示。

项目刚刚生成时，只有 Vue-CLI 默认的一些样式，由此可见新建项目比较简单，使用 GUI 之后，界面会更加清晰，现在看一下 Vue-CLI 平台，如图 2.9 所示。

图 2.8 项目运行界面

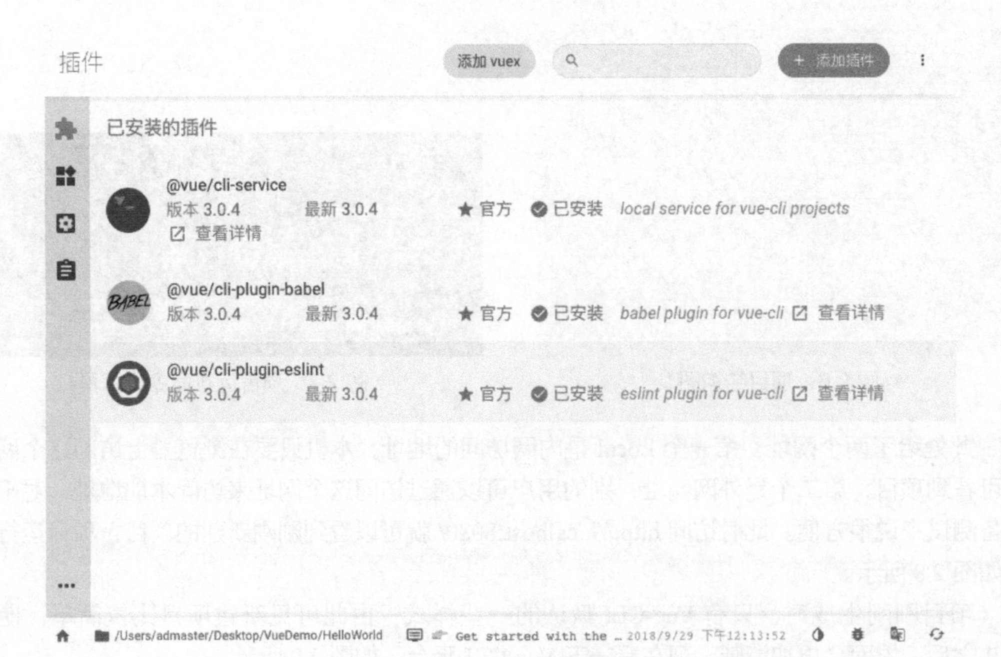

图 2.9 Vue-CLI 项目详情

Vue-CLI 带来了当前项目的分析功能，首先就是安装包的状态，之后还有项目依赖和项目配置等功能，不仅看上去十分炫酷，而且用起来也非常方便。Vue-CLI 还可以用来查看项目状态，对包进行一些管理操作。同时整个项目是热加载的，修改项目内容后，无须重启，网页会自动刷新。

至此完成了使用官方自带脚手架工具——Vue-CLI 创建新项目的整个过程，Vue-CLI 还有很多功能没有介绍，读者可以自行深入体验，绝对会给你带来不一样的感受。

2.2 Vue.js 初体验

2.1 节完成了项目的构建，下面将讲解脚手架生成文件的内容，之后会编写两个 Demo 来介绍一下 Vue.js 的基础特性，让读者更进一步理解 Vue.js。

2.2.1 项目文件内容介绍

一下子生成了很多脚手架文件，大家可能会觉得一头雾水，其实相比前几代脚手架，Vue-CLI 3.0 已经简化了生成文件的内容，基本上都是必不可少的组件，下面来为大家一一讲解。

生成的文件主要有三大部分：public 文件夹、src 文件夹和其余文件（node_modules 文件夹是插件安装包的内容，可以忽略）。public 文件夹提供了项目基础的 HTML 文件，可以不管。src 文件夹用来存放项目的主要代码，其余文件都是一些项目的配置文件。.gitignore 文件是 git 的配置文件，里面可以填写一些文件的名称或者目录，这样在 git 上传的时候，就会自动忽略掉这些文件。babel.config.js 是 babel 的配置文件。package.json 文件是 npm 的一些信息，存放着一些启动脚本的指令和依赖的内容。README.md 是一个 Markdown 格式的文件，里面可以放一些项目简介之类的内容，让别人了解到这个项目是做什么的以及使用方法。

src 文件夹内包含 assets、components 和 views3 这 3 个子文件夹。此外，还有 App.vue、main.js 和 router.js 这 3 个文件。先从后面提到的 3 个文件说起，App.vue 是整个项目的主体框架，这个文件上的内容会存在于整个项目的每个页面，上面有一些基础的样式，可以把这些都删掉，删掉之后的 App.vue 如下。

```
01  <template>
02    <div id="app">
03      <router-view/>            // 路由展示
04    </div>
05  </template>
```

</template> 标签用来包裹 HTML 结构，而且在 </template> 标签内部只能存在一个外标签，上面的代码在根节点也只有一个 <div> 标签，若是有两个则会报错。<router-view/> 用来展示路由页面的信息，可能有读者不太理解路由信息从何而来，这就涉及 router.js 文件。在这个文件内部规范了不同路由所代表的不同页面，代码如下。

```
01  import Vue from 'vue';                    // 引入 Vue
02  import Router from 'vue-router';          // 引入 vue-router
03  import Home from './views/Home.vue';      // 引入 Home 组件
04
05  Vue.use(Router);
06
07  export default new Router({
08    routes: [
09      {
10        path: '/',                          // 路由的路径
11        name: 'home',                       // 路由的名称
12        component: Home,                    // 路由的组件
13      },
14      {
15        path: '/about',                     // 路由的路径
16        name: 'about',                      // 路由的名称
17        component: () => import('./views/About.vue'),
                                              // 路由的组件
18      },
19    ],
20  });
```

上述代码在文件的开头引入了 Vue-router 官方路由组件，之后引入 Home 路由的组件。最后用 Vue.use() 命令在项目中使用 Vue-router。上述代码第 07 行 ~ 第 20 行就是 Vue-router 配置文件。

可以看出这里使用 ES6 的 export 方法暴露出路由的配置。配置的方法很简单，先规定 path、name 和 component 属性。path 就是展示在地址栏上的内容；name 属性是对当前路由的命名，在跳转路由时，可以使用这个属性来跳转到指定的路由，在实战部分会详细讲解；component 就是当前路由展示的组件，组件有两种引入方式：第一种就是像 Home 组件一样，直接在文件的开头引入；第二种就是像 about 路由一样，在 componets 属性中引入，这里的 import 也是 ES6 引入的语法，如此便完成 Vue-router 的简单使用。

接下来就是 main.js 文件，代码如下。

```
01  import Vue from 'vue';                    // 引入 vue
02  import App from './App.vue';              // 引入 App.vue 文件
03  import router from './router';            // 引入 Vue-router 配置文件
04
05  Vue.config.productionTip = false;         // 关掉生产环境的提示
06
07  new Vue({                                 // new 一个 Vue 实例
08    router,
09    render: h => h(App),                    // 渲染 App.vue 文件
10  }).$mount('#app');                        // 将内容挂载到 id 为 app 的标签下
```

这个文件是此项目的入口文件，什么是入口文件呢？就是在运行项目的时候，先从这个文

件开始执行。首先引入 vue、App.vue 文件和 Vue-router 配置文件。然后修改 vue 的默认配置，如果不修改这个配置，每次启动项目的时候，就会出现当前是生产环境的提示。然后 new（新建）一个 Vue 实例，这个实例这样理解：有一个函数，调用了 Vue 这个函数，之后的一切操作都是在这个函数中执行的，每个 Vue.js 应用都是通过用 Vue 函数创建一个新的 Vue 实例开始的，无一例外。

在这个 Vue 实例中，还增加了一些配置，包括 Vue-router 和初始文件模板文件。render 用于渲染 App.vue 文件，先将这个文件中的 HTML 元素放到当前页面上，之后再将项目的所有内容挂载到 id 为 App 的标签下，项目就会自动进行路由的判断和路由组件的渲染。至此，这个项目就可以开始运行了。

读者可能不知道在哪里调用 main.js 这个文件，原本是在 package.json 文件中调用的，但是在 Vue-CLI 3.0 版本中，提供了一种新的启动项目的方式，也就是之前执行的以下命令。

```
npm run serve
```

其中 serve 指 Vue-CLI 的 serve，它可以直接找到 main.js 文件，然后运行这个文件，无须手动调用。

剩下的 3 个文件夹内容都是围绕着上面的主题，assets 文件夹一般用来存放一些静态文件，如图片、字体，也可以用来存放样式表文件，样式表也可以放在 views 文件夹内。views 文件夹一般用来存路由配置的主页面，这些主页面也可以包含一些组件，组件就是放在 components 文件夹中的内容。如果项目比较大，可以新建二级文件夹，用来给组件或者页面进行分类，使结构更加清晰，对开发和维护都是大有裨益的。

新建项目默认的路由文件配置了 home 和 about 两个路由，这两个路由代表的页面被放在 views 文件夹里面，分别是 Home.vue 和 About.vue。在 Home.vue 中还引用了 HelloWorld 组件，HelloWorld 组件被放在 components 文件夹下。

基础的文件内容与架构就介绍到这里，其实文件的架构不是固定的，可以根据项目具体情况和个人开发习惯进行修改。

2.2.2 必不可少的 Helle World

对于任何语言的学习来说，Hello World 都是必不可少的，本书也不例外，下面介绍一个 Hello World 的 Demo。

先来清空默认文件的内容，并且增加新的内容，修改 Home.vue 文件。

```
01  <template>
02    <div class="home">
03      <HelloWorld />                                          // 调用组件
04    </div>
05  </template>
06
07  <script>
08  import HelloWorld from '@/components/HelloWorld.vue';   // 引入组件
```

```
09
10  export default {
11    name: 'home',                        // 文件命名
12    components: {                        // 注册组件
13      HelloWorld,
14    },
15  };
16  </script>
```

这里只留下 HelloWorld 组件。首先介绍组件的使用，在 <script> 标签里首先引入 HelloWorld.vue 文件，并且把它称为 HelloWorld。之后输出一些默认的配置和函数等相关信息。在 export 中先将当前文件命名为 home，也就是主页。之后在 components 属性中注册组件，格式是 key： value。因为 key 和 value 的名字一样，所以使用 ES6 的对象扩展方法进行了简写。在注册之后，即可在上面的 <template> 标签中使用，标签末尾要加斜线（/），这与所有自闭合标签一样。

如此即可在 Home.vue 文件调用 HelloWorld 这个组件，比较简单，组件之间的通信在下一小节会用到。

简化并修改 HelloWorld.vue 文件，代码如下。

```
01  <template>
02    <div class="hello">
03      <input v-model="words" type="text">
                                           // 在<input>标签中双向绑定 words 变量
04      <h3>{{words}}</h3>                 // 展示 words 变量的内容
05    </div>
06  </template>
07
08  <script>
09  export default {
10    name: 'HelloWorld',                  // 文件命名
11    data() {                             // 定义当前文件中需要使用的数据
12       return {
13       words: 'Hello World',             // 给 words 变量赋值为 Hello World
14       };
15     },
16  };
17  </script>
```

上述代码说明了 Vue.js 双向绑定的特性。与 Home.vue 文件一样，需要在 <script> 标签中默认暴露出一个对象以供使用，先命名为 HelloWorld，之后在 data 属性中定义当前文件中需要使用的变量，直接 return 即可。此处定义了 words 变量，并给其默认赋值“HelloWorld”。这样便可直接在 <template> 标签中使用这个变量。

在 <template> 标签中，先新建一个 <input> 标签，之后使用 v-model 属性绑定 words 变量，最后在 <h3> 标签中展示这个变量，使用双大括号的 Mustache 语法。现在看不懂没关系，这个 Demo 是用来体验 Vue.js 双向绑定的特性，具体内容会在后面的章节中介绍。

完成HelloWorld测试项目主体内容的编写后，读者还可以给class为home的div加个样式，如下所示，放在文件最后即可。

```
01    <style>
02    .home {
03      margin: 0 auto;
04      text-align: center;
05      font-size: 20px;
06    }
07    </style>
```

此时可以运行项目，看一看效果，在命令行工具中输入以下命令。

```
npm run serve
```

在浏览器中访问 http://localhost:8000/，可以看到图 2.10 所示的内容。

■ 图 2.10 HelloWorld 运行图

表面上看可能很普通，可当试着修改 input 输入框中的内容时就会发现，<h3> 标签中的内容也随之变化！这就是数据绑定，在 1.2.3 小节中也曾讲到，当时只是理论知识，可能不太好理解，现在这个例子就很形象地解释了数据绑定。其实很简单，仅仅是使用了 v-model 这个方法，就将变量与 DOM 元素的值绑定起来，两者便会相互影响，这对于数据的展示来说，真的很方便，不用监听数据的变化，可以省略很大一部分代码，同时数据的展示因为有了 Mustache 语法的关系，也方便了不少。

这个 HelloWorld 的 Demo 介绍了插件的简单引用和 Vue.js 数据双向绑定的简单实用，语法很简单，关系也不复杂，读者可以好好理解一下这个 Demo 的构建，最好实际操作一次，让自己的记忆更加深刻，下面开始做一个比较复杂但也很经典的 TodoList。

2.2.3 经典的 TodoList

TodoList 是一个备忘录，主要功能是记录用户输入的信息，将其展示出来，并且可以进行删除和修改，TodoList 展示图如图 2.11 所示。

样式上没有很复杂，甚至看上去有些简陋，有兴趣的读者可以自行美化。

■ 图 2.11 TodoList 展示图

接下来分析 Demo 的功能：最上方有一个 input 输入框和一个插入按钮，在 input 输入框内输入一些信息后，单击“插入”按钮，下面的列表末端就会插入一条数据。列表上每条数据都有一个“×”标识，单击它可删除当前标签。若是单击标签，当前标签则会变成一个 input 输入框，输入框中的内容就是当前标签的内容，修改完成之后，单击任意空白处，数据会自动保存。

这个功能虽然简单，但是包含了经典的增、删、改、查四大模块，用来练习再合适不过。了解功能后，即可开始项目设计，首先简化开头，先把数据的修改和删除去掉，只保留展示数据功能，那么就需要一个 input 和插入按钮，还有一个列表来展示用户存储的信息。

首先使用 Vue-CLI 新建一个项目，命名为 TodoList，之后删掉无用的默认内容。因为此次 Demo 的重点不在样式上，这里仅展示样式表的内容，在 /src/assets 文件夹下新建 style.css 文件。

```
01  .home ul{
02    margin: 0;
03    padding: 0;
04    list-style-type: none;
05  }
06  .home ul li .item p span {
07    padding:0 20px;
08  }
09  .home ul li .item p span:nth-child(1) {
10    color:blue;
11  }
12  .home ul li .item p span:nth-child(2) {
13    color: palevioletred;
14  }
```

接下来在 components 文件夹下新建 TodoList.vue 文件，用来存储 Demo 的主体部分，根据上文的架构，编写 HTML 部分的内容，修改 TodoList.vue 文件。

```
01  <template>
02    <div>
03      <div class='input-part'>
04        <input type="text">                  // 输入框
05        <button> 插入 </button>              // 插入按钮
06      </div>
07      <ul>
08        <li>
09          <p> 内容 </p>                      // 展示内容
10        </li>
11      </ul>
12    </div>
13  </template>
```

接下来进行数据定义和插入函数的开发。

```
01  <script>
02  export default {
03    name: 'TodoList',
04    data() {
05      return {
06        words: '',                           // 输入框中的内容
07        list: [],                            // 列表内容
08      };
09    },
```

```
10      methods: {                          // methods 属性用来存储当前文件中所有的方法
11        insertItem() {                    // 新建插入函数
12          this.list.push(this.words);    // 用数组自带的 push 方法添加新内容
13        },
14      },
15    };
16    </script>
```

这里新建了两个变量：一个是 words，代表着当前输入框中的内容，使用 v-model 指令将其与 <input> 输入框绑定在一起；另一个是 list，它是一个数组，用来存储所有的数据。之后在 methods 属性中添加一个插入函数，methods 是 Vue.js 中用来存储方法的属性，所有的方法都需要在这里进行定义，之后才可以在别的地方调用。在此定义了 insertItem 函数，就是插入一个元素，此函数使用 JS 数组自带的 push 方法将当前输入框中的数据直接插入 list 数组中的最后一位。在方法和变量新建好之后就需要将数据与当前页面结合起来，结合后 HTML 模板如下。

```
01    <template>
02      <div>
03        <div class='input-part'>
04          <input v-model="words" type="text">
                                                  // 数据的双向绑定
05          <button v-on:click="insertItem">插入</button>
                                                  // 单击按钮触发 insertItem 方法
06        </div>
07        <ul>
08          <li v-for="(item, index) in list" v-bind:key="index">
                                                  // 循环列表数据
09            <p>{{item}}</p>                    // 展示数据
10          </li>
11        </ul>
12      </div>
13    </template>
```

首先对 input 输入框进行数据的双向绑定，因此 words 变量的值会与输入框中的数据同步。接下来在插入按钮上绑定了单击事件，单击触发 insertItem 方法，保存当前输入框中的数据。其中 v-on 是 Vue.js 中绑定事件的指令，可以绑定单击事件，或者绑定提交时间和按键事件，读者可以试着给按钮绑定回车事件，这样按下回车键也可以插入新数据。

然后使用 v-for 指令来根据数组的选项列表进行渲染，v-for 指令需要使用 item in items 形式的特殊语法，items 是源数据数组，并且 item 是数组元素迭代的别名。上面的代码中，item 代表每一条数据，list 代表所有数据。

之后使用 v-bind 指令给 li 元素绑定 key 属性。v-bind 指令可以动态地绑定一个或多个属性，也就是说 class 或者 style 之类的都可以绑定，并且可以根据条件做出不同的变化。当然，这里只是简单地绑定了 key 属性。key 属性在 Vue.js 2.2.0 之前不是必需的，但是在 2.2.0 后变成了强制要求的属性。使用 v-for 指令后，为了保持 Dom 元素的唯一性，Vue.js 使用 key 属性来区分列表中的 DOM 元素，对于我们来说用处可能不大。在给 <li> 标签循环之后，即可在标签内获取到 item，使用 <p> 标签展示出来。这里的 item 就是数组中的一个元素，还可以是一个字符串、对象或者数组。

最后需要调用一下这个组件，才能在页面上看到效果，修改 Home.vue 文件。

```
01  <template>
02    <div class="home">
03      <TodoList />                                      // 调用 TodoList 组件
04    </div>
05  </template>
06
07  <script>
08  import TodoList from '@/components/TodoList.vue';
                                                          // 引入 TodoList 组件
09  import '@/assets/style.css';                          // 引入样式表
10
11  export default {
12    name: 'home',
13    components: {
14      TodoList,                                         // 注册 TodoList 组件
15    },
16  };
17  </script>
```

这里删掉自带的 HelloWorld 组件，使用刚刚开发的 TodoList 组件，调用组件的方法跟上文说的一样，即先引入，再注册，最后调用。

如果不出意外，项目现在应该如 图 2.12 所示。

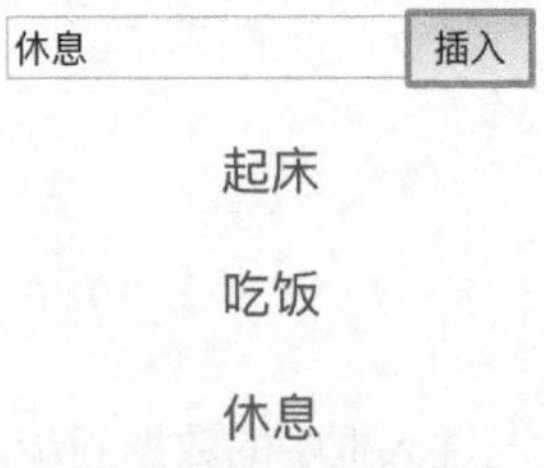

■ 图 2.12　TodoList 半成品

现在可以在 input 输入框中输入数据，单击“插入”按钮，在下方的列表中会出现新的数据。到这一步，实现数据的增加与查询功能了，整体效果还是不错的，下面开发删除和修改功能。

首先要明白删除和修改的本质是对数组中元素进行操作，可以使用 JS 原生的 splice 方法。其次，既然每条数据都可以进行删除和修改操作，那么可以把单条数据提出来做成一个组件，这样操作起来更加方便。先在 /componets 文件夹下新建 TodoListItem.vue 文件，文件的 HTML 模板如下。

```
01  <template>
02    <div class="item">
03      <p>
04        <span>{{item}}</span>                           // 展示数据
05        <span>
06          <input type="text">                           // 修改数据的输入框
07        </span>
08        <span>X</span>                                  // 删除按钮
```

```
09        </p>
10      </div>
11    </template>
```

结构比较简单，为了方便，直接使用大写的 X 来代替删除按钮，将所有的元素都放在<p> 标签中，之后用 <span> 标签包裹，元素就会整体地排列成一行。接下来想一下删除和修改函数应该放在哪？放在 TodoList.vue 文件中还是 TodoListItem.vue 文件中？这是一个问题。

若将函数放在 TodoList.vue 文件中，就需要在 TodoListItem.vue 文件中绑定 TodoList.vue 文件中传过来的函数；若将函数放在 TodoListItem.vue 文件中，需要将其数据的变化传给 TodoList.vue 文件。既然都要反馈给 TodoList.vue 文件，那么把函数放在 TodoList.vue 文件中显然是更好的选择，还能省略一些代码。下面是在 TodoList.vue 文件中添加删除和修改函数的代码。

```
01    methods: {
02        insertItem() {                                    // 之前的插入元素函数
03            this.list.push(this.words);
04        },
05        deleteItem(index) {                               // 删除元素函数
06            this.list.splice(index, 1);
              // 使用 splice 方法删除从 index 位置开始的一个元素
07        },
08        modifyItem(newContent, index) {                   // 修改元素函数
09           // 使用 splice 方法替换从 index 位置开始的一个元素
10            this.list.splice(index, 1, newContent);
11        },
12    },
```

上述代码在 methods 属性中添加了 deleteItem 和 modifyItem 函数，使用 splice 方法来对 list 数组进行操作，比较简单。之后需要引入 TodolistItem 组件，将元素信息和删除修改函数传递过去，修改 TodoList.vue 文件。

```
01    <li v-for="(item, index) in list" v-bind:key="index">
02      <TodoListItem
03         v-bind:item="item"              // 给 TodoListItem 传入 item 变量
04         v-bind:index="index"            // 给 TodoListItem 传入 index 变量
05         v-on:deleteItem="deleteItem"
                                           // 给 TodoListItem 传入 deletItem 函数
06         v-on:modifyItem="modifyItem"
                                           // 给 TodoListItem 传入 modifyItem 函数
07       />
08    </li>
```

调用 TodoListItem 组件时，直接把变量和函数传递过去，因此在 TodoListItem 组件中即可直接调用这些函数或者变量。

```
01    <template>
```

```
02      <div class="item">
03        <p>
04          // 通过 isActive 变量判断是否隐藏数据内容，绑定单击事件，展示 item 变量
05          <span v-show="!isActive" v-on:click="activeItem">{{item}}</span>
06          <span v-show="isActive">  // 通过 isActive 变量判断是否展示 input 输入框
07            // 绑定 content 变量的值，绑定失去焦点事件
08            <input v-model="content" v-on:blur="inactiveItem" type="text">
09          </span>
10          <span v-on:click="$emit('deleteItem', index)">X</span>
            // 绑定删除事件
11        </p>
12      </div>
13    </template>
14    <script>
15    export default {
16      name: 'TodoListItem',
17      props: ['item', 'index'],         // 接收父组件传入的 item 和 index 变量
18      data() {
19        return {
20          content: '',                  // 定义 input 输入框内容变量
21          isActive: false,              // 定义是否展示 input 输入框变量
22        };
23      },
24      methods: {
25        activeItem() {                  // 激活修改状态的函数
26          this.isActive = true;         // 当前修改状态为是
27          this.content = this.item;     // 给 input 输入框赋值
28        },
29        inactiveItem() {                // 关闭修改状态的函数
30          this.$emit('modifyItem', this.content, this.index);
                                          // 保存当前 input 输入框中的数据
31          this.isActive = false;        // 关闭激活状态
32        },
33      },
34    };
35    </script>
```

回想一下要实现的效果：单击“×”按钮可删除当前数据，单击数据内容展示input输入框，单击任意空白处可隐藏输入框，同时保存数据。这样总共需要 3 个方法：第一个方法就是单击“×”按钮删除当前数据，由于删除方法已经从 TodoList 组件传过来了，所以可以直接用 v-on 指令绑定删除事件，使用 $emit 方法直接调用 TodoList 组件传过来的方法，第一个变量是函数名，第二个到最后一个是传给函数的参数。在调用 deleteItem 函数的时候将当前数据的 Index 传了过去，deleteItem 方法会根据 Index 的值来删除指定数据。

第二个方法就是单击当前数据展示 input 输入框的函数，名为 activeItem，激活当前元素。在此方法中，先是将 isActive 变量改为 true，之后再将 item 的值赋给 content 变量。如此 DOM

元素就可以经由 v-show 指令来判断 isActive 变量的值是隐藏还是展示。给 input 输入框和展示数据的 <span> 标签使用 v-show 指令，判断 isActive 变量的状态。若 isActive 变量是 false，则展示数据的 <span> 标签会展示，而 input 输入框则会隐藏；若 isActive 变量是 true，情况则会相反。因为在新建 isActive 变量的时候，默认值是 false，所以一开始并不会将 input 输入框展示出来，只有在单击 <span> 标签时，才会展示 input 输入框。

第三个方法就是在 input 输入框为焦点时，单击页面的其他地方会隐藏输入框并且保存数据。Vue.js 中有默认的 blur 事件来判断当前元素是否失去焦点。若失去焦点，则会触发函数。使用 v-on 指令绑定 blur 事件，若失去焦点，会触发 inactiveItem 方法，不激活当前元素。在 inactiveItem 方法中，先使用 $emit 调用 TodoList 组件传过来的 modifyItem 方法，并且将当前 input 输入框中的内容和当前元素的 Index 作为变量传过去，这样会直接修改原数组。之后再修改 isActive 变量，将 input 输入框隐藏起来，如此便回到展示内容的状态。

至此就完成了 TodoList 中的 Demo 的创建，在 Demo 中可以新建、修改和删除指定的数据，实现基本功能。由于没有使用本地存储的方法来存储数据，所以，当页面刷新的时候，数据会全部消失。读者可能会有疑问，在修改或者删除数据的时候没有修改 Dom 元素的方法，为什么页面展示的效果会根据数据的变化而变化呢？这就是 Vue.js 自带的数据监听方法，数据若是有变动，Dom 元素会自动重新渲染，无须手动操作。

我们通过两个 Demo 基本了解了 Vue.js 的主要特性，下面针对这些特性来具体认识 Vue.js。

2.3 了解一些特性

本节会详细介绍 Vue.js 的一些特性及指令，从新建实例到模板语法，从条件渲染到事件处理。可以说，在认真阅读这一小节之后，大家可以使用 Vue.js 开发一些简单的项目。

2.3.1 新建实例

在开始时，需要了解一下实例，从根本上来说，实例类似于一个对象，里面包含组件需要使用的一些数据，如 data、methods、components 等。每个 Vue.js 项目都是通过 Vue 函数创建一个新的 Vue 实例开始的，代码如下。

```
01    const vm = new Vue{(
02      // 配置
03    )}
```

为什么用 vm 来作为实例的名称？这就要用到之前介绍过的 Vue.js 框架了，虽然不全都是 MVVM 框架，但是 Vue.js 也受到了很大的影响，所以这里简写了 ViewModel 层，用 vm 来作为实例名称。

配置主要有两部分：第一部分是 Vue.js 实例挂载的位置，这个位置可以用 JS 选择的一个 DOM 元素，也可以是一个 CSS 选择器，代码如下。

```
01  <div class="app"></div>
02  const vm = new Vue({
03    el: document.getElementById("app")        // JS 选择 DoM 元素
04    el: "#app"                                // CSS 选择器
05  })
```

上文代码中，el 属性指明了 Vue.js 实例的挂载位置，可以在本地新建 HTML 文件，之后引入 Vue.js 的 CDN 链接进行操作。上文是为了给大家展示 el 可以选择内容，实际开发中只能有一个 el 配置。在 el 挂载成功之后，就可以通过 Vue.js 自带的一些方法访问具体的某个元素，在后续的内容中会讲到。

第二部分的配置内容就是 data。

```
01  const vm = new Vue({
02    el: "#app",
03    data: {                          // 定义 data 配置
04      words: "Hello World"           // 定义 words 属性的，值为 "Hello World"
05    }
06  })
07  console.log(vm.words);             // 输出： Hello World
```

这里可以直接输出 vm 实例中的 words 属性，但是要想输出 el 或者 data 就得加上 $ 前缀，例如 vm.$data。$ 的作用是区分用户定义的属性与原生暴露的属性。

或者直接将 data 属性指向一个变量。

```
01  const myData = {                   // 自定义 myData 变量
02    words: "Hello World"
03  };
04  const vm = new Vue({               // 新建实例
05    el: "#app",
06    data: myData                     // 绑定 myData 变量
07  })
08  console.log(vm.words);             // 输出： Hello World
09  myData.words = "Hello Vue"         // 修改 myData 对象
10  console.log(vm.words);             // 输出： Hello Vue
11  vm.words = "Hello Vue World"       // 修改实例中的对象
12  console.log(myData.words)          // 输出： Hello Vue World
```

从上面代码中可以看出，若是 data 属性指向一个已有的变量，那么 data 属性会和变量双向绑定。修改变量值，data 属性会随之改变；修改 data 属性，变量值也会改变。

2.3.2 生命周期

从字面上来看，生命周期很好理解，放在一个人身上，就是由生到死的过程，包括从幼年期，到成长期，再到成人期、老年期等，是逐步变化的。放在 Vue.js 中，就是 Vue.js 实例初始化的过程。这个过程根据功能的不同，分为很多周期，可以使用对应的生命周期钩子在合适的生命周期上执行代码。

对于生命周期来说，不用现在就开始详细地了解，随着不断的学习和使用，对生命周期的理解会越来越深，同时生命周期的作用也越来越大。下面介绍一些常用的生命周期钩子函数。

1. craeted

在实例创建之后立即被调用。在这个周期内，实例已经完成了数据观测，属性和方法的计算。但是尚未开始挂载，也就是说，$el 目前无法使用，简单来说，就是已经做好了前期的准备工作，但因为还没挂载，所以处于不可见状态。

2. mounted

这一步已经挂载好了，$el 也可以使用，可以开始第一个业务逻辑了。但有一点需要注意，这里并没有挂载所有的子组件，如果需要整个视图都渲染完毕，可以使用 vm.$nextTick。代码如下。

```
01   mounted: () => {                    // mounted 钩子
02    this.$nextTick(() => {              // 使用 nextTick 来等到所有的视图都渲染完毕
03      // 执行代码
04    })
05   }
```

3. updated

数据变动导致重新渲染的时候会调用这个钩子，此时 DOM 元素已经被更新了，可以进行相关的操作。需要注意的是，如果是服务端渲染，此钩子不会被调用，关于服务端渲染的问题在后面的章节会了解到。

4. beforeDestroy

这个钩子会在实例被销毁之前调用，之前若是绑定了某些监听事件，可在这里进行解绑操作。

那么，如何调用钩子呢？举个例子（下面的代码可以使用 2.1.1 中的方法进行本地调试）。

```
01   const vm = new Vue{(                 // 新建实例
02     el: "#app",                        // 指定实例挂载位置
03     data: {                            // 定义 data 属性
04       words: "Hello World"
05     },
06     created: () => {                   // 实例挂载前的钩子
07       console.log(this.words);         // 输出 "Hello World"
08     },
09     mounted: () => {                   // 实例挂载后的钩子
10       console.log(this.#el);           // 输出 <div id="app"></div>
11     }
12   )}
```

只需在钩子函数下面执行相应的代码或函数即可，十分简单，重点在于钩子函数的理解和选择。不用担心，随着学习的深入，对钩子函数的理解会更加深刻，使用起来也会更加得心应手。

2.3.3 模板语法

说到模板语法，首先要明白的就是 Vue.js 使用的是基于 HTML 的模板语法。在 Vue.js 底层的实现上，Vue.js 把模板编译成虚拟的 DOM 元素，之后再结合响应系统，判断出最少渲染的组件数量，最大限度地减少对 DOM 元素的操作。

在模板语法中最常见的就是“Mustache”语法（双大括号），此语法可以用来进行文本插值，代码如下。

```
<span>Words: {{ info }}</span>
```

在渲染之后，<Mustache> 标签中的 info 变量会被替换成其所代表的值，而且无论何时，只要 info 代表的值发生改变，<Mustache> 标签中的内容也会随之改变。

若是想插入 HTML 片段，则不能使用 Mustache 语法，这是为了防止注入攻击，<Mustache> 标签中的内容会被解析成文本，而不是 HTML 代码，所以，在输入 HTML 片段的时候，需要使用 v-html 指令，代码如下。

```
01  // rawHtml 代指 HTML 代码
02  <p> 使用 Mustaches: {{ rawHtml }}</p>    // 使用 <Mustaches> 标签无法解析
03  // 使用 v-html 指令即可正确解析
04  <p> 使用 v-html 指令 : <span v-html="rawHtml"></span></p>
```

同时 <Mustaches> 标签页不能用在 HTML 的相关属性上，例如将一个变量作为一个 HTML 标签的 class，使用 Mustaches 是不可取的，Vue.js 有相应的指令来解决此类问题。

上面阐述了 Mustaches 语法的限制，那么 Mustaches 语法有哪些优点呢？在 <Mustaches> 标签中可以随意使用 JS 表达式，代码如下。

```
01  {{ number + 1 }}                           // JS 简单计算
02  {{ ok ? 'YES' : 'NO' }}                    // JS 三元表达式
03  {{ arr.split('').reverse().join('') }}     // 对数组的链式操作
```

加减乘除、三元表达式、链式操作等操作完全没有问题，也可以调用某些函数，前提是函数有返回值。需要注意的是，虽然可以使用 JS 表达式，但仅限于单个表达式，这是什么意思呢？单个表达式不是指一行表达式，而是指不能进行连续的表达式操作。例如：

```
01  {{ var a = 1 }}                        // 这是语句，不是表达式
02  {{ if (ok) { return message } }}       // 流控制也不会生效，可以使用三元表达式
```

这段代码比较简单，能加深对表达式的理解。

2.3.4 计算属性与过滤器

计算属性和过滤器都是用来对数据进行相应的修改的方法，尽管两者的目的是相同的，但是在使用方式和逻辑上却有较大的差异。先说计算属性，回想一下 2.3.3 节模板语法中的一个例子：

```
{{ arr.split('').reverse().join('') }}    // 在<Mustaches>标签中对数据进行操作
```

在这个例子中，对 arr 进行了比较复杂的处理，很久之后再看这段代码，可能需思考一会儿才能得出结论，这说明对于代码的理解不是很友好。而且经常这么操作会增加模板的复杂程度，这与模板的设计初衷背道而驰，因为模板语法是用来进行简单的运算的。所以在需要处理复杂逻辑的时候，可以使用计算属性来简化操作。

```
01  // HTML
02  <div id="example">                             // 实例挂载的 DOM 元素
03   <p>原始字符串："{{ info }}"</p>               // 展示原始字符串
04   <p>修改后字符串："{{ reversedInfo }}"</p>         // 展示修改后字符串
05  </div>
06  // JS
07  const vm = new Vue({                           // 新建实例
08   el: '#example',                               // 挂载的 DOM 元素
09   data: {
10     info: "Hello World"                         // 新建数据
11   },
12   computed: {                                   // 计算属性模块
13     reversedInfo: () => {                       // 计算属性的名字
14       return this.info.split('').reverse().join('');      // 返回处理后的结果
15     }
16   }
17  })
```

在上述代码中，对 info 变量值进行了处理，使之由“Hello World”变成“dlroW olleH”，字母的顺序颠倒了。显示部分就不详细讲解了，简单地展示变量而已，重点是 computed 属性，也就是计算属性。先声明一个 reversedInfo 函数，函数返回（return）处理之后的数据，调用这个函数，即可获取处理之后的结果。

读者可能会感到疑惑，这与函数有什么区别？从功能上来说是没有区别的，不同的是，计算属性是根据其中依赖的数据缓存的。也就是说，如果 info 的值不变，reversedInfo 是不会再次计算的。如果是函数，每调用一次，则会重新执行一次。所以，使用计算属性可以在很大限度上减少资源的浪费。

下面了解一下过滤器。严格意义上讲，过滤器是计算属性的简化模式，运算比较简单的适合使用过滤器，比较复杂的则应使用计算属性，例如：

```
01  // HTML
02  <div id="example">                             // 实例挂载的 DOM 元素
03   <p>原始数字："{{ number }}"</p>               // 展示原始数字
04   <p>修改后数字："{{ number | currencyFilter }}"</p>// 展示修改后数字
05  </div>
06  // JS
07  const vm = new Vue({                           // 新建实例
08   el: '#example',                               // 挂载的 DOM 元素
09   data: {
```

```
10        number: 666                                  // 新建数据
11      },
12      filter: {                                      // 过滤器模块
13        currencyFilter: (num) => {                   // 过滤器的名字
14          return num.toString() + "$"                // 返回处理后的结果
15        }
16      }
17    })
```

在上面代码中，数字原本是 666，经过滤器处理后就变成“666$”，摇身一变成了“货币格式”，类似的功能还有格式化数字日期等。过滤器的调用方法是在变量后加上中隔线（|），在中隔线之后加上过滤器的名字。这样过滤器会自动将前面的数据作为变量添加进去，currencyFilter 自动接收 number 作为参数，再返回处理后的结果。新建方法和计算属性没有多大的差别，重点在于调用。与计算属性相比，过滤器可以在多个地方使用，不像计算属性那样只能处理同样的数据；与函数相比，过滤器的调用更加简洁。例如，当需要多个过滤器处理数据时，代码如下。

```
01    {{ message | filterA | filterB }}                // 使用过滤器处理数据
02    {{ filterB(filterB(message)) }}                  // 使用函数处理数据
```

从上述代码可以看出，若是调用较多，过滤器看起来依然清晰明朗，但是函数则有些混乱。若有更多调用，简直无法直视。比计算属性适用性强，比函数使用更方便，这就是过滤器存在的意义。

计算属性和过滤器在使用上没有绝对性，针对不同的数据处理，可以使用不同的方法，减少资源浪费，提高代码的复用性，这是开发项目中很重要的两件事，也是程序员成长过程中必须要学会的。

2.3.5 样式的修改

样式是前端页面展示中很重要的一个组成部分，动态绑定样式是一个常见需求。在没有使用框架时，比较方便的解决办法可能就是 jQuery，但是在 Vue.js 中，可以使用 v-bind 指令中的 class 和 style 来最大限度简化此类代码。

最常见的用法就是根据某个变量的值来判断是否添加一个 class。

```
01    // HTML
02    <div id="example">                               // 实例挂载的 DOM 元素
03      // 根据 isActive 的值来判断是否添加 active 样式
04      <div v-bind:class="{ active: isActive }"></div>
05    </div>
06    // JS
07    const vm = new Vue({                             // 新建实例
08      el: '#example',                                // 挂载的 DOM 元素
09      data: {
10        isActive: false,                             // 新建数据
```

```
11     }
12   })
```

若此处的 isActive 为 true，则绑定的 div 会被添加上 active 这个 class; 若为 false，则不添加。v-bind:class 后面接的是一个对象，对象的 key 和 value 是对应的 class 和变量。当然，也可以传入更多的属性来进行多个 class 的切换，并且 v-bind:class 可以和原生 class 并存，互不干涉。

```
01   // HTML
02   <div
03     class="static"                             // 普通 class
04     v-bind:class="{ active: isActive, error: hasError }"
                                                  // v-bind 绑定的 class
05   >
06   </div>
07   // JS
08   const vm = new Vue({                         // 新建实例
09     el: '#example',                            // 挂载的 DOM 元素
10     data: {                                    // 新建数据
11       isActive: true,
12       hasError: false
13     }
14   })
```

上述代码中，class 会随着 isActive 和 hasError 这两个变量变化，如果 isActive 是 true，hasError 是 false，那么 class 则会有 static、active 这两个。当然，不必把所有的绑定都放在 HTML 模板中。

```
01   // HTML
02   <div
03     class="static"                             // 普通 class
04     v-bind:class="classObject"                 // v-bind 绑定的 class 对象
05   >
06   </div>
07   // JS
08   const vm = new Vue({                         // 新建实例
09     el: '#example',                            // 挂载的 DOM 元素
10     data: {                                    // 新建数据
11       classObject: {                           // 定义 class 对象
12         active: true,
13         error: false
14       }
15     }
16   })
```

上述代码把多个 class 绑定对象糅合在一起放在 data 中，形成一个更大的变量，v-bind:class 会对这样的对象自动进行解析，如此 HTML 模板看上去就不那么复杂。如果样式的判定更加复杂，可以使用 2.3.4 节讲到的计算属性来简化 HTML 模板。

```
01  // HTML
02  <div
03    class="static"                              // 普通 class
04    v-bind:class="classObject"                  // v-bind 绑定的 class 对象
05  >
06  </div>
07  // JS
08  const vm = new Vue({                          // 新建实例
09    el: '#example',                             // 挂载的 DOM 元素
10    data: {                                     // 新建数据
11      isActive: true,
12      hasError: false
13    },
14    computed: {
15      classObject: () => {                      // 新建名为 classObject 的计算属性
16        return {
17          // 判定 active 是否为 true
18          active: this.isActive && !this.hasError,
19          // 判定 error 是否为 true
20          error: this.hasError && this.hasError.type === 'fatal'
21        }
22      }
23    }
24  })
```

利用计算属性强大的功能，可以在保证 HTML 模板简洁性的同时完成复杂的 class 运算。若在 class 还是比较多的情况下，在 v-bind:class 上使用数组也是一个不错的选择。

```
01  // HTML
02  <div v-bind:class="[activeClass, errorClass]"></div>
03  // JS
04  data: {
05   activeClass: 'active',
06   errorClass: 'error'
07  }
```

上述代码中有 activeClass 和 errorClass 两个变量，渲染之后的代码如下。

```
<div class="active error"></div>
```

在数组中也可以使用三元表达式来切换 class。

```
<div v-bind:class="[isActive ? activeClass : '', errorClass]"></div>
```

但当 class 的条件比较多或者有多个条件 class 时，这样写就比较复杂了，可以在数组中使用对象语法来进行相应的简化。

```
<div v-bind:class="[{ active: isActive }, errorClass]"></div>
```

下面这部分内容目前来看可能有些难度，因为还没有讲 Vue.js 组件，看不懂的读者可以先跳过，等学完组件内容再回头学习。

除了可以在 DOM 元素上使用 v-bind:class 动态更改样式，在组件上依然可以进行相同的操作，并且组件本身自带的样式也不会被覆盖。

```
01  // 新建组件
02  Vue.component('test-component', {
03    template: '<p class="sentence">Hello World</p>'
04  })
05  // 调用组件
06  <test-component class="active"></test-component>
07  // 渲染结果
08  <p class="sentence active">Hello World</p>
09  // 数据绑定 class
10  <test-component v-bind:class="{ active: isActive }"></test-component>
11  // 渲染结果 (isActive 为 true)
12  <p class="sentence active">Hello World</p>
```

从上面代码可以看出，组件的动态样式并不复杂，与 DOM 元素的操作没有差别，渲染之后也不会对原生的 class 有影响。

下面介绍内联样式的修改，它的根本逻辑和 class 差不多，只是语法上有一定区别。

```
01  // HTML
02  // 使用 v-bind:style 绑定样式
03  <div v-bind:style="{ color: activeColor, fontSize: fontSize + 'px' }"></
div>
04  // JS
05  data: {                                    // 自定义样式
06    activeColor: 'red',
07    fontSize: 30
08  }
```

也可以直接绑定一个对象，这样 HTML 模板看起来会更清晰。

```
01  // HTML
02  // 使用 v-bind:style 绑定对象
03  <div v-bind:style="styleObject"></div>
04  // JS
05  data: {
06    styleObject: {                           // 自定义样式对象
07      color: 'red',
08      fontSize: '13px'
09    }
10  }
```

最后，Vue.js 还为样式的兼容性提供了一些小小的帮助。众所周知，有些样式在不同的浏览器中有不同的前缀，例如 -webkit，-ms 等，在 Vue.js 中可以这样简写。

```
<div :style="{ display: ['-webkit-box', '-ms-flexbox', 'flex'] }"></div>
```

虽然这里增加前缀，但实际渲染的时候，会根据浏览器的不同来渲染不同的样式，不会出现样式重复的情况。

上述关于样式表的修改内容，对于日常使用已经足够。由于项目中很少使用内联样式表，读者可以把重点放在 class 的动态绑定上。

2.3.6 条件与列表渲染

说到条件，相信很多人的第一反应就是 if 和 else。其实条件渲染也是由 if 和 else 构成的。

首先来了解一下条件渲染的 3 个指令：v-if、v-else 和 v-else-if。这和 JS 中条件的逻辑差不多，不同的是在 JS 中，符合条件会执行相应的代码块，在 Vue.js 中，符合条件会渲染相应的 HTML 模块。

```
01  <div v-if="type === 'A'">           // type 是 A 展示此 div
02    A
03  </div>
04  <div v-else-if="type === 'B'">              // type 是 B 展示此 div
05    B
06  </div>
07  <div v-else-if="type === 'C'">              // type 是 C 展示此 div
08    C
09  </div>
10  <div v-else>                                // type 不是 A、B、C 展示此 div
11    Not A/B/C
12  </div>
```

上面这些代码很好地解释了 v-if 系列指令的作用，如果变量 type 的值是“A”，则会渲染第一个 div；如果 type 的值是“B”，则会渲染第二个 div；以此类推。需要注意的是，v-if 可以单独使用，不用搭配 v-else 或者 v-else-if。但是 v-else 和 v-else-if 是依赖于 v-if 的，这和 JS 中的条件判断是相似的。若在 JS 中单独使用 else 或者 else-if，JS 会报错，在 Vue.js 中也会有相应的提示。

比较类似的指令是 v-show，v-show 没有像 v-if 一样的 v-if-else 指令，只能单独使用，用法与 v-if 相同，两者的区别在于效果。v-if 在渲染的时候会判断条件是否满足，不满足则不会渲染 DOM 元素。而 v-show 不管满足不满足条件都会渲染 DOM 元素，只是在条件不满足的时候，会给 DOM 元素加上“display:none”的属性，让 DOM 元素不可见。

所以根据两者的特性可以得出这样的一个结论：如果 DOM 元素的状态需要频繁切换，更适合使用 v-show；若 DOM 元素的条件很少改变，v-if 会是更好的选择。因为 v-if 有着更高的切换开销，也就是说，v-if 在切换状态的时候，会消耗更多的资源，而 v-show 会在初始渲染的时候，消耗更多的资源。

列表渲染也很好理解，就是将一个数组或者集合循环展示出来。

```
01  // HTML
```

```
02  <ul id="example">                          // 实例挂载的 DOM 元素
03    <li v-for="item in items">               // 循环 li 元素
04    {{ item.message }}                       // 展示循环中元素的内容
05    </li>
06  </ul>
07  // JS
08  const example = new Vue({                  // 新建实例
09    el: '#example',                          // 挂载的 DOM 元素
10    data: {
11      items: [                               // 创建模拟集合
12        { message: 'Hello' },
13        { message: 'World' }
14      ]
15    }
16  })
```

此处给 ul 这个无序列表下的 li 加上 v-for 指令，v-if 后面跟的是“item in items”的特殊语法，item 是数组或者集合的子元素，items 是数组。之后将 item 元素中的 message 属性展示出来。这里的 items 被定义为一个集合，里面是一个个的对象，每个对象都有一个 massage 属性。这里用“item in items”语法将集合中的元素循环出来，意味着 item 代表集中的对象。当然，也可以用其他名字，如“object in items”或“balaba in items”。只是如果名字太另类，Vue.js 会给一个警告（warning），告诉你名字差得太远。在获取 item 之后，就可以对 item 做任何操作了，例如根据 item 的值展示不同的样式。

这就是 v-for 对集合的基本用法，比较简单。如果不满足于仅仅获取 item 值，还想获取 key 和 index，则代码如下。

```
01  <ul id="example">
02    <li v-for="(item, key, index) in items">// 获取 items 的值和序号
03    {{ index }}.{{ key }}: {{ item.message }}
04    </li>
05  </ul>
```

需要注意，如果 items 仅仅是个数组，则没有 key，只有 item 和 index。另外，使用 v-for 必须绑定 key 属性，这里的 key 不是刚才循环出来的元素的 key，而是 Vue.js 为了区分每个 DOM 元素用的，要保证 key 的唯一性。在 Vue.js 2.2.0 之前 key 是可选项，但是在 Vue.js 2.2.0 之后 key 成了必选项，如果不写，Vue.js 会报错。

一般利用 v-bind 来绑定 key，可以使用 v-bind 的简写模式“:”，2.3.5 节讲到的 v-bind:class 也可以简写为 : class。

```
01  <ul id="example">
02     <li v-for="(item, key, index) in items" :key="index">// 获取 items 的值和
序号
03    {{ index }}. {{ key }}: {{ item.message }}
04    </li>
05  </ul>
```

为了避免 key 的重复，可以使用当前元素的 index，若 itmes 中有其他唯一的属性，也可以使用，如 id。

下面介绍如何触发 v-for 的修改。Vue.js 是有数据的双向绑定的，在修改 v-for 绑定的数据之后，v-for 会重新渲染，将改变展示在页面上。但是对于数组的某些变化，Vue.js 是无法感知的，例如：

```
01  // JS
02  const vm = new Vue({                           // 新建实例
03    data: {
04      items: ["a", "b", "c"]                     // 创建模拟数据
05    }
06  })
07  vm.items[1] = "x"                              // Vue.js 无法检测的改变
08  vm.items.length = 2                            // Vue.js 无法检测的改变
09  vm.words = "Hello World"                       // Vue.js 无法检测的改变
```

从上述代码中可以看到，当利用索引值修改一个元素的内容或者直接修改数组长度，无法检测到 Vue.js。为了解决这种问题，可以使用 Vue.js 自带的 set 方法或者 JS 中的 splice 方法来修改数组，代码如下。

```
01  // 解决通过索引值修改数组中元素内容问题
02  Vue.set(vm.items, indexOfItem, newValue); // 使用 Vue.js 自带的 set 方法来修改
元素内容
03  vm.items.splice(indexOfItem, 1, newValue);// 使用 splice 方法来修改元素内容
04  // 解决直接修改数组长度问题
05  vm.items.splice(newLength);                    // 使用 splice 来修改数组长度
```

如果使用 lodash 类的库对数组进行操作，Vue.js 也是可以检测到的，因为其从结果上来说，都是返回一个新数组。

Vue.js 另外一种无法检测到的改变是对象数据的添加和删除。例如，vm.words= "Hello Word"，这行代码给 vm 新增了一个数据——words。因为已经新建过 vm 这个实例，所以再手动添加的话，Vue.js 就无法识别，想要让 Vue.js 知道实例的修改，可以使用 Vue.js 的 set 方法。

```
01  const vm = new Vue({                           // 新建实例
02    data: {
03      userInfo: {                                // 创建模拟数据
04        name: 'Rex'
05      }
06    }
07  })
08  Vue.set(vm.userInfo, 'age', 18);               // 使用 set 方法修改数据
```

格式是 Vue.set（object, key, value），object 是修改对象的名字，key 是新增属性的名称，value 是新属性的内容。

和 2.3.5 节相同，v-for 也可以用在组件上，让组件循环展示，可以使用 props 来将循环出来的元素传递给组件。

```
01  <test-component                              // 测试组件
02    v-for="(item, index) in items"             // 循环 items
03    v-bind:item="item"                         // 将元素作为 item 传递给组件
04    v-bind:index="index"                       // 将元素序号作为 index 传递给组件
05    v-bind:key="item.id"                       // 给每个组件绑定不同的 key
06  ></test-component>
```

上述代码中，循环了 test-componet 这个组件，同时将 items 中元素的内容和 index 传递给组件，使得组件内部可以直接调用元素内容。

永远不要把 v-if 和 v-for 放在同一个 DOM 元素上，例如：

```
01  // 错误示例
02  <li v-for="item in items" v-if="item.id === 3"> // 同时在<li>标签上使用 v-for
和 v-if 指令
03    {{ item.id }}
04  </li>
```

在这种情况下，会大量浪费系统资源，严重时可造成系统运行不畅，甚至死机。因为在 Vue.js 中，v-for 的优先级比 v-if 更高，这就造成了两者若是同时使用，v-for 会首先循环，忽略掉 v-if 的条件。若 v-for 的元素很多，即使只想展示一小部分数据，系统还是会把所有的数据都渲染出来，之后再通过 v-if 的条件来决定是否要去掉这些 DOM 元素，十分消耗系统资源，所以正确的做法如下。

```
01  // 正确示例
02  <ul v-if="items.length">                     // 在<ul>标签上使用 v-if 指令
03    <li v-for="item in items" :key="item.id">
                                                 // 在<li>标签上使用 v-for 指令
04      {{ item.id }}
05    </li>
06  </ul>
```

上述代码中，先在 <ul> 标签上判断 items 的长度。若是 items 的长度不大于 1，则不会渲染里面的内容；若是 items 的长度大于或等于 1，才会渲染里面的 <li> 标签。渲染的时候会根据 v-for 指令来循环，这也是符合 Vue.js 语法风格的一种写法。

2.3.7 事件的处理

在 JS 中，单击和按键的事件是比较常用的，也是比较重要的，因为前端交互有很大一部分都是这两种事件。同样，在 Vue.js 中，对这两种事件也有着全面的处理，也就是 v-on 指令。

v-on 指令和 v-bind 一样，后面接不同的内容就有不同的意义，例如 v-bind: class 和 v-bind: key。同样，v-on 也可以接不同的内容，单击事件就是通过 v-on 后面接 click 来绑定的。

```
01  // HTML
02  <div id="example">                           // 实例挂载的 DOM 元素
03    <button v-on:click="counter += 1">单击一次</button>      // 单击一次 counter
```

```
加 1
04    <p>你已单击了{{ counter }}次</p>                       // 展示单击次数
05  </div>
06  // JS
07  const vm= new Vue({                                       // 新建实例
08    el: '#example',
09    data: {
10      counter: 0,                                           // 创建模拟数据
11    }
12  })
```

上述代码在<button>标签上使用 v-on:click 绑定了单击事件，单击事件的内容就是让 counter 这个变量自增 1。counter 是在新建实例的时候创建的，值为 0。之后每单击一次这个按钮，都会触发 "counter += 1" 这句代码，之后 counter 会被展示在页面中，用户可以看到 counter 的变化。

当然，不仅可以在 v-on:click 上绑定程序语句，函数也可以。

```
01  // HTML
02  <div id="example">                                        // 实例挂载的 DOM 元素
03    <button v-on:click="add(1)">加 3</button>               // 单击一次 counter 加 3
04    <p>结果：{{ counter }}</p>                              // 展示 counter 内容
05  </div>
06  // JS
07  const vm= new Vue({                                       // 新建实例
08    el: '#example',
09    data: {
10      counter: 0,                                           // 创建模拟数据
11    },
12    methods: {
13      add (num) => {                                        // 创建添加方法
14        this.counter += num;                                // 增加 counter 变量
15      },
16    },
17  })
```

在上述代码中，<button>上绑定了 add 函数，同时传一个 num 参数，参数的值为 3。这样每单击一次这个按钮，都会触发 add 函数，然后给 counter 加 3，counter 的变化也会展示在页面上。

与单击事件类似的是冒泡事件，Vue.js 中把这些相关事件做成事件修饰符，传递给 v-on: click。

```
01  // 单击事件只触发一次
02  <a v-on:click.once="doThis"></a>
03
04  // 阻止单击事件继续传播
05  <a v-on:click.stop="doThis"></a>
```

```
06
07  // 提交事件不再重载页面
08  <form v-on:submit.prevent="onSubmit"></form>
09
10  // 修饰符可以串联
11  <a v-on:click.stop.prevent="doThat"></a>
12
13  // 只有修饰符
14  <form v-on:submit.prevent></form>
15
16  // 添加事件监听器时使用事件捕获模式
17  // 即元素自身触发的事件先在此处理，然后才交由内部元素进行处理
18  <div v-on:click.capture="doThis">...</div>
19
20  // 只当在 event.target 是当前元素自身时触发处理函数
21  // 即事件不是从内部元素触发的
22  <div v-on:click.self="doThat">...</div>
23
24  // 滚动事件的默认行为 （即滚动行为） 将会立即触发
25  // 而不会等待 'onScroll' 完成
26  // 这其中包含 'event.preventDefault()' 的情况
27  <div v-on:scroll.passive="onScroll">...</div>
```

在使用这些修饰符的时候，要注意它们的顺序，因为相对的代码会根据修饰符的顺序产生。如 v-on:click.prevent.self 会阻止所有的单击，而 v-on:click.self.prevent 只会阻止对元素自身的单击。上面这些修饰符较多，记住常用的即可。重点需要记住的是使用方法，而不是繁杂的 API。

在 Vue.js 中，可以使用 v-on: keyup. 键值来绑定按键事件。例如：

```
01  // 在 keyCode 是 13 时调用 submint 函数
02  <input v-on:keyup.13="submit">
```

13 是键值，对应 Enter 键。想要记住所有的键值是不可能的，Vue.js 贴心地给常用的按键起了别名。

```
01  // Enter 键
02  <input v-on:keyup.enter="doThis">
03  // Tab 键
04  <input v-on:keyup.tab="doThis">
05  // 向前删除和向后删除键
06  <input v-on:keyup.delete="doThis">
07  // Esc 键
08  <input v-on:keyup.esc="doThis">
09  // 上方向键
10  <input v-on:keyup.up="doThis">
11  // 下方向键
12  <input v-on:keyup.down="doThis">
```

```
13  // 左方向键
14  <input v-on:keyup.left="doThis">
15  // 右方向键
16  <input v-on:keyup.right="doThis">
17  // Ctrl 键
18  <input v-on:keyup.ctrl="doThis">
19  // Alt 键
20  <input v-on:keyup.alt="doThis">
21  // Shift 键
22  <input v-on:keyup.shift="doThis">
23  // macOS 系统上是 Command 键，Windows 上是 Windows 键
24  <input v-on:keyup.meta="doThis">
```

这样就方便了，但是 Vue.js 还支持按键事件的 key。这是什么呢？如按一下 PageUp 键，会触发一个 keyboardEvent 事件，这是 JS 的原生事件。此事件中有一个属性，名为 key。PageUp 键的 key 就是 page-up，进而可以直接使用 page-up 来绑定按钮。

```
01  // 向上翻页键
02  <input v-on:keyup.page-up="doThis">
```

因为事件绑定使用频率很高，每次都这样写，容易使人厌烦，因此，Vue.js 提供了缩写——“@”。

```
01  <button @click="doThis" />                    // 单击事件的缩写
02  <input @keyup.page-up="doThis">              // 按键事件的缩写
```

单击事件和按键事件的其他内容实用性不强，这里不再赘述。

2.3.8 双向绑定

作为 Vue.js 的主要特点之一，双向绑定是一个语法糖（它是结合使用多种语法，并不是一种新的语法）。它的本质是通过监听用户的输入或者数据的更新，之后触发 DOM 元素的变化。原理简单，但是实际应用上，会根据不同的组件，有不同的变化，这些变化就是本节将要介绍的重点。

从最简单的文本开始。

```
01  // HTML
02  // 使用 v-model 绑定 inputInfo 变量值给 input
03  <input v-model="inputInfo">
04  // 展示 inputInfo 的内容
05  <p>input 输入框的内容：{{ inputInfo}}</p>
06  // 使用 v-model 绑定 textareaInfo 变量值给 textarea
07  <textarea v-model="textareaInfo"></textarea>
08  // 展示 textareaInfo 的内容
09  <p>textarea 输入框的内容：{{ textareaInfo}}</p>
```

数据绑定，首先要有数据，这里的 inputInfo 和 textareaInfo 是预先定义好的变量，之后使用 Vue.js 的 v-model 指令来将这两个变量分别绑定到这两个输入框中。这样不管是修改输入框中的内容还是直接修改变量，两边的数据都是同步的。

接下来看看多选框，可以选择多个选项。

```
01  // HTML
02  <div id='example'>                                        // 实例挂载的 DOM 元素
03    // 使用 v-model 指令给 checkbox 绑定 checked 变量
04    <input type="checkbox" id="apple" value="apple" v-model="checked">
05    <label for="jack">apple</label>
06    <input type="checkbox" id="banana" value="banana" v-model="checked">
07    <label for="john">banana</label>
08    <input type="checkbox" id="orange" value="orange" v-model="checked">
09    <label for="mike">orange</label>
10    <br>
11    <span>当前选中项：{{ checked }}</span>                // 展示 checked 变量的值
12  </div>
13  // JS
14  const vm= new Vue({                                       // 新建实例
15    el: '#example',
16    data: {
17     checked: [],                                          // 创建选中变量，类型为数组
18    }
19  })
```

上述代码中，checked 变量被初始化为一个空数组，每个 input 都是一个 checkbox。使用 v-model 指令给它们绑定了 checked 变量。如果单击 input，那么在 checked 中就会出现 input 的 value 属性的值。如果选中名为 apple 的 input，那么 checked 数组变为“['apple']”，如果再选中名为 orange 的 input，那么 checked 数组变为“["apple", "orange"]”。如果取消选中，那么 checked 数组中对应的值就会消失。

单选按钮对于 input 的数据绑定来说是一样的，只是变量不再是一个数组，而是一个字符串，字符串的内容就是当前选中的 input 的值，代码如下。

```
01  // HTML
02  <div id='example'>                                        // 实例挂载的 DOM 元素
03    // 使用 v-model 指令给 radio 绑定 picked 变量
04    <input type="radio" id="one" value="One" v-model="picked">
05    <label for="one">One</label>
06    <br>
07    <input type="radio" id="two" value="Two" v-model="picked">
08    <label for="two">Two</label>
09    <br>
10    <span>当前选中项：{{ picked }}</span>                 // 展示 picked 变量的值
11  </div>
12  // JS
13  const vm= new Vue({                                       // 新建实例
```

```
14    el: '#example',
15    data: {
16     picked: ''                                // 创建选中变量，类型为字符串
17    }
18  })
```

选择框中的单选和多选操作与input相似，区别在于绑定的值是一个字符串还是一个数组，下面以一个单选框为例。

```
01  // HTML
02  <div id='example'>                           // 实例挂载的DOM元素
03    // 使用v-model指令给select绑定selected变量
04    <select v-model="selected">
05      <option disabled value="">请选择</option>
06      <option value="apple">apple</option>
07      <option value="banana">banana</option>
08      <option value="orange">orange</option>
09    </select>
10    <span>当前选中项：{{ selected }}</span>   // 展示selected 变量的值
11  </div>
12  // JS
13  const vm= new Vue({                          // 新建实例
14    el: '#example',
15    data: {
16     selected : '',                            // 创建选中变量，类型为字符串
17    }
18  })
```

因为select和input不同，没有多余的元素，所以只需要使用v-model把selected变量绑定在select上即可，之后selected变量就会自动随着选中option的变化而变化。

细心的读者可能会发现，这里有一个多余的option选项，这其实是为iOS系统做的一个兼容。因为当v-model绑定变量的初始值不匹配任何选项时，select会被渲染成“未选中”的状态。在iOS系统中，用户会因此无法选中第一个选项。因为在这种情况下，iOS系统不会触发change事件。所以，提供一个空选项有时是一个更好的选择。

对于多选系列来说，绑定的变量只能是一个数组；而对于单选系列来说，绑定的值不仅是一个字符串，也可以是一个布尔值。

```
<input type="checkbox" v-model="toggle">    // toggle 为 true 或 false
```

这里的toggle变量就是一个布尔值，checkbox选中时，toggle为true；未选中时，toggle是false。

对于多选系列来说，为了省时省力，可以使用v-for来循环渲染：

```
01  // HTML
02  <div id='example'>                           // 实例挂载的DOM元素
03    // 使用v-model指令给select绑定selected变量
```

```
04      <select v-model="selected">
05        <option disabled value="">请选择</option>
06         // 使用 v-for 指令循环 options 的值，使用 v-bind 指令的简写模式给 option 绑定
value 属性
07        <option v-for="option in options" :value="option">
08          {{ option }}
09        </option>
10      </select>
11      <span>当前选中项：{{ selected }}</span>          // 展示 selected 变量的值
12    </div>
13    // JS
14    const vm= new Vue({                                // 新建实例
15      el: '#example',
16      data: {
17       options: [ "apple", "banana", "orange"],        // 创建选项数据
18       selected : '',                                  // 创建选中变量，类型为字符串
19      }
20    })
```

上述代码中，先给 select 绑定 selected 作为选中变量，之后在 <option> 标签上使用 v-for 指令循环 options 变量来渲染，同时使用 v-bind 指令给 <option> 标签绑定了 value 属性。因为 options 数组中的元素是字符串而不是对象，所以直接使用即可。

最后，Vue.js 还给事件绑定提供了一些修饰符，以方便在某些情况下处理数据。

```
01    // .lazy  修改默认触发事件为 change
02    <input v-model.lazy="msg" >
03    // .number  将输入的值转化为数字类型
04    <input v-model.number="age" type="number">
05    // .trim  去掉用户输入的首尾空格
06    <input v-model.trim="msg">
```

lazy 可能不太好理解，其本质是使用 v-model 指令，在每次 input 事件触发后，将输入框的值与数据同步转变为使用 change 事件进行同步。简单来说，就是减少数据同步的频率，例如默认 1 秒同步一次，使用 lazy 后，可能就是 10 秒同步一次了。number 是为了方便解析，因为即使给 input 的 type 属性赋值为 number，input 返回的数据也还会是字符串类型，加上 number 之后，就会强行转化成数字类型，不用手动将变量转化成数字类型。trim 就很简单——去掉用户输入的首尾空格，省去手动处理的步骤。

双向绑定的部分语法不难，重点在于针对不同的场景使用不同的方式，多加掌握对后续的开发会有很大的帮助。

2.4 小结

在本章中，介绍了 Vue.js 的大部分特性，同时对其运行原理也有了一定的认识。

对于挂载实例和生命周期的介绍，让我们认识到 Vue.js 项目运行的整个过程。对于 Vue.js 项目，首先需要新建一个 Vue.js 实例，在实例中可以进行一些初始化配置，之后运行项目时，Vue.js 会自动解析这些配置，例如把 Vue.js 实例挂载到指定的地方，新建准备好的变量，渲染模板等操作。而这些操作都是有一定过程的，Vue.js 把这些过程根据其功能的不同分成周期，可以使用生命周期钩子函数进入这些周期，执行相应代码。

使用 Vue.js 提供的模板语法进行数据展示，不用在 JS 中修改 DOM 元素的 value，直接放在 HTML 模板中，清晰明了。还可以使用计算属性或者过滤器处理数据，如果处理过程的适用性不强，计算属性会是一个好的选择。如果有很多地方都会用到类似的计算，更加倾向于使用过滤器。

直接在 HTML 模板上动态绑定样式真的是一件很愉快的事，利用一些变量的值来判断当前是否需要添加一个 class 是十分方便的。条件渲染可以直接去掉不适用于当前场景的 HTML 元素，比起 display：none 更是干脆彻底。列表渲染可以减少大量的重复代码，一个个去手写相同的 DOM 元素真是一个费力不讨好的工作。

对于事件的处理，不用在 JS 代码中绑定事件，而是直接使用 v-on 指令绑定在 HTML 模板中。数据双向绑定也是，直接在 DOM 元素中绑定变量的值，如此双向的修改都会触发另一方的变化。

由于 Vue.js 在 DOM 元素上使用很多指令，使得 HTML 模板看起来更加复杂 DOM 元素的构成也变得更加复杂，如果放在一行，可能会出现超长 DOM 元素的情况，当 DOM 元素的属性超过 3 个时，可以换行处理。

```
01   <div id='example'>
02     <li
03       v-for="(item, index) in items"          // 循环 items
04       :class="{ active: item.id === 0 }"     // 第一个 item 添加名为 active 的
class
05       :key="item.id"           // 绑定 key 属性为当前 item 的 id 属性
06       @click="show(item)"      // 绑定单击事件，单击触发 show 方法，传递 item 作为参数
07     >
08       {{ item.content }}                      // 展示 item 的内容
09     </li>
10   </div>
```

换行后，每个指令清晰明了，这就是 Vue.js 的目标——简单看一眼 HTML 模板，就能清楚定位 JS 中相应的代码，同时了解当前 DOM 元素的状态。这样做还有一个优点，就是方便测试，因为事件都绑定在 DOM 元素上了，如果 DOM 元素发生变化，也不用管，只要不影响绑定事件的 DOM 即可。最后就是事件的清除，因为所有的事件都被绑定在 DOM 元素上，也就是 MVVM 框架中的 ViewModel 层，当这个 ViewModel 层被销毁，所有事件处理器都会自动删除，无须手动清理。

总的来说，使用 Vue.js 模板需要花时间去习惯它的逻辑和语法风格，熟悉之后才会发现 Vue.js 神奇的“魔法”。

第3章　组件详解

第 2 章讲解了 Vue.js 的许多特性，这些特性可以更方便地处理日常工作中遇到的问题。但是 Vue.js 还有一个很核心的功能没有讲到，那就是组件。此功能是 Vue.js 框架中最精彩的部分之一，运用得当可以在很大程度上减少重复代码量，页面结构也会变得简洁。自然，这部分的内容也比较复杂，所以这里单独列出一章来讲解 Vue.js 的组件。

本章主要涉及的知识点如下。

- 组件概念
- 组件注册
- 组件通信
- 插槽
- 特殊情况

3.1　组件概念

对于组件的概念，相信大家多少都有所了解，但可能不是特别清楚。那么在本节中，将从理论上讲解组件的概念与作用，以便更好地使用组件。

3.1.1　什么是组件

从概念上来说，组件可以扩展 HTML 元素，封装复用性较高的代码。组件是我们自定义的元素，Vue.js 为其添加了特殊功能。在某些特殊情况下，组件也可以是原生的 HTML 元素。下面来分析知乎的首页，如图 3.1 所示。

从图 3.1 中可以看出，知乎首页可以被分解成很多组件，当然，如果使用程度不高，也不必分得那么细。首先来看组件 1，这是知乎首页的主标题，由首页、发现和话题构成，如果别的页面也用到这样的标题，完全可以将这个标题当作组件独立出来，以后使用时直接调用即可。

组件 2 很好理解，就是文章简介的部分，在获取首页文章的数据之后，可以直接使用 v-for 指令来循环这些数据，在循环中调用组件，将文字部分和图片链接传递给组件，组件渲染时直接填入即可。

■ 图 3.1　知乎首页分析

类似的还有组件 3、组件 4 和组件 5，这是由一个图标（ICON）和文字构成的组件，属于常用组件，但是其样式却不尽相同，这里可以只写一个组件，之后定义不同的样式，在需要引用什么样式时，就加上什么样式的 class，可以在很大程度上减少代码量，相应的可能就是对 CSS 的要求比较高，但是相对于减少的代码量来说，这种程度完全可以接受。

从知乎首页上可以很明显地看出使用组件的好处，如果使用传统的 HTML 构建这个首页，就要花费不少时间，很多重复的 DOM 元素，要是修改其中某一类，就需要一个个地修改，这是我们很不愿意见到的情况，所以页面元素组件化是开发路上必不可少的一部分，学好组件真的可以获得很多帮助。

3.1.2　为什么要使用组件

为什么要使用组件？很多人在刚开始学习组件时可能都会问这个问题，因为组件是有学习成本的。若是学习成本很高，但实际效果令人也不满意，那么学这个东西就是不值得的。先举一个例子，如图 3.2 所示。

请输入...

■ 图 3.2　搜索框组件

图 3.2 是一个很简单的搜索框，在很多项目中都会用到，而且有很大概率不止使用一次。那么问题来了，是为了方便每次都使用复制和粘贴功能，还是封装成一个组件呢？例如遇到搜索框的地方就使用复制、粘贴实现，其实是比较方便的，毕竟每次不用思考，可以很快地完成开发。

但是会不会有这样一种情况，产品经理突然提了一个需求：给每个 <input> 标签都绑定上回车事件，按 Enter 键，<input> 标签中的内容会自动提交。这种情况可能需要一两天的时间才能完成所有回车事件的触发。若是使用组件呢？这种问题就不是问题了，可以直接给组件绑定回车事件，如此便不用一个个修改了，足以应对产品经理的各种需求。

这就是学习组件的目的——让代码的复用性更强，同时对代码进行解耦。什么是解耦？其实就是降低代码的耦合度。那耦合度又是什么？就是代码之间的联系。若是两个函数的联系很紧密，或者说一个函数只能为另外一个函数所调用，那么可以说，这两个函数的耦合度很高。反之，一个函数可以被很多个函数调用，那么这个函数的耦合性很低。

耦合度低有什么好处呢？首先就是代码量大大减少，其次就是函数和代码看起来会更加清晰，每个函数不相互依存，功能性更加突出。如此，不管是日后调试还是二次开发，都会十分方便，错误的定位也会更加简单。

这就是学习组件的目的，通过多种基础组件的组合形成完整的功能，同时功能的存在又不会增加多余的代码，如此修改，也会更加方便，牵一发而动全身。缺点就是对相应功能的规范要求较高，若是不符合规范，则会增加很多代码，所以，最好将常用的简单部分开发为组件，若是某个部分不常用，则无须组件化，增加工作强度。

3.2 组件创建

现在开始正式学习组件的开发。

3.2.1 组件基础

首先看一个简单的组件例子，使用 2.1.1 节中的例子，新建 HTML 文件。

```
01    // HTML
02    <div id="demo">
03      <button-counter></button-counter>          // 引用组件
04    </div>
05    // JS
06    Vue.component('button-counter', {            // 注册组件
07      data() {                                   // 自定义组件数据
08        return {
09          count: 0
10        };
11      },
12      // 组件模板
13      template: '<button v-on:click="count++">单击了 {{ count }} 次。
</button>'
14    })
15    new Vue({ el: '#demo' })                     // 创建实例
```

上面是一个简单的组件示例，在调用组件之后，会出现一个按钮，每一次单击按钮，按钮

上的数字都会加 1。组件内部定义了 count 变量，之后在 <button> 标签上绑定了单击事件，每一次单击，count 变量会自动增 1。

需要注意的是组件的名字，这里给组件命名为 button-counter，标签的名字也是如此。这里使用短横线分隔命名（kebab-case）。当使用短横线命名法命名组件时，调用组件时也必须使用短横线命名法，就像例子中的一样。

但是还有另外一种更为常用的命名法，那就是大名鼎鼎的驼峰命名法（PascalCase）。上面例子中的组件就可以命名为 BttonCounter。调用的时候，可以使用驼峰命名法 <BttonCounter> 或者短横线命名法 <button-counter> 来命名。相对于短横线命名法来说，驼峰命名法使用范围更广。虽然可以使用两种调用方式，但是建议统一命名方式和调用方式，否则，在搜索组件名时，没有调用结果的情况，就十分尴尬了。

还有一点需要注意，在新建组件的时候，data 属性必须是一个函数，就像上面的例子一样，因为如果不是一个函数（如下所示）：

```
01  Vue.component('button-counter', {          // 注册组件
02    data() {             // 自定义组件数据，data 属性是一个对象而不是一个函数
03      return {
04        count: 0
05      };
06    },
07    // 组件模板
08    template: '<button v-on:click="count++">单击了 {{ count }} 次。
</button>'
09  })
```

在组件多次调用的时候，它们的值会相互覆盖，就是改变一个值，其他值都会受到影响。例如：

```
14  <div id="demo">
15    // 引用组件
16    <button-counter></button-counter>
17    <button-counter></button-counter>
18    <button-counter></button-counter>
19  </div>
```

这里多次引用 button-counter 这个组件，如果新建组件时，data 属性是一个对象，而不是函数，单击任意一个按钮，其他按钮的值就会改变。若是 data 属性是一个函数，它们会维护自己 data 中的数据，不会互相影响。

还有一点需要注意，组件最外层必须有一个标签，包裹住组件的所有内容，也就是说，组件的最外层不能有两个或者以上的标签。

```
01  // 错误示例
02  <h3> 测试标题 </h3>
03  <div>
04    <p > 测试内容 </p>
05  </div>
```

```
06  // 正确示例
07  <div class="wrapper">
08    <h3>测试标题</h3>
09    <div>
10      <p >测试内容</p>
11    </div>
12  </div>
```

上述代码示出了最外层只能有一个标签。

新建组件时需要注意的方面比较细节化，也十分重要。如果不注意这些细节，可能会出现莫名其妙的，也是最难解决的 BUG。为了不犯低级错误，不浪费时间在这些问题上，大家需要注意这些细节，如果还是出现了问题，首先排查是不是在某些细节上出现问题，如果确定细节没问题，再开始进行内容的排查。

3.2.2 组件注册

组件注册主要分为两部分：全局注册和局部注册。

全局注册是在新建实例时创建的，如当前的项目使用 Vue-CLI 创建，就应该在 main.js 文件中引入组件，同时使用 Vue.use（组件名）来引用组件，之后在 new 主要的 Vue.js 实例的时候，组件就会自动被注册为全局组件，在项目的任意位置都可以使用组件，并且无须引入。

局部注册是在编写页面的时候当前页面引入组件的常用方法，可以使用 ES6 的模块系统来引入组件，之后可在实例中注册使用。

```
01  import ButtonCcounter from './ButtonCcounter.vue'
02
03  export default {
04    components: {      // 在此属性中注册组件
05      ButtonCcounter     // 使用ES6语法简写，简写前是ButtonCcounter: ButtonCcounter
06    },
07  }
```

以上就是组件的两种引入方法，对于自己开发的组件来说，一般情况下都是局部注册；对于引入的组件库，如 Element，一般会把其常用组件进行全局注册，方便使用。例如，引入一个 <icon> 组件，总不能在调用的时候才 import 它，这是极不方便的，全局注册显然是更好的选择。而自己开发的组件往往应用性没有那么强，所以更推荐局部注册，有需要时才引入使用，这样还能减少项目的提交，提高项目性能。

3.3 组件通信

对于 Vue.js 的组件通信来说，一般有父组件给子组件传递信息，子组件给父组件传递信息，子组件之间传递信息 3 种情况。

3.3.1 父组件与子组件通信

这是比较常见的一种情况，如父组件是一个列表，会给子组件（列表）中的每个元素传值，之后展示出来。下面介绍 Vue.js 中父组件给子组件传递信息的特性——props。

props 可以在组件上注册一些新的特性，当使用 props 给组件传值的时候，这个值就成为这个组件的一个属性，如在组件中调用传递过来的值。

```
01  Vue.component('ListItem', {
02    props: ['title'],
03    template: '<h3>{{ title }}</h3>'
04  })
```

在子组件中，使用 props 属性来接收传递过来的值，可以直接调用，如同在 data 中声明的数据一样。当然，在组件中，可以有无数个 props 属性，而且任何值都可以传递过去，例如：

```
01  <ListItem title="Test Title One"></ListItem>
02  <ListItem title="Test Title Two"></ListItem>
03  <ListItem title="Test Title Three"></ListItem>
```

直接绑定接收数据的 key，这里的 key 是 title，接收的时候也是 title，整合起来如下。

```
01  // HTML
02  <div id="list">
03    <ListItem
04      v-for="item in lists"                        // 循环组件
05      :title="item.title"                          // 绑定 title
06      :key="item.id"                               // 绑定 key
07    ></ListItem>
08  </div>
09  // JS
10  import ListItem from './ListItem';               // 引入组件
11  new Vue({
12    el: '#list',                                   // 挂载的 DOM 元素
13    data() {
14      return {
15        lists: [
16          { id: 1, title: 'Test Title One' },
17          { id: 2, title: 'Test Title Two' },
18          { id: 3, title: 'Test Title Three' }
19        ],
20      };
21    },
22    components: {
23      ListItem                                     // 注册组件
24    },
25  });
```

关于props，需要注意其命名方式。因为在HTML中，属性名对于大小写是不敏感的，所有浏览器会自动把属性名中的大写字母转化为小写字母。这就意味着若想使用驼峰命名法来给属性命名，在传递时需要使用短横线分隔命名。

```
01  // 父组件
02  <ListItem item-title="Test Title One"></ListItem>  // 父组件给子组件传递 item-title 的值
03  <ListItem item-title="Test Title Two"></ListItem>
04  <ListItem item-title="Test Title Three"></ListItem>
05  // 子组件
06  Vue.component('ListItem', {
07    props: ['itemTitle'],                      // 子组件接收时为 itemTitle
08    template: '<h3>{{ itemTitle }}</h3>'
09  });
```

从上述代码中可以清晰地看到props命名的转换，props可以有很多种类型，数字、变量、数组或者对象都可以，代码如下。

```
01  // HTML
02  <div id="list">
03    <ListItem
04      :number="6666"                           // 传递数字
05      :boolean="false"                         // 传递布尔值
06      :variable="variable"                     // 传递变量
07      :array="array"                           // 传递数组
08      :obeject="object"                        // 传递对象
09    ></ListItem>
10  </div>
11  // JS
12  import ListItem from './ListItem';           // 引入组件
13  new Vue({
14    el: '#list',                               // 挂载的 DOM 元素
15    data() {                                   // 编写 Fake 数据
16      return {
17        variable: 'variable',                  // 变量
18        array: [1, 2, 3],                      // 数组
19        obejct: {                              // 对象
20          key: 1,
21          content: 'content'
22        }
23      };
24    },
25    components: {
26      ListItem                                 // 注册组件
27    },
28  });
```

props 的数据传输是单向的，也就是说，父组件给子组件传值，子组件只能调用，不能修改。若在子组件中强行修改 props 数据，Vue.js 会在控制台给出警告。若项目中必须修改，可以使用以下两种方法。

```
01  // 例 1- 在组件内部定义数据
02  props: ['title'],
03  data() {
04    return {
05      local_title: this.title          // 返回 local_title 变量
06    }
07  }
08  // 例 2- 使用计算属性
09  props: ['title'],
10  computed: {
11    local_title: () => {               // 返回 local_title 计算属性
12      return this.title.trim()
13    }
14  }
```

上述两种方法分别使用定义数据和计算属性来将 props 值改为本地值，实现在本地修改的目的。因为假设子组件也可以修改父组件的数据，会导致数据流的走向过于复杂，难以理解，因此 Vue.js 将 props 数据传递规定为单向。项目简单还好，若比较复杂，则需花费大量的时间去处理数据流，这和 Vue.js 简单明了的风格背道而驰。

3.3.2 子组件与父组件通信

子组件向父组件传值需要通过触发父组件定义的方法，之后父组件可以在方法中获取子组件传递过来的数据，使用 $emit 方法。

$emit 是 Vue.js 实例自带的方法，用来调用父组件传递过来的方法，调用时还可以指定参数传递过去。就像 TodoList 的例子一样，在子组件中获取修改之后的数据，调用父组件修改数据的方法，并且将修改后的数据作为参数发送过去。

```
01  // 父组件
02  <div id="list">
03    <ListItem
04      @modifyItem="modifyItem"         // 使用 v-on 指令的简写将 modifyItem 函数传递
过去
05      v-for="(item, index) in lists"// 循环组件
06      :index="index"                   // 绑定 index
07      :title="item.title"              // 绑定 title
08      :key="item.id"                   // 绑定 key
09    ></ListItem>
10  </div>
11  import ListItem from './ListItem';// 引入组件
```

```
12  new Vue({
13    el: '#list',                            // 挂载的 DOM 元素
14    data() {                                // 定义列表数据
15      return {
16        lists: [
17          { id: 1, title: 'Test Title One' },
18          { id: 2, title: 'Test Title Two' },
19          { id: 3, title: 'Test Title Three' }
20        ],
21      };
22    },
23    methods: {
24      modifyItem (index, changedValue) => {   // 修改列表中某个元素的方法
25        this.lists[index].title = changedValue;
26      },
27    },
28  });
29  // 子组件
30  <div id="list-item">
31    <input
32      type="text"
33      v-model="local_title"   // 使用 v-model 将 local_title 绑定到 input
34       //  焦点消失触发父组件的 modifyItem 事件，将当前元素的 index 和 local_title 传递
过去
35      @blur="$emit('modifyItem', index, local_title)"
36    >
37  </div>
38  export default {
39    props: ['title', 'index'],          // 接收父组件传递过来的数据
40   data() {
41      return {
42        local_title: this.title         // 返回 local_title 变量
43      };
44    }
45  }
```

首先在父组件调用子组件时将函数绑定，之后在子组件中使用 $emit 调用函数，并且可以传参，完成子组件向父组件的通信。

3.3.3 子组件之间的通信

比较遗憾的是，Vue.js 中并没有针对组件之间通信的方法，可以先将数据传递到父组件中，再通过父组件传递给子组件。若觉得这样麻烦，可以使用 Vue.js 推出的状态管理工具——Vuex。

原理很简单，就是将变量的内容提到最高层级，之后可以在任意组件中调用，相当于 JS

中的全局变量，有兴趣的读者可以去 Vuex 官网进一步查阅。

Vue.js 组件之间通信在实际运用中可能会遇到各种意料不到的情况，需要自行判断，选择最适合的方案。

3.4 插槽

插槽就是在调用组件时放在组件标签中传递内容的，相应地组件内部需要有 <slot> 标签来接收传递过来的内容，否则传递过来的任何内容都会被抛弃。

```
01  // 父组件
02  <div id="list">
03    <ListItem
04      v-for="(item, index) in lists"          // 循环组件
05      :index="index"                          // 绑定数据
06      :key="item.id"
07      :title="item.title"
08    >
09      Title-Content                           // 插槽内容
10    </ListItem>
11  </div>
12  // 子组件
13  <div id="list-item">
14    <input
15      type="text"
16      v-model="title
17    >
18    <slot></slot>                             // 子组件内容使用 <slot> 标签接收内容
19  </div>
```

在组件渲染的时候，<slot> 标签会被渲染成“Title-Content”，若子组件内没有 <slot> 标签，则任何内容都不会被渲染。插槽内容可以是任何模板代码、组件或 HTML 元素。

```
01  // 父组件
02  <div id="list">
03    <ListItem
04      v-for="(item, index) in lists"          // 循环组件
05      :index="index"                          // 绑定数据
06      :key="item.id"
07      :title="item.title"
08    >
09      <p>Title-Content</p>                    // 插槽内容为 HTML
10      <OtherComponent></OtherComponent>       // 插槽内容为其他组件
11    </ListItem>
12  </div>
```

插槽的功能固然强大，但有时会出现需要多个插槽的情况，此时可以给插槽命名，以区分不同的插槽。

```
01    // 父组件
02    <div id="list">
03      <ListItem
04        v-for="(item, index) in lists"                          // 循环组件
05        :index="index"                                          // 绑定数据
06        :key="item.id"
07        :title="item.title"
08      >
09        <template slot="time">2018-11-11</template>// 名为 time 的插槽
10        <template slot="author">RZ</template>       // 名为 author 的插槽
11        <p class="shortCut">shortCut</p>            // 无命名的插槽
12      </ListItem>
13    </div>
14    // 子组件
15    <div id="list-item">
16      <slot name="time">2018-11-11</slot>           // 调用名为 time 的插槽
17      <slot name="author">RZ</slot>                 // 调用名为 author 的插槽
18      <input
19        type="text"
20        v-model="title
21      >
22      <slot name="shortCut">shortCut</slot>         // 调用无命名的插槽
23    </div>
```

在上面代码中，使用 <template> 标签来包裹插槽内容，同时通过 slot 属性来给插槽命名（name），在子组件内容中，可以通过调用不能命名的插槽来获取不同的内容。如果不给插槽命名，那么子组件内部调用没有 name 属性的插槽就会获取到这些内容，也就是在调用子组件时，其内部所有没有命名的内容。此处使用 <template> 标签来包裹的插槽内容，可以使插槽内容看上去更加清晰。若不想使用 <template> 标签，也可以直接在 HTML 元素上添加 <slot> 标签，来将当前 HTML 元素作为一个插槽，代码如下。

```
01    // 父组件
02    <div id="list">
03      <ListItem
04        v-for="(item, index) in lists"                          // 循环组件
05        :index="index"                                          // 绑定数据
06        :key="item.id"
07        :title="item.title"
08      >
09        <p slot="time">2018-11-11</p>               // 名为 time 的插槽
10        <span slot="author">RZ</span>               // 名为 author 的插槽
11        <p class="shortCut">shortCut</p>            // 无命名的插槽
12      </ListItem>
13    </div>
```

使用插槽固然很方便，但还需要注意作用域。在正常情况下，插槽的作用域是父组件的作用域，也就是说，其只能获取父组件内的变量或者函数。关于这一点，Vue.js 官方提供了一条准则——父组件模板的所有东西都会在父级作用域内编译；子组件模板的所有东西都会在子级作用域内编译。

如果插槽需要使用子组件内部的数据，可以使用作用域插槽。虽然看起来像是一个新的插槽，其实就是在组件内容处理插槽的时候，给它绑定相应数据。

```
01  // 父组件
02  <div id="list">
03    <ListItem
04      v-for="(item, index) in lists"          // 循环组件
05      :index="index"                          // 绑定数据
06      :key="item.id"
07      :title="item.title"
08    >
09      <template slot="list-item">             // 给插槽作用域命名为 list-item
10        <span>标题序号：{{ list-item.item.id }}</span>   // 通过 list-item 调用
其内部内容
11      </template>
12    </ListItem>
13  </div>
14  // 子组件
15  <div id="list-item">
16    <slot :item="item">                       // 将 item 对象作为插槽的 props 传入
17      {{ item.id }}                           // 给插槽回退内容
18    </slot>
19    <input
20      type="text"
21      v-model="title"
22    >
23  </div>
```

从上述代码中可以看出，子组件在处理插槽的时候，将 item 对象绑定在插槽上，如同父组件给子组件传值一样，插槽内容就可以调用 item 的内容，之后返回给父组件中的插槽。而父组件需要给当前插槽的作用起个名字，来证明当前插槽作用域的唯一性，之后即可通过这个名字来调用子组件内部的内容。

和插槽的 name 属性一样，slot-scope 属性也可以直接添加到 HTML 元素上，但到具体使用上也是“仁者见仁、智者见智”。

3.5 特殊情况

Vue.js 是一个很方便的工具，在使用它的同时，需要遵守一些规则，可以在很大程度上提高代码的可读性。但在日常的使用过程中，会出现一些情况，让我们不想遵守这些规则，此时

可以使用 Vue.js 提供的一些不推荐使用的方法。

首先要提到的就是父子组件的通信，props 和 $emit 可以很方便地进行父子组件的通信，但是有些情况依然无法满足。例如，父组件想要调用子组件中的方法，如果使用 props，需要在子组件内容中监听 props 的变化，之后根据其变化判断是否调用某些函数，要是有参数传过来，还需要其他 props 来帮助传递。这其实是一个比较复杂的操作逻辑，很容易产生代码冗余。为了解决这种问题，可以使用 $ref 来获取子组件中的内容。

```
01  // 父组件
02  // HTML
03  <div id="list">
04    <ListItem
05      v-for="(item, index) in lists"          // 循环组件
06      :index="index"                          // 绑定数据
07      ref="listItem"                          // 给组件添加 ref 属性
08    >
09    </ListItem>
10  </div>
11  // JS
12  new Vue({
13    el: '#list',                              // 挂载的 DOM 元素
14    methods: {
15      getChildComponetFunction() => {
16        // 通过 $refs 来调用子组件中的 childComponetFunction 方法
17        this.$refs.listItem.childComponetFunction();
18      }
19    }
20  });
```

看上去确实很方便，但是 $refs 还是有一定的限制。因为 $refs 是在组件渲染完成之后生效，并非是响应式的。所以在模板或者计算属性中，使用 $refs 是不可行的。

父组件可以通过 $refs 来访问子组件的内容，那么子组件有没有简单的办法来访问到父组件的内容呢？答案是肯定的，可以使用 $parent 来获取到父组件的内容，调用父组件的函数。

```
01  // 子组件
02  // JS
03  export default {
04    methods: {
05      getParentComponetFunction() => {
06        // 通过 $parent 来调用父组件中的 parentComponetFunction 方法
07        this.$parent.parentComponetFunction();
08      }
09    }
10  }
```

子组件中可以调用父组件的函数，也可以直接调用父组件中的变量，只是这样做可能会使项目的调试和理解变得更加困难，尤其是父组件内容变化时，可能很难发现数据的变化是从何

而来。

所以说到底，还是慎用 $refs 和 $parent 为好。关于模板的操作，也有一些更加方便的方法，如内联模板。内联模板的本质就是在父组件中直接创建子组件的模板，当元素增加 inline-template 属性之后，其内容不再被分发，而是会被当作模板。在父组件中也可以直接调用。

```
01  // 父组件
02  // HTML
03  <div id="list">
04    <ListItem inline-template>                  // 在父组件中新建子组件模板
05      <div>
06        <p>ListItemComponent</p>
07      </div>
08    </ListItem>
09  </div>
10  // JS
11  Vue.component('ListItem', {                    // 注册子组件组件
12    data() {                                     // 自定义组件数据
13      return {
14        msg: " 在子组件中声明数据 "
15      };
16    },
17  })
18  const app = new Vue({                          // 新建实例
19    el: '#list',                                 // 挂载的 DOM 元素
20    data() {
21      return {
22        msg: " 在父组件中声明数据 "
23      };
24    },
25  });
```

这样做固然很方便，但可能会让模板的作用域更加难以理解，同时，在父组件内定义过多的子组件模板会让父组件的文件体积过大，不利于理解和日后的维护。

最后一点就是关于性能的问题，大部分性能问题都是出现在数据量过大的情况下，而机能有限，无法在很短的时间内完成大量数据的渲染，这就造成了性能问题。在 Vue.js 中，提供了 v-once 命令来使内容值渲染一次，之后存到缓存中，需要时调用即可，无须二次渲染。

```
01  <div id="list">
02    <ListItem v-once>                            // 只渲染一次 ListItem 组件
03      <div>
04        <p>ListItemComponent</p>
05      </div>
06    </ListItem>
07  </div>
```

慎用 v-once，官方也特意对这一点进行了说明。虽然 v-once 属性会在一定程度上减少机

能的消耗，但是在后期可能会带来很大的困扰。如后期一个模板不会根据内容的变化及时更新，而解决这个问题的人又漏看或者不熟悉 v-once 指令，那么这可能就要花费很多的时间去解决这个问题。所以说要慎用，使用时最好确定渲染的数据不会变化，最好是完全的静态内容。

3.6 小结

在本章中，我们对 Vue.js 的组件有了一个比较详细的了解，足以应对日常使用。本文也对不常用的某些特殊情况进行了介绍，了解特殊情况也是比较重要的一环，因为最难的往往就是日常使用无法触及的特殊情况。

组件作为 Vue.js 中很重要的一部分，内容较多，在日常开发中基本上都会用到。本章从组件的概念到组件的注册，再到组件的通信、组件的插槽都做了介绍，将这些知识点融合在一起，应用到实际工作中，开发出真正可以使用的组件，这也就是学习的目的。

介绍完 Vue.js 的内容，下面将会介绍一些能帮助我们进行开发工作的内容，学会这些内容之后，就可以进行项目的构建与开发了。

第4章 ES6 的日常使用

ES6 在目前工作中十分常见，其简洁的语法和完善的规则在很大程度上减少了前端开发的工作量，同时解决了一些不必要的问题。本章将介绍 ES6 的一些基础概念，并且深入讨论如何有效使用 ES6。

本章主要涉及的知识点如下。

- ES 到底是什么
- ES 系列规则的发展历史
- 为什么要使用 ES6
- 了解并熟悉 ES6 的一些新特性
- 怎样使项目支持 ES6

4.1 关于 ES6 你需要知道的事

本节首先介绍 ES 系列的基本概念，之后从 ES 和 JS 关系入手，详细解释 JS 的原理。了解 JS 的概念后，才能更好地使用这门语言。

4.1.1 ES 的发展历史

1994 年，ES1 被欧洲计算机制造商协会（European Computer Manufacturers Association，ECMA）制定出来，目的是为了给当时市场上的客户端脚本语言一个标准。当时的浏览器市场发展迅速，Netscape 和 Sun 共同推出了 JS，微软不愿意放过这个市场，推出了 JScript，同时还有第三方的 ScriptEase。3 种语言竞争激烈，但其规则却不尽相同，为了给市场一个统一的发展方向，ES1 应运而生。在随后的两年里，ES2 和 ES3 相继诞生，使得 ES1 更加完善。

但随后的 ES4 变化过于巨大，无法被当时的市场所接受，只得面临被废弃的命运，不过其部分特性依然被 ES6 所采用。2009 年，ES5 被发布出来，它增加了严格模式的新的规范，很多图书都是以这个规范撰写的。2011 年，ES6 横空出世，其简介的语法和完善的规则解决了 ES5 中的很多问题。同时，ES 系列规则进行了更名的操作，改成了“ES+ 年份”的格式，这样使得 ES 系列规则的过渡更加平滑，理解和使用起来更加方便。值得一提的是，ES6 是向下兼容，所以老代码也可以正常运行。

4.1.2 ES6 和 JS 的关系

ES6 和 JS 的关系比较复杂，ES（即 ECMAScript）是 ECMA-262 标准中的脚本语言规范，ECMA-262 中还有其他规范，在此不做深究。ES 的作用是为脚本语言提供必需遵守的规则、细节和准则，作为判断一门语言是否兼容 ES 的标准。ES6 是 ECMA-262 标准的第 6 个版本，对 ECMA-262 标准进行了很明显的改进。

例如，图 4.1 所示为人类给小狗发出“坐”或者“站”指令，小狗接收到指令之后，进行相应活动的过程，表 4.1 所示为现实实体与概念实体对应表，将 JS 的整体运行过程与人狗互动行为进行对照，以加深对 JS 运行过程的理解。

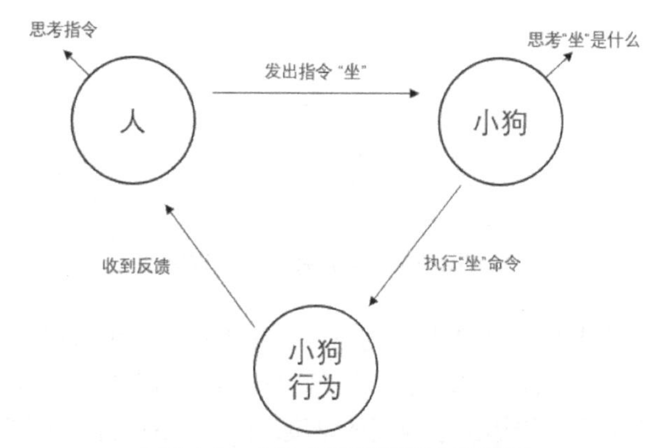

图 4.1 人给小狗发出指令流程图

表 4.1 现实实体与概念实体对应表

现实实体	概念实体	解释
人	人	程序员
行为命令	脚本语言	程序员撰写 JS、JScirpt 等客户端脚本语言
小狗行为	执行任务	用户操作之后，前端执行的操作
小狗大脑	语言引擎	浏览器解析执行脚本语言的引擎
小狗本体	宿主对象	用户可视的页面和不可视数据

从表 4.1 中，首先看到“人”，我们知道，给小狗发出指令的是人，开发程序的是程序员。

接下来分析行为命令，什么是行为命令呢？就是人发出的“坐”或者“站”指令，放到开发当中就是脚本语言，如写一个函数，执行某些操作，写一个页面的反馈来给用户一些提示信息，这些都是发出的行为命令。

再者就是小狗的行为，上一步编写的一些函数和一些反馈，在执行前都是静态的，当这些函数被调用，反馈被触发后，才形成执行任务，代码才被使用，也就是相当于小狗接收到指令了。

然后说说小狗的大脑，小狗接收到指令后，要判断指令的内容，也就是识别客户端脚本语言。放在前端来说，小狗的大脑就是浏览器，浏览器上有 JS 引擎，可以通过 JS 引擎来解析脚本语言的内容，从而执行这些脚本，完成任务。否则就算人成功发出了行为命令，没有相应的内容来解析这个命令，命令也是无法被执行的。

最后就是小狗的本体，在本例中，小狗的本体是执行人发出的“坐”或者“站”指令的。在前端操作中相当于前端页面，也就是用户可视的前端页面，还有用户不可见的存于浏览器中的数据。这就是命令的执行体，也是宿主对象。

将人给小狗发出指令的过程转化为用户操作页码流程，如图 4.2 所示。

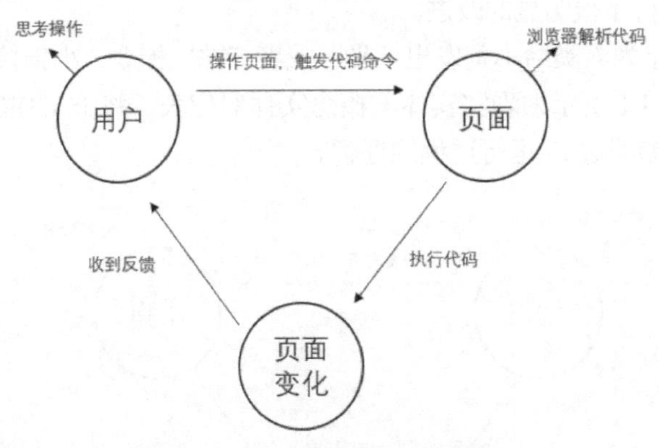

图 4.2 用户操作页面流程图

至此，我们已经基本上理解 JS 的运行过程了，但 ES 和 JS 的关系呢？ES 是 JS 的语法规则，例子中的脚本语言不止一种，浏览器不能针对每种语言都开发一个引擎，不仅增加了浏览器的体积，对前端页面的适配也提出了很高的难度。因此，浏览器的引擎是执行 ES 规则的，因为 ES5 时代太过漫长，所以现今的浏览器基本上可以完美适配 ES5 规范，而 ES6 时间尚短，浏览器对其的支持有限。所以，一般情况下，前端开发如果使用 ES6，基本上都会使用 Babel 对 ES6 语法进行转义，转成 ES5 之后，再在浏览器上执行。

所以，可以将 ES 规则理解为一种泛型的语言规范，它能够适配多种客户端脚本语言，JS 只是遵循其规范的一种语言。有趣的是，ES1 的制定是以当时 JS1.1 为基准的，可以说两者之间的关系又是相互依存的，感觉很怪。

4.1.3 为什么要使用 ES6

ES6 不仅可以使代码更加简洁，可读性更高，同时解决使用 JS 时经常会遇到的问题。

JS 没有块级作用域，只有全局作用域和函数作用域，对应的就是全局变量和函数变量。变量很容易泄露出去，被修改或者直接成为全局变量，例如函数内部无法读取外部变量。

```
01  var variate = 'origin';
02    function getOutsideVariate() {
03      console.log(variate);                              // undefined
04    var variate = "hello world";
05  }
06  console.log(variate);                                  // origin
07  getOutsideVariate();
08  console.log(variate);                                  // origin
```

或者是内部变量变成全局变量。

```
01    var variate = 'origin';
02    for (var i = 0; i < variate.length; i++) {
03      console.log(variate[i]);                     // origin
04    }
05    console.log(i);                                // 6
```

当然，这种情况是可以避免的，闭包就是很好的解决方案，但是使用起来多少还是有些麻烦，在使用ES6之后，这种问题就会迎刃而解。

ES6同时提供了新的字符串模板，在字符串可以更加方便地引用变量。而在这之前，如项目需要输出变量模板，一般会按以下操作。

```
01    var variate = world;
02    console.log("Hello"+variate);
```

虽然看上去比较简单，但是在某些复杂的情况下，就显得比较烦琐，例如：

```
01    function getSex(sex) {
02      return sex;
03    }
04    function getIntroduce(name) {
05      return "I am" + name + ", and I am " + getSex(male) + '.';
06    }
07    getIntroduce(Rex); // I am Rex, and I am male
```

这就稍微有些复杂，但还只是九牛一毛，真正的项目中往往会遇到更加复杂的情况，十分考验开发人员的耐心和细心。

ES6还贴心地解决了函数作用域的问题。this一般情况下指的是函数运行时所在的作用域，相信大家都比较了解。但是这种指向有一个普遍的问题，例如：

```
01    function getVariateContent() {
02      console.log('content:', this.variate);
03      setTimeout(function(){
04        console.log('content:', this.variate);
05      }, 100);
06    }
07    var variate = 'World';
08    getVariateContent.call({variate: 'Hello'});        // variate: Hello variate:
World
```

我们本意是输出两次'Hello'的，但是实际上却输出了'Hello'和'World'，因为this指向函数运行时的作用域，在函数执行时，第一次console，this指向函数内部的variate，但是在setTimeout中，函数运行完毕，此时的作用域变成全局，因此，variate变成'World'。为了解决作用域的问题，一般都会把this的值赋给其他变量，例如：

```
01    function getVariateContent() {
02      var that = this;
```

```
03     console.log('content:', that.variate);
04     setTimeout(function(){
05       console.log('content:', that.variate);
06     }, 100);
07   }
08   var variate = 'World';
09   getVariateContent.call({variate: 'Hello'});   // variate: Hello variate: Hello
```

这样就可以输出两次 'Hello'。相对于这样的烦琐操作，ES6 提供了更加方便的解决方案。

ES6 还带来了全新的模块化解决方案，对于大型项目的开发与维护来说是必不可少的。同时取消了严格模式的开关，也就是在ES6中，全程都是严格模式，这无形中提高了代码的质量，解决了可能有隐患的代码，让代码的可用性更高，若是有其他人来维护，也不会有太大的问题。总的来说，ES6 为 JS 提供了很多新的内容，让前端开发走得更远，看得更高。

4.2 ES6 常用语法简介

ES6 的常用语法比较分散，分开讲解不仅不好理解，对于记忆上也有着一定的难度，所以这里从一个账簿的 Demo 开始，一步步学习 ES6 的常用语法。Demo 的环境无须配置，选择 chromium 或者谷歌浏览器即可。Demo 的构成也十分简单，只有 index.html 和 style.css 两个文件。JS 部分因为内容不多，直接放在 index.html 文件的 <scrpt> 标签中。

4.2.1 Demo 的分析

首先来看一下 Demo 的效果，如图 4.3 所示。

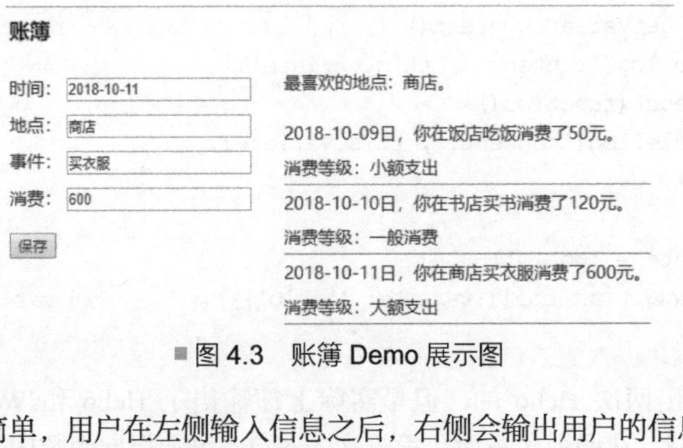

账簿

时间：2018-10-11
地点：商店
事件：买衣服
消费：600
保存

最喜欢的地点：商店。
2018-10-09日，你在饭店吃饭消费了50元。
消费等级：小额支出
2018-10-10日，你在书店买书消费了120元。
消费等级：一般消费
2018-10-11日，你在商店买衣服消费了600元。
消费等级：大额支出

■ 图 4.3 账簿 Demo 展示图

其功能也比较简单，用户在左侧输入信息之后，右侧会输出用户的信息，并且根据金额判断消费的类型。同时每次会取最新输入的地址为最喜欢的地点。

根据功能，可以判断出总共有如下几个方法。

（1）获取用户信息的方法。

（2）输出用户输入信息的方法。

（3）判断最喜欢地方的方法。

（4）判断支出类型的方法。

下面就从这 4 个方法来进行 ES6 常规语法的学习。

页面的 HTML 结构如下。

```
01  <body>
02    <h3> 账簿 </h3>
03    <div class="input-part">
04      <div class="info-item">
05        <span> 时间：</span>
06        <input type="text" id="date">
07      </div>
08      <div class="info-item">
09        <span> 地点：</span>
10        <input type="text" id="place">
11      </div>
12      <div class="info-item">
13        <span> 事件：</span>
14        <input type="text" id="activity">
15      </div>
16      <div class="info-item">
17        <span> 消费：</span>
18        <input type="text" id="payment">
19      </div>
20      <button onclick="saveData()"> 保存 </button>
21    </div>
22    <div class="console-part">
23      <div id="favorite-place"></div>
24      <div id="note-list"></div>
25    </div>
26  </body>
```

CSS 文件如下所示。

```
01  .input-part {
02    float: left;
03    margin: 0 30px 0 0;
04  }
05  .input-part .info-item, .input-part button {
06    margin: 10px 0;
07  }
08  .console-part {
09    float: left;
10  }
11  .console-part p {
12    margin: 0;
13    padding: 5px 0;
```

```
14  }
15  .console-part #favorite-place {
16    margin: 0 0 15px 0;
17  }
18  .console-part #note-list p:nth-child(2n) {
19    border-bottom: 1px solid gray;
20  }
```

4.2.2 用户获取数据的方法

此方法的作用是获取用户输入的数据，并且返回一个包含数据的对象，然后使用这个数据进行下一步操作。

我们使用 JS 原生的 document.getElementById（DOM 元素的 ID）.value 方法获取对象，之后将获取的对象与相应的 key 组成一个对象，返回出去。

这里的知识点主要有 3 个：第一个就是变量和常量的声明。在 ES6 中，使用 const 和 let 声明常量和变量的方法与 var 相关，但是不能像 var 一样一次声明多个变量，而且声明出来的类别有着很大的不同。const 用来声明常量，常量值不可修改，但是可以修改其属性。使用 let 声明的变量与 var 声明的变量一样，可以修改。

第二个就是块级作用域。在 ES6 中，用 {} 括起的内容称为块级作用域，在其内部可以使用外界变量，同时也声明跟外界变量同名的变量。如果在 {} 中使用此名称的变量，会使用在 {} 中声明的变量，对其进行的修改也不会对外界变量产出。一般情况下使用 {} 来包裹一个函数，那么这个函数内容就是一个块级作用域，在这个函数里面，声明新的变量不会暴露到函数外面，完美地解决了变量污染的问题。

第三个就是箭头函数和扩展的对象。=> 就是 ES6 中新的声明函数的方法，省略了 function 关键词。扩展到对象功能，就是在变量名与属性名（即 Key）相同的情况下，可以省略掉属性名，直接写变量名称即可。

方法代码如下。

```
01  // ES6之前
02  // function getInfo() {              // 通过function关键词来声明函数
03  // var date = document.getElementById('date').value;
                                         // 获取用户输入的日期
04  // var place = document.getElementById('place').value;
                                         // 获取用户输入的地点
05  // var activity = document.getElementById('activity').value;
                                         // 获取用户输入的活动
06  // var payment = document.getElementById('payment').value;
                                         // 获取用户输入的消费
07  // return {                          // 返回一个包含用户输入信息的对象
08  // date: date,
09  // place: place,
10  // activity: activity,
```

```
11  // payment: payment,
12  // };
13  // };
14
15  // ES6 语法
16  const getInfo = () => {                  // 箭头函数
17    const date = document.getElementById('date').value;
                                            // 获取用户输入的日期
18    const place = document.getElementById('place').value;
                                            // 获取用户输入的地点
19    const activity = document.getElementById('activity').value;
                                            // 获取用户输入的活动
20    const payment = document.getElementById('payment').value;
                                            // 获取用户输入的消费
21    return {                              // 对象的解构赋值
23      date,
24      place,
25      activity,
26      payment,
27    };
28  };
```

4.2.3 输出用户输入信息的方法

下面介绍输出用户输入信息的方法，首先声明一个数组来存放消费信息，之后使用getInfoList方法将数据存放在noteList中，存放的数据是一个DOM元素，将其拼装成一个字符串。输出的时候，使用join方法在每条数据之间用“/n”换行符来连接，最后将其放到指定的DOM元素中，进行数据的展示。

这里的拼装字符串使用ES6的字符串模板，模板使用反引号（`）包裹，在模板中使用${}包裹变量，无须使用双引号和加号来进行拼接。使用和不使用字符串模板的效果可见一斑。字符串模板的特点如下。

（1）若${}包含对象不是字符串，则会被强制转化成字符串。

（2）反引号中会保留所有空格、缩进和换行。

（3）反引号中，使用{}和`需要用\进行转译。

方法代码如下。

```
01  // ES6之前
02  const noteList = [];                              // 声明存储信息的数组
03  function getInfoList(info) {
04    noteList.push("<p>"+info.date+" 日，你在 "+info.place+info.activity+" 消费了
"+info.payment+" 元。</p>\n<p> 消费等级："+constType(info.payment)+"</p>");
05  // 使用 + 号连接
06    return document.getElementById('note-list').innerHTML=noteList.join('\
```

```
n');                                                    // 使用 join 连接
07   }
08   // ES6 语法
09   const getInfoList = (info) => {
10     noteList.push('<p>${info.date} 日, 你 在 ${info.place}${info.activity} 消 费 了
${info.payment} 元。</p>\n <p> 消费等级: ${constType(info.payment)}</p>');
                                                        // 字符串模板
11     return document.getElementById('note-list').innerHTML=noteList.
join('\n');                                             // 使用 join 连接
12   };
```

上面的代码就是在 ${} 中调用 constType 函数来获取消费等级。${} 强制转化包裹对象为字符串的含义是，若在 ${} 中包含一个对象，那么输出的结果就是 '[object Object]'。如果是数字，也会被转化成字符串类型。${} 会保留其中所有的空格、换行和缩进，这就意味着不需要使用 '/n' 来换行。

4.2.4 判断最喜欢地点的方法

此方法的作用是获取地点数组的最后一个数据，并且将此数据作为最喜爱的地点输出，虽然不是很科学，但作为判断依据够用了。由于此方法的 ES6 版本与之前的版本相差不多，所以就不考虑 ES6 之前的版本了。

首先使用 indexOf 方法判断最新的地方是不是在地点数组中，若是不在，则添加进去，之后使用 ES6 的解构赋值获取数据的最后一个元素。若数组的长度为 1，则取第一项。若数值的长度大于 1，则取最后一项。这里使用“，”将“，”之后的变量作为当前数组的最后一项，“，”之前的都忽略掉。例如：

```
[otherPlace..., favoritePlace] = places
```

这样就可以获取除最后一项的所有数据了，还可以使用解构赋值来直接替换对象。

```
[b, a] = [a, b]
```

判断最喜欢地点的方法代码如下。

```
01   const places = [];                          // 声明包含地点的数组
02   const notePlace = (place) => {
03     let favoritePlace = '';                    // 声明当前地点变量
04     if (places.indexOf(place) < 0) { // 判断当前地点是否在数组里，不存在则添加
05       places.push(place);
06     }
07     // 判断当前地点数组长度，长度为 1 则获取第一个，长度大于 1 则获取最后一个
08     if (places.length > 1) {
09       [, favoritePlace] = places;
10     } else {
11       [favoritePlace, ] = places;
```

```
12      }
13      return document.getElementById('favorite-place').innerHTML = '<p>
最喜欢的地点：${favoritePlace}。</p>'; // 输出最喜欢的地点 DOM 元素
14    };
```

关于对象的结构赋值如下。

```
01    const variate = {                    // 声明一个有 hello 和 world 属性的对象
03      hello: 'hello',
04      world: 'world',
05    };
06    const { hello, world } = variate;  // 获取 variate 常量的两个属性
```

解构赋值可以在很大程度上更加方便地获取数组或者对象的数据，随着经常使用，会越来越熟练，对结构赋值的理解也会更加深刻。

4.2.5 判断支出类型的方法

前面讲过此方法的语法，重点在于使用 ES6 模块化中导入和导出的方法来调用其余 JS 文件中的对象。在 costType 文件中声明了一个方法，并且使用 export 将其暴露出来，之后在 index.html 文件中 import 这个方法，使用的 {} 就是上节讲到的解构赋值，因为 costType 中可能还有其他方法，这里使用解构赋值之后仅仅引入这一个方法，避免了资源的浪费。代码如下。

```
01    // costType.js
02    export const constType = (cost) => {
03      const costInt = parseFloat(cost);
04      if (0 <= costInt <100) {
05        return '小额支出';
06      } else if (100 <= costInt <500) {
07        return '一般消费';
08      } else {
09        return '大额支出';
10      }
11    };
12    // index.html
13    import { constType } from './costType';
```

除 export 之外，还有其余两种常用写法。

```
01    // 第一种写法
02    const Mongo = 'mongo';
03    export {Mongo};
04    // 第二种写法
05    const Mongo = 'mongo';
06    export {Mongo as mostHate};
```

第一种写法的优点是均在文件的尾部暴露，看起来更加清晰。第二种写法可以在暴露的时候修改名称。

通过模块化处理，可以将一个页面中比较复杂的部分拆分成不同的组件，或者将多个页面中公用的部分提取成公用组件，十分利于大型项目的管理与维护。如果团队开发规范比较完善，可在很短的时间内定位文件位置，修改文件内容，省去很多用来查找定位的时间。

4.2.6 保存数据

最后，用一个 saveData 方法来调用上面的方法，button 上绑定的也是这个方法，代码如下。

```
01  const saveData = () => {
02    const dataItem = getInfo();         // dataItem 为 getInfo 方法的返回值
03    getInfoList(dataItem);              // 调用 getInfo 方法
04    notePlace(dataItem.place);          // 调用 notePlace 方法
05  };
```

先获取 getInfo 里面的数据，将其存为一个常量，之后在调用 getInfoList 和 notePlace 方法的时候将数据传进去，进行数据展示。

注意：上面的模块化方法无法被浏览器解析，若想让浏览器解析，需要阅读下一小节。除此之外，都可以完美运行，无须担心。

细心的读者可能已经意识到这个 Demo 还有很多地方需要完善，例如用户输入信息不完全时，系统会报错，输入的数字和日期格式也没有统一规范。但是，作为一个用来熟悉 ES6 常用语法的 Demo，它已经很好地完成任务了，常用的语法基本上都用到了。

关于 Promise 的部分，因为其涉及同步和异步的问题，所以会在以后的实战中进行讲解，在实际开发中学习效率往往会更高。

熟悉 ES6 的常用语法之后，又有另外一个问题需要解决——浏览器不支持 ES6 的模块化语法，其实 chromium 算是对 ES6 支持度比较高的浏览器，还会出现这种问题，其他浏览器支持度可能更差，那么怎么来解决这种问题呢，Babel 就是一个很好的选择。

4.3 Babel 的支持

ES6 可以在现在的浏览器中顺利运行，少不了 Babel 的支持，Babel 的使用不算复杂，但是其架构和原理对初学者来说可能比较晦涩难懂，下面认识一下 Babel。

4.3.1 Babel 是什么

Babel 是一个 JavaScirpt 的转译器。由于 ES 标准不断更新，而浏览器的兼容性跟不上 ES 标准的变化，这就造成了新的 ES6 标准无法使用的情况。于是 Babel 为了让我们使用最新的 ES 标准进行开发，其将 ES 支持的新语法规则转译成老版本的 JS 规则，使得浏览器可以正常解析，顺利运行。

虽然有的浏览器已经支持最新的 ES 标准了，但是还有些无法兼容，例如 ES6 的 Promist、ESmodel 等新特性，这时就可以使用 Babel 来解析项目中的 ES 新规则。可以这么说，如果没有 Babel 之类的转译器，几乎不可能在项目中使用新的 ES 规范。

其工作原理比较复杂，首先它会把 JS 代码抽象成 ast，全称是 Abstract Syntax Tree，也就是源代码的抽象语法结构的树状表现形式。可以这么理解：要想把 ES6 的语法转化成 ES5 的语法，首先要把语法转化成一棵树，之后遇到 ES6 的部分就去这棵树上找对应的 ES5 部分的内容，之后再分别做对应的处理，最后才能生成 ES5。

虽然 Babel 的功能简单，但是其结构却比较复杂，里面包括各种包，下面详细介绍这些包的作用。

Babel 共有 4 个核心模块。

1. babel-core

babel-core 是 Babel 的核心内容，提供了 Babel 转译的 API，主要用于转译代码。

2. babylon

babylon 是 JS 的解析器，默认使用 ES2017。

3. babel-traverse

babel-traverse 用于查找 AST 树，主要是给功能包中的 babel-plugin-××× 使用。

4. babel-generator

babel-generator 是 Babel 转译的最后一步，会根据查询到的 AST 树的结果生成相应的代码。

接下来就是 Bable 的功能包，共有 8 个。

1. babel-types

babel-types 用于对 AST 树进行校验、构建和改变，也就是说，先根据 Babel 的配置生成适合的树，之后根据树查找和生成最后的代码。

2. babel-template

用来辅助 babel-types 构建 AST 树。

3. babel-code-frames

用来生成错误信息，同时指出错误的位置。

4. babel-helpers

babel-helpers 包含一系列 babel-template 函数，提供给 plugin 使用。

5. babel-plugin-×××

babel-plugin-××× 是在转译过程中用到的插件，××× 代表插件的内容。如 babel-plugin-import 就是转译 ES6 中 import 的插件。

6. babel-preset-×××

babel-preset-××× 也是在转译过程中用到的插件，主要是针对 ES 标准，如 babel-preset-2016，ES 标准就是 babel-preset-env。

7. babel-polyfill

babel-polyfill 用来构建一个完整的 ES6+ 环境，因为不管是浏览器还是 Node.js，对 ES 标准的支持程度都是不一样的，使用它则可构建统一的运行环境。

8. babel-runtime

babel-runtime 和 babel-polyfill 的功能类似，但是不会污染全局作用域，简单来说就是 babel-runtime 会把 JS 文件编译后放到 dist 文件夹下，做了映射，以供使用。

工具包只有 2 个。

1. babel-cli

babel-cl 是个命令行工具，可以在命令行中执行相应的语句来转译 JS 文件。

2. babel-register

babel-register 用于转译 require 引用的 JS 文件，也就是说，可以通过一个文件的 require 来一层层寻找，最终找到所有需要转译的文件。

综上所述，常用的主要包括 babel-core、babel-loader、babel-polyfill、babel-preset-××× 和 babel-plugin-×××。babel-loader 是 babel 的一个配套插件，接下来讲 Webpack 的时候会提及。读者了解每个包的作用即可，不必过于深入研究。

4.3.2 Babel 文件配置

要想使用 Babel，首先需要编写 Babel 的配置文件。配置文件的作用就是告诉 Babel 当前的 Babel 使用什么插件，ES 是什么版本等信息。如果使用了 Webpack 之类的打包工具，可以将 Babel 的配置放到 package.json 或者类似文件上，但是这样会使得 package.json 文件更复杂，所以一般情况下会新建一个 .babelrc 文件来存储 Babel 的配置信息。

首先要明白 .babelrc 文件中的配置是不接受回调函数的，因为 .babelrc 最终会被转化成 JSON 格式。.babelrc 文件一般情况下会放在项目的根文件夹，也就是最底层。新建文件时，推荐使用命令行新建文件。

```
01  // macOS
02  touch .babelrc
03  // Windows
04  type nul>.babelrc
```

新建文件之后可以编辑文件的内容，首先添加 presets 选项。

```
01  {
02    "presets": [                                   // 配置多个 preset
03      ["env", {                                    // 配置 env
04        "modules": false,                          // 模块文件不转译
05        "targets": {                               // 配置 targets
```

```
06              // 浏览器配置，用户数量大于 1%，兼容最新的两个版本，不兼容 IE8 以下的版本
07              "browsers": ["> 1%", "last 2 versions", "not ie <= 8"]
08            }
09          }],
10          "stage-2"                              // 添加 stage2 规范
11        ],
12      }
```

presets 选项配置是当前 ES 版本的信息，第一个 env 指最新的 ES 标准，并且向下兼容。modules 选项指是否转译项目中的依赖。例如使用 Webpack 构建项目，modules 就意味着使用的插件，在 node_modules 文件夹下，一般情况下，对于这些文件都是不做转译操作的。如果转译，可能会花费大量的时间，得不偿失。

targets 选项是当前项目支持的目标，如果给浏览器用，可以使用 browsers 属性，browsers 属性中的内容来自 browserslist 插件，其提供了比较丰富的浏览器分类，可以上官网具体查看，这里使用 Vue-CLI 默认的配置，选择了用户数量大于 1% 的最近两个版本的浏览器，并且不支持 IE8 以下的浏览器。

stage-2 是 JS 规范制作的阶段，代表着 babel-preset-stage-2 插件，JS 规范的制作分为 5 个阶段。

1. Stage0

此阶段就是讨论而已，但是只有 TC39 的成员可以讨论，TC39 是指定的 ES 系列标准的组织。

2. Stage1

这一阶段是上面讨论的正式化提案，需要解决的问题是这个提案有什么影响，具体怎么实施等，也就是开始用之前的准备。

3. Stage2

此阶段草案已经有了规范，并且以补丁的形式向浏览器进行推送。此外，一些构建工具也可以为其进行开发，如 Babel。这一阶段的草案可以使用了。

4. Stage3

这一阶段已经是候选推荐的范畴了，想要通过这一阶段，需要满足几个条件，例如提案者和审阅者已经签字，用户是否有兴趣，至少有一个浏览器支持等。

5. Stage4

这一阶段就是进行最后的测试，通过后会在 ES 的下个版本中被推出。

上述代码中，satge-2 就是通过第三阶段的草案，一般情况下，草案到了这个阶段，就基本上确定可以被推出了，毕竟没有意义的草案也不值得讨论这么久。当然，若是不放心，可以使用 stage-3，或者压根就不使用，只是可能会出现意想不到的 BUG。

presets 之后就是配置 plugins，可以在这里添加对 Vue.js 的支持。

```
"plugins": ["transform-vue-jsx", "transform-runtime"]
```

transform-vue-jsx 选项代表着 babel-plugin-transform-vue-jsx 插件，可以是 Vue.js 支持 JSX 语法。transform-runtime 意味着 babel-plugin-transform-runtime 插件。

所以整体下来，.babelrc 文件代码如下。

```
01  {
02    "presets": [
03      ["env", {
04        "modules": false,
05        "targets": {
06          "browsers": ["> 1%", "last 2 versions", "not ie <= 8"]
07        }
08      }],
09      "stage-2"
10    ],
11    "plugins": ["transform-vue-jsx", "transform-runtime"]
12  }
```

由于本书讨论的是 Vue.js 的开发，所以这里就只放出支持 Vue.js 的 Babal 配置，想支持 react 的，可以自行到谷歌寻找配置，或者上官方社区寻找结果。

4.3.3 Babel 的实际调用

编辑完成配置文件之后，就要开始使用 Babel，使用 Babel 的方法有两种：一种是全局使用 Babel，另一种是在项目中使用 Babel。

当采用全局配置 Babel 时，首先要在全局环境下安装 Babel-cli，打开命令行工具，输入以下代码。

```
npm install --global babel-cli
```

如此可以在命令行工具中使用 babel-cli 自带的语法来进行文件的转译。

```
babel src -d lib
```

这条代码的意思是使用 Babel 将当前文件夹下的 src 文件夹中文件全部转译，并且保存到当前文件夹下的 lib 文件夹中。看上去很方便，但是实际上这种方式对环境有了依赖，也就是说，想转译必须要有环境的支持。同时这样做也无法在不用项目中使用不同版本的 Babel。所以，在官网的强烈推荐下，应该在项目中使用 Babel。

首先在项目中进行安装，在命令行工具中输入以下代码。

```
npm install --save-dev babel-cli
```

安装之后的 package.json 文件中会出现 Babel-cli 的版本，同时可以修改 npm 指令，使用以下代码。

```
npm run build
```

直接打包当前项目。

```
01    // package.json 文件
02    {
03      // 其他的内容
04      "scripts": {
05        "build": "babel src -d lib"     // 编写 build 指令的内容
06      },
07      "devDependencies": {
08        "babel-cli": "^6.0.0"           // Babel 的版本号，安装后会自动出现
09      },
10      // 其他的内容
11    }
```

修改之后的 package.json 文件如上所示，还是比较简单。相信大家也看出来了，Babel 的使用重点在配置上，配好的 .babelrc 文件之后在使用上就没有多大问题了。

由于现在的开发环境比较繁杂，框架众多，所以想使用好 Babel，需要从官方或者社区上寻找适合当前项目的插件和标准，这是一个比较麻烦的过程，但好处就是配置一次，受用整个项目。配置多了之后，可以积累一套属于自己的配置方案，日后再次配置会更加得心应手。

4.4 小结

本章的内容比较繁杂，是前端开发路上必不可少的一部分。

在 ES6 大行其道的今天，不会 ES6 确实很难进行开发，不是说自己写不出代码，而是无法阅读别人的代码。试想在工作中进行开发，基本上不会遇到开发一个项目只有一个人的情况，真正的好项目不是一个人可以完成的。当然，特别熟悉开源插件的人除外。既然肯定要阅读别人写的代码，那么看不懂代码还怎么进行下一步的开发？这个问题的解决方案就是会用 ES6。

ES6 的学习也不是一蹴而就的，学完本章的内容，还会有很多需要了解之处，只有在日常工作中一步一步地使用，才能熟练掌握 ES6。

我们已经学会了如何在项目中转译 ES6，并且如何在浏览器中运行。大家可以依照上面的方法自己构建一个 Demo，也可以将自己以前的项目转成 ES6 标准。写完之后的成就感或许会让你愉悦很长一段时间。

但是，切记不要自满，以为自己写了一个 Demo 就完全学会了 ES6，这是万万不可取的，保持一颗谦虚敬畏的心是在成长路上必不可少的，它不仅可以让我们走得更平坦，也能让我们走得更远。

第5章 项目的构建

关于项目的构建，我们分前端和后端两大部分进行介绍。

前端使用的框架就是 Vue.js，前端项目的构建还需要一个很方便的脚手架——Webpack。有了它，可以很方便地使用插件进行开发。后端的框架则选择 Koa，后面会介绍选择它的理由。在数据库方面，选择最经典的 MySQL，使用 Sequelize 作为 ORM 模型对数据进行操作更方便。

本章主要涉及的知识点如下。

- ❑Webpack 的日常用法
- ❑ 前端相关插件介绍
- ❑ Koa 框架的简介
- ❑ 使用 Koa 构建项目
- ❑ MySQL 的安装与配置
- ❑ 使用 Sequelize 操作 MYSQL

5.1 前端项目构建——Webpack

Webpack 是前端日常开发中必不可少的工具，本节将从 Webpack 的作用与特点开始介绍 Webpack 的日常用法。

5.1.1 Webpack 是什么

相信很多初学者都会感到，看了官方推介的概念也没弄清楚 Webpack 是什么，其实 Webpack 并不复杂，其主要作用就是打包文件，为什么要打包文件？因为打包之后的文件体积会变小，加载起来更快，而且条理更清楚。

上面的解释比较粗浅，具体来说，Webpack 首先把一切都当成模块，同时具有模块打包的能力。将 CSS 代码全部加载到 <style> 标签中也可以减少 HTTP 请求，当然这是可以配置的，你也可以使用插件把 CSS 单独打包出来，因为在性能优化方面并不是绝对的，不能说文件越少越好，也不能说文件越小越好，找到一个中立的，最适合当前项目的点就好。

Webpack 具有丰富的扩展性，在开发过程中，会给予开发者更多的方便。首先就是热加载，很大程度上方便了开发者的开发。还有一些其他一些插件，用起来也是得心应手。

其实跟 Webpack 有类似功能的模块化工具还有跟多，如 gulp 等，与这些工具相比较，Webpack 有着拆分模块、加载时间少、整合第三方库等优点，所以这里推荐使用 Webpack。

5.1.2 Webpack 的特点

1. 代码拆分

Webpack 将异步依赖作为分割点，形成新的块，之后在优化依赖树之后，每一个异步的块都会被打包，条理清晰。

2. Loader

我们知道，在 Webpack 里只能识别 JS，但是实际项目中，不可能只用到 JS，CSS、SASS 和 LESS 也经常会用到，这个时候就需要 Loader 来解析这些文件，转化成 JS，就可以识别 Webpack 了。

3. 插件系统

插件系统指 Plugin，丰富的插件提供了许多十分方便的功能，在很大程度上丰富了 Webpack 的功能。

4. 运行速度快

官方介绍 Webpack 使用异步 I/O 和多级缓存提高运行效率，大大加快了其打包的速度，简直令人不敢相信。

综上所述，Webpack 的主要作用就是一个模块打包器，但是有比市面上别的模块打包器强很多的优点，就是指打包速度快。

Webpack 的团队更新频率非常高，如 Webpack4，从 alpha 第一版发布以来，在 6 个月的时间里更新 30 次。比其他开源类库快很多。当然，它与最开始的版本更新是没法比的，从 0.1.0 到 1.0.0-bata1 耗时大约两年，更新 200 个左右版本，而且有的版本仅仅 bata 版就有 30 个。

5.1.3 Webpack 配置规范

Webpack 主要有两种使用方式：一种是有的框架脚手架上集成了 Webpack；至于另外一种，如果没有集成或者不使用框架，也可以直接使用 npm 生成项目，之后安装 Webpack 依赖进行配置。如 Vue-CLI 就集成了 Webpack，无须自己安装，想要修改 Webpack 配置，只需修改 Vue.config.js 文件中的某些属性即可。如果想要使用 Webpack 初始化项目，首先需要全局安装 Webpack。

```
npm i Webpack -g
```

之后使用 npm 初始化项目。

```
mkdir demo && cd demo && npm init
```

现在就可以新建 Webpack.config.js 文件来配置 Webpack，比较简单。

鉴于 Vue.js 中 Webpack 的配置并不完整，所以先从单纯的 Webpack 项目入手，来对配置文件进行了解。

首先给 Webpack.config.js 文件配置一个结构。

```
01  const Webpack = require('Webpack');          // 引入 Webpack
02  const path = require('path');                // 引入 path，也就是文件路径
03
04  const config = {                             // 新建 config 对象
05
06  };
07
08  module.exports = config;                     // 暴露 config 对象
```

从上面的代码中可以很明显看出在 config 常量中进行 Webpack 内容的配置方法。

第一个选项是 mode，这是 Webpack4.0 新增的内容，目的就是减少部分内容的配置，使得 Webpack 对新手来说更友好。可选值有 production、development 和 none 三个。前两个显而易见是生产模式和开发模式。选择 none 或者不填，Webpack 会给出警告。

Webpack 会根据 mode 值的不同而增加不同的配置，由于篇幅问题在此不再赘述。

mode 之后就是配置入口文件和出口文件。入口文件是一个总的 JS 文件，可以在这里引入需要的其他 JS 文件，不管是 require 还是 import，Webpack 都是可以解析的。当需要多个入口文件时，可以将 entry 的参数填成一个数组，例如：

```
entry:  ["./app/entry1", "./app/entry2"] //  多个入口文件
```

输出是文件打包之后存放的位置，以及对命名的一些规范，例如：

```
01  output: {                                     // 输入文件配置
02      path: __dirname + "/build",
03      filename: "[name].[hash].js"
04  },
```

path 是指定文件打包之后输出的位置，__dirname 是文件的根文件夹，filename 指定了文件打包之后的名字，[name] 和 [hash] 用于生成唯一的 ID，在打包的时候，[name] 会被替换成入口名称，[hash] 用于添加一个 hash。此外，可以同时输出多个内容，跟入口一样，还可以配置数组对象。

接下来就是 devtool 的配置，这是选择当前 source-map 方式。那么，什么是 source-map 呢？上文已经说过，Webpack 会打包文件，不管是 CSS、JS 还是别的类型的文件，打包的时候会对文件进行压缩，以减小文件体积。但是压缩之后，在浏览器里就没法调试了，这时就需要 source-map，这可以说是打包前代码和打包后代码之间的桥梁，有了 source-map，就可以正常进行调试。

devtool 有很多种配置方式，选用最适合当前项目的即可。为了方便开发环境的调试，此处选择 cheap-module-eval-source-map。

```
01  // 先判断当前是否是生产模式，不是则使用 cheap-module-eval-source-map
```

```
02   devtool: env === 'production' ? false : 'cheap-module-eval-source-map',
```

dev-server 是 Webpack 默认服务的配置，可以设置服务的文件夹或者修改别的设置。

```
01   devServer: {
02        contentBase: "./public",                 // 本地服务器所加载的页面所在的文件夹
03        historyApiFallback: true,                // 不跳转
04        inline: false,                           // 实时刷新
05        port: 3003                               // 执行端口
06   },
```

reslove 是关于模块解析的配置，简单来说，就是在引用模块的时候，解析出模块的内容，从而进行调用。例如采用以下推荐配置。

```
01   resolve: {
02        modules: [
03            __dirname + "/node_modules/",        // 指定模块的文件夹
04        ],
05        extensions: ['.js', '.jsx', '.json', '.scss'],        // 解析文件的格式
06        alias: {
07        src: path.resolve(__dirname, 'src/')  // 快捷绑定文件位置
08        },
09   },
```

modules 是模块存在的文件夹，以数组的方式存在，因为有的项目依赖可能不在一个文件夹下，例如用了 npm 和 bower 模块的文件夹就不一样。extensions 指定了解析文件的后缀，可以减少一定时间。alias 指定了一个地址的快捷方式，这里将 src/ 解析为 src。如果文件夹较深，就不用 ../../../...，直接 src 即可。

optimization 也是 Webpack4.0 新增的配置，它集成了 Webpack 部分常用插件，无须手动安装，官方文档上有详细的说明，推荐使用以下配置。

```
01   optimization: {
02        minimize: env === 'production' ? true : false,        // 开发环境压缩代码
03        runtimeChunk: false,                     // 关闭持久化缓存
04        splitChunks: {                           // 代码分块，按需加载
05        chunks: 'async',
06       minSize: 30000,                           // 分块最小大小，单位比特
07       minChunks: 1,
08       maxAsyncRequests: 5,                      // 按需加载并行最大请求数
09       maxInitialRequests: 3,                    // 初始化最大请求数
10       name: false,                              // 名称
11       cacheGroups: {                            // 增加或者覆盖 splitChunks 配置
12           vendor: {                             // 分割后代码块配置
13               name: 'vendor',                   // 名称
14               chunks: 'initial',                // 类型
15               priority: -10,                    // 优先级
16               reuseExistingChunk: false,        // 是否复用已有的 chunk
17               test: /node_modules\/(.*)\.js/        // chunk 的位置
```

```
18          }
19        }
20      }
21    },
```

代码后面都有相应的简单注释，官方文档给出比较详细的解释，读者可自行查询。

module 是 Webpack 相关插件使用之处，官方的解释是“每个模块具有比完整程序更小的接触面，使得校验、调试、测试轻而易举。精心编写的模块提供了可靠的抽象和封装界限，使得应用程序中每个模块都具有条理清楚的设计和明确的目的。”也就是说，模块功能更加详细具体，与其绑定在 Webpack 中增大文件体积，不如独立出来，按需使用。

常用的 module 配置是 rule，基本上每个 Webpack.config.js 都有这个配置，用来解析不同的模块，根据不同的文件使用不同的 loader，例如：

```
01  module: {                                   // module 配置项
02    rules: [{                                 // module 下 rule 配置项
03      test: /\.js$/,                          // 正则匹配文件后缀名
04      use: {                                  // 使用的 loader
05        loader: "babel-loader",               // 使用 babel-loader
06      },
07      exclude: /node_modules/                 // 不包括 node_modules 文件夹
08    }]
09  },
```

rule 有 3 个部分：条件、结果和嵌套规则。条件就是 rule 嵌套规则里面匹配的文件，如 test、include、exclude。嵌套规则是匹配了相应的文件，之后加上不同的 loader，进行解析，转化成 JS 形式的文件，以供 Webpack 使用。此处使用 babel-loader 转化 JS 文件，用正则匹配后缀名为 .js 的文件，不匹配 node_modules 文件夹下的内容。

类似还有 eslint-loader 等处理文件的插件，在此不再赘述。

最后一个配置项是 plugins，它是 Webpack 自身的一些扩展，如引入热加载和优先使用模块插件，先安装依赖。

```
npm i mini-css-extract-plugin optimize-css-assets-Webpack-plugin -S
```

之后在 Webpack.config.js 文件中引入并且调用。

```
01  const MiniCssExtractPlugin = require('mini-css-extract-plugin');
02  const OptimizeCSSPlugin = require('optimize-css-assets-Webpack-plugin');
03  // 其他内容
04  const config = {
05    plugins: [
06      new Webpack.HotModuleReplacementPlugin(),       //热加载插件
07      // 为组件分配 ID，通过这个插件 Webpack 可以分析和优先考虑使用最多的模块，并为它们
分配最小的 ID
08      new Webpack.optimize.OccurrenceOrderPlugin(),
09    ]
10  }
```

5.1.4 Webpack 整体配置一览

Webpack.config.js 文件内容较多，比较复杂，重点放在 module 和 plugins 中。整体文件代码如下。

```
01  const Webpack = require('Webpack');
02  const path = require('path');
03  const MiniCssExtractPlugin = require('mini-css-extract-plugin');
04  const OptimizeCSSPlugin = require('optimize-css-assets-Webpack-plugin');
05
06  const env = process.env.NODE_ENV || 'production';
07
08  const config = {
09      mode: env,
10
11      devtool: env === 'production' ? false : 'cheap-module-eval-source-map',
12
13      entry: {
14          app: './src/app.js',
15      },
16
17      output: {
18          path: __dirname + "/build",
19          filename: "[name].[hash].js"
20      },
21
22      devServer: {
23          contentBase: "./public",
24          historyApiFallback: true,
25          inline: false,
26          port: 3003
27      },
28
29      resolve: {
30          modules: [
31    __dirname + "/node_modules/"
32      ],
33          extensions: ['.js', '.jsx', '.json', '.scss'],
34          alias: {
35      src: path.resolve(__dirname, 'src/')
36      },
37      },
38
39      optimization: {
40          minimize: env === 'production' ? true : false,
41          runtimeChunk: false,
```

```
42            splitChunks: {
43               chunks: 'async',
44          minSize: 30000,
45          minChunks: 1,
46          maxAsyncRequests: 5,
47          maxInitialRequests: 3,
48          name: false,
49          cacheGroups: {
50            vendor: {
51              name: 'vendor',
52              chunks: 'initial',
53              priority: -10,
54              reuseExistingChunk: false,
55              test: /node_modules\/(.*)\.js/
56            }
57          }
58        }
59        },
60
61        module: {
62        rules: [{
63        test: /\.js$/,
64          use: {
65            loader: "babel-loader",
66          },
67          exclude: /node_modules/
68        }]
69        },
70        plugins: [
71        new Webpack.HotModuleReplacementPlugin(),
72        new Webpack.optimize.OccurrenceOrderPlugin(),
73        ],
74  }
75
76  module.exports = config;
```

5.1.5 Webpack 使用

完成配置之后，需要修改、安装、启动 Webpack 的插件，可以使用官方推荐的 Webpack-dev-server。

```
npm i Webpack-dev-server -S
```

修改 package.json 中的启动和打包指令，进行如下配置。

```
01  {
```

```
02      "name": "Demo",
03      "version": "1.0.0",
04      "main": "app.js",
05      "scripts": {
06        "test": "echo \"Error: no test specified\" && exit 1",
07        "build": "rm -rf build && Webpack",    // 打包指令
08        "start": "NODE_ENV=development Webpack-dev-server" // 指定环境，启动项目
09      },
10    }
```

build 命令使用 Webpack 打包项目，start 命令先指定当前环境为开发环境，与 mode 配置相呼应，然后使用 Webpack-dev-server 启动项目。

上面的配置适合 Mac，使用 Windows 的用户要注意，如果使用上面的配置，可能会报“‘NODE_ENV’不是内部或外部命令，也不是可运行的程序或批处理文件”这个错误，此时需要安装 cross-env 插件。

```
npm i cross-env --save-dev
```

修改 start 指令变为如下代码。

```
"start": "cross-env NODE_ENV=development Webpack-dev-server"
```

这样就可以运行了，需要注意，只有 start 命令可以通过 npm start 来执行，其他命令只能通过 npm run ××× 来执行。

5.1.6 Webpack4.X 的新特性

Webpack 升级到 4.X 之后，Webpack 的变化比较大，性能也有了较大的提升。

1. 环境变化

Webpack4.0 不再支持 Node.js 4 X。这个变化很重要，虽然 Node 现在基本上都是 8.9 或者后续的版本，但是很多老项目因为时代原因，只能使用低版本 Node.js。所以，如果当前 Node.js 版本过低，请勿使用 Webpack4.X 版本。

2. 有专属名字

在 Webpack4.0 以后，每个大版本的更新都会有自己的名字，就像安卓每代系统都有甜点作为代号。

Webpack4.0 的名字叫 Legato，指连续的不简单的音符。起名字是因为人觉得 Webpack 将 JS、CSS 甚至更多的文件无间隙地打包到一起，Legato 十分切题。而起名字的人正是 Webpack 最大的捐赠者。

3. 速度更快

我曾负责在公司的项目上更新 Webpack 版本，使用 Webpack4.5 版本，打包时间减少 50%。官方在 Twitter 上开展了一个 Webpack4 的项目构建性能测试，项目平均构建时间减少了

60% ~ 98%。

4. mode

在上一小节已经介绍过这个新属性，主要是为了“零配置”，契合了 Legato。官方本意是有了 mode 可以在很大程度上减少项目的构建体积，而且能减少项目的构建时间。然而十分尴尬的是，虽然时间减少了，但是文件的大小貌似并没有改变，因为每个项目其实多多少少都会有一些差别，根据这些来定制最适合的 Webpack.config.js 文件，会造成不同程度的变化，所以文件大小的减少还有待商榷。

5. 去掉 CommonsChunkPlugin

有人说这是被时代淘汰掉的插件。当然不是，这个插件并没有被淘汰，只是聚合到 Webpack 里面，改成了 optimize.splitChunks，上一小节对这一点也做了说明。

了解 Webpack 后，一定要根据项目的特点选择不同的插件，避免资源浪费。

5.2 前端常用插件的介绍

下面介绍一些前端常用的插件。

5.2.1 Axios

Axios 用于更方便地发送请求，它是一个基于 promise 的 HTTP 库，可以像使用 promise 一样使用这个插件。

首先使用 npm 进行安装，打开命令行工具，输入以下代码。

```
npm install axios -S
```

引入之后即可直接调用，例如：

```
01  axios.get("/getRequest")                // 向 /getRequest 地址发送 post 请求
02    .then((response) => {                // 使用 then 接收返回值
03      console.log(response);             // 打印返回值
04    })
05    .catch((error) => {                  // 使用 catch 捕获错误
06      console.log(error);                // 打印错误
07    });
```

首先使用 Axios 的 get 方法发送 get 请求，没有附加任何参数。之后使用 then 获取返回值，如果有错误，会直接到 catch，可以在这里进行错误日志的记录或者输出等操作。如果想附加参数，可以写如下代码。

```
01  axios.get('/getRequest', {
02      params: {                          // 在 params 中传递请求参数
```

```
03          ID: 666                         // 参数内容为对象形式
04        }
05      })
06      .then(...)
07      .catch(...);
```

上述代码中的参数会被解析为 /getRequest?ID=666。当执行 post 请求时，无须使用 params 字段，直接传入一个对象即可。

```
01    axios.post('/postRequest', {        // 发送 post 请求
02        firstName: 'Rex',               // 直接将参数对象传入即可
03        lastName: 'Zheng'
04      })
05      .then(...)
06      .catch(...);
```

Axios 中直接使用 post 方法发送 post 请求。如果需要传递参数，直接添加在 url 后面即可。为了方便使用，Axios 为所有支持的请求方法都起了别名。

```
01    axios.get(url[, config])             // get 请求
02    axios.delete(url[, config])          // delete 请求
03    axios.post(url[, data[, config]])    // post 请求
04    axios.put(url[, data[, config]])     // put 请求
05    axios.patch(url[, data[, config]])   // patch 请求
```

除了上述的用法，还可以预先创建好 Axios 的实例，并且在其中加上一些默认的配置，之后调用实例，即可启用带有默认配置的 Axios，下面会创建一个名为 sevice 的实例。

```
01    const service = axios.create({
02
03      url: '/user',                      // 请求的服务器地址
04
05      method: 'get',                     // 请求时使用的方法，默认是 get
06
07      // baseURL 将自动加在 url 前面，除非 url 是一个绝对 url（以 http 开头）
08      // 通过设置一个 baseURL，便于为 axios 实例的方法传递相对 URL
09      baseURL: 'https://some-domain.com/api/',                // 虚拟的示例网址
10
11      headers: {'X-Requested-With': 'XMLHttpRequest'},       // 自定义请求头
12
13      params: {
14        ID: 666                                               // url 参数
15      },
16
17      // 请求主体被发送的数据，只适用于 put、post 和 patch
18      data: {
19        firstName: 'Rex'
20      },
```

```
21
22     // 请求超时的毫秒数（0 表示无超时时间），超过时间请求会被中断
23     timeout: 1000,
24
25     // 'maxContentLength' 定义允许的响应内容的最大尺寸
26     maxContentLength: 2000,
27
28     // 定义对于给定的 HTTP 响应状态码是 resolve 或 reject。如果返回 true（或者设置为
null 或 undefined），promise 将被 resolve；否则，promise 将被 reject
29     validateStatus: (status) => {
30       return status >= 200 && status < 300;          // 默认验证
31     },
32
33     // 分别在 Node.js 中用于定义在执行 http 和 https 时使用的自定义代理，默认不启用
34     httpAgent: new http.Agent({ keepAlive: true }),
35     httpsAgent: new https.Agent({ keepAlive: true }),
36   });
```

这不是 Axios 所有的请求配置，只选了一些常用的配置。新建好实例后，下面进行调用。

```
01   service({                                          // 调用 service 实例
02     url: 'https://www.goole.com',                     // 添加 url 参数（虚拟的示例网址）
03   }).then((res) => console.log(res);                 // 输入返回值
04   }).catch((error) => console.log(error););           // 输出 error
```

当然，这样的调用存在一定弊端。如果需要使用别的请求方法，就要添加不同的参数，依然比较烦琐，所以可以再封装一层。

```
01   const get = (url, data) => {                       // 封装 get 方法
02     return service({                                 // 返回调用的 service 实例
03       method: 'get',                                 // 定义请求方法
04       url,                                           // 定义请求 url
05       params: data                                   // 将数据放到 params 中
06     });
07   };
08   const post = (url, data) => {                      // 封装 post 方法
09     return service({                                 // 返回调用的 service 实例
10       method: 'post',                                // 定义请求方法
11       url,                                           // 定义请求 url
12       data                                           // 定义请求数据
13     });
14   };
15   const delete = (url, data) => {                    // 封装 delete 方法
16     return service({                                 // 返回调用的 service 实例
17       method: 'delete',                              // 定义请求方法
18       url,                                           // 定义请求 url
19       ...data                                        // 解析数据
20     });
```

```
21  };
22
23  const put = (url, data) => {                  // 封装 put 方法
24    return service({                            // 返回调用的 service 实例
25      method: 'put',                            // 定义请求方法
26      url,                                      // 定义请求 url
27      data,                                     // 解析数据
28    });
29  };
```

如此直接调用封装好的方法即可，并且可以在方法后用 then 和 catch 来获取返回的数据或者捕捉错误。

Axios 返回数据是有固定格式的，内容如下。

```
01  {
02    data: {},                                   // 服务器返回的数据
03    status: 200,                                // 服务器返回的 HTTP 状态码
04    statusText: 'OK',                           // 服务器返回的 HTTP 状态信息
05    headers: {},                                // 服务器返回的头
06    config: {}                                  // 请求的配置信息
07  }
```

在 response 中可以直接获取这些数据。

```
01  get(''https://www.goole.com'').then((res) => {
02    console.log(res.data);                      // 输出服务器返回的数据
03    console.log(res.status);                    // 输出服务器返回的 HTTP 状态码
04    console.log(res.statusText);                // 输出服务器返回的 HTTP 状态信息
05    console.log(res.headers);                   // 输出服务器返回的头
06    console.log(res.config);                    // 输出请求的配置信息
07  })
```

使用 Axios 插件可以大幅减少前端请求的工作量，合理的封装也会使插件的使用更加方便。

5.2.2 Element

Element 是 Vue.js 一个比较出名的 UI 组件库，由饿了么团队开发。时间比较悠久，2016 年 3 月 13 日开源出来，到现在也三年多了，经历了很多版本迭代，在 Vue-CLI3.0 出来之后很快就做了兼容，使用 Vue-CLI3.0 可以直接安装，无须手动配置，而且兼容 Vue.js 的服务器渲染框架——Nuxt.js。

安装和配置与以前相比，真的简单了很多，以前得先安装插件，然后手动进行配置，在 Vue-CLI3.0 出来之后，可以直接在 Vue-CLI 中进行操作，首先在 Vue-CLI 中找到项目，这里以第 1 章的 HelloWorld 项目举例，启动 Vue-CLI，在命令行工具中输入以下代码。

```
vue ui
```

启动成功后，Vue-CLI 项目列表如图 5.1 所示。找到将要添加 Element 的项目，此处是 HelloWorld 项目。

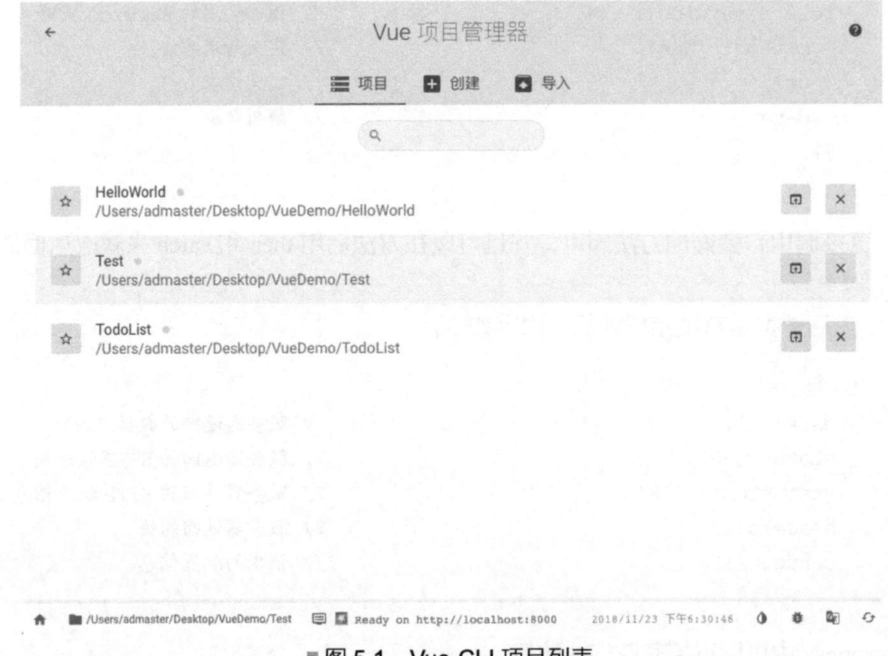

■ 图 5.1　Vue-CLI 项目列表

进到项目界面中，单击“添加插件”按钮，如图 5.2 所示。

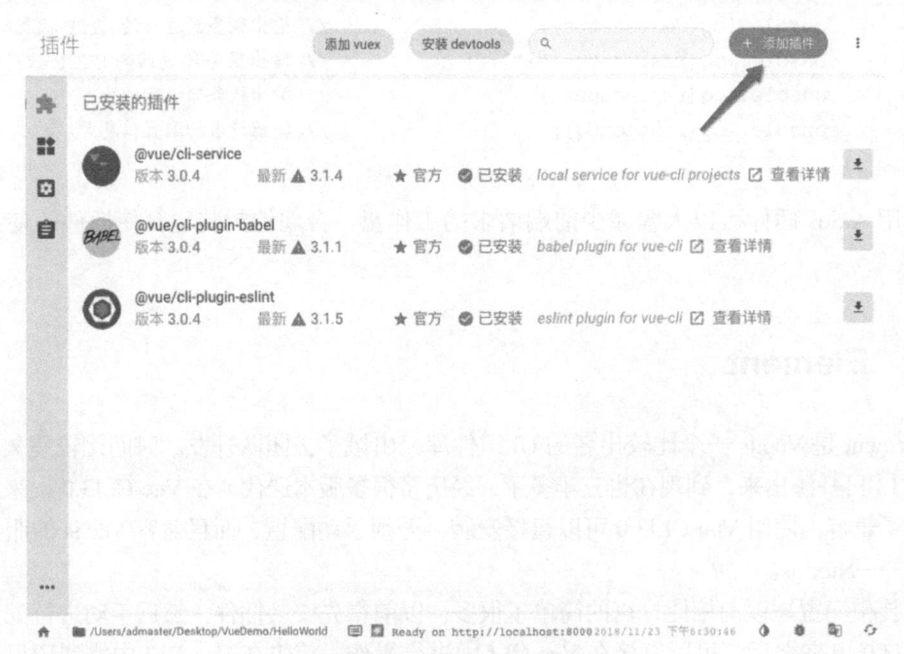

■ 图 5.2　Vue-CLI 添加插件

跳转到插件搜索页面，选择 Element 官方图标的插件，下载并安装它，如图 5.3 所示。

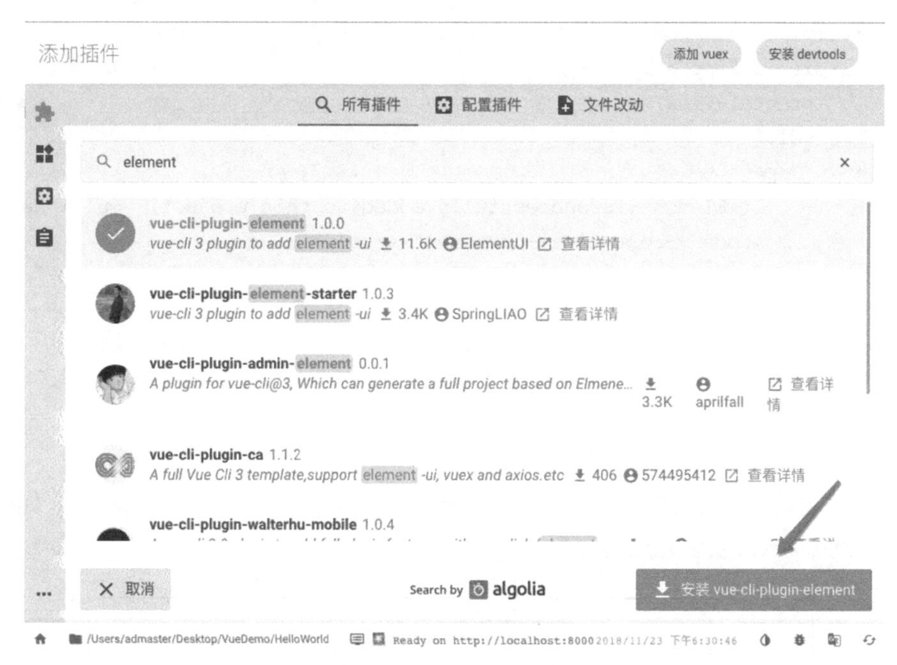

■ 图 5.3　Vue-CLI 搜索插件

安装完成，系统会跳转到插件编辑页面，可以选择全局安装或局部安装，还可以选择默认语言，如图 5.4 所示。

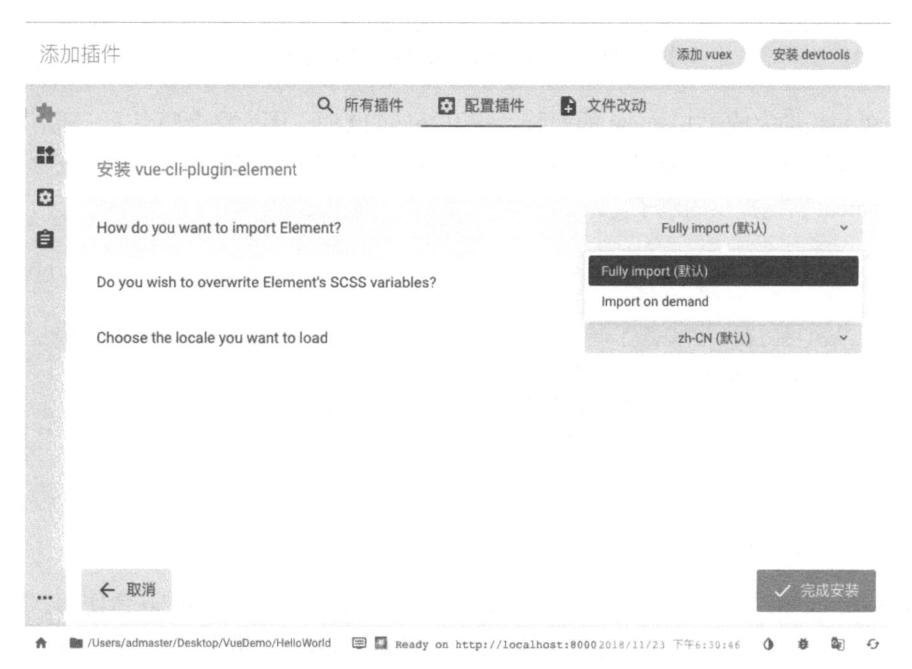

■ 图 5.4　Vue-CLI 配置 Element

单击“完成安装”按钮，启动项目，此时应该会有报错，因为之前修改了 HelloWorld 项目（全新的项目不会报错），只需修改 App.vue 文件的 HTML 模板即可。

```
01  <template>
02    <div id="app">
03      <router-view/>
04      <div>
05        <p>
06          If Element is successfully added to this project, you'll see an
07          <code v-text="'<el-button>'"></code>
08          below
09        </p>
10        <el-button>el-button</el-button>    // 使用 el-button 组件
11      </div>
12    </div>
13  </template>
```

修改完成之后，项目会自动刷新，在浏览器中访问 http：//localhost：8080/#/，如图 5.5 所示，可以看到 Element 安装完成的页面。

■图 5.5　Element 安装后项目展示

如此就轻松地完成了 Element 的安装。使用 Vue-CLI 时，因为是全局引入，所以不需要先注册组件、再进行调用，直接使用即可。例如，需要一个带分类和搜索按钮的输入框，可以直接调用 Element 官网提供的例子。

```
01  <el-input placeholder="请输入内容" v-model="input5" class="input-with-
select">
02    <el-select v-model="select" slot="prepend" placeholder="请选择">
03      <el-option label="餐厅名" value="1"></el-option>
04      <el-option label="订单号" value="2"></el-option>
05      <el-option label="用户电话" value="3"></el-option>
06    </el-select>
07    <el-button slot="append" icon="el-icon-search"></el-button>
08  </el-input>
```

通过 <el-input>、<el-select>、<el-option>、<el-button> 这 4 个组件的联合使用，很容易做出来，使用上也和正常的 HTML 标签类似，数据或属性的绑定简单明了，如图 5.6 所示。

Element 是一个很方便的 UI 组件，可以直接在项目中引入 Element 的组件，避免手写样式不仅比较麻烦，而且很容易出现样式不统一或者样式出错的问题。Element 牺牲了样式的自由性，但带来了更加方便快捷的处理方式。

Element 不仅带来了样式统一的组件，同时提供了布局上的架构，有点类似于 bootstrap。

Element组件的丰富性强，唯一的不足之处是，ICON的种类不是很多，和React上的Antd相比，还是差了不少。

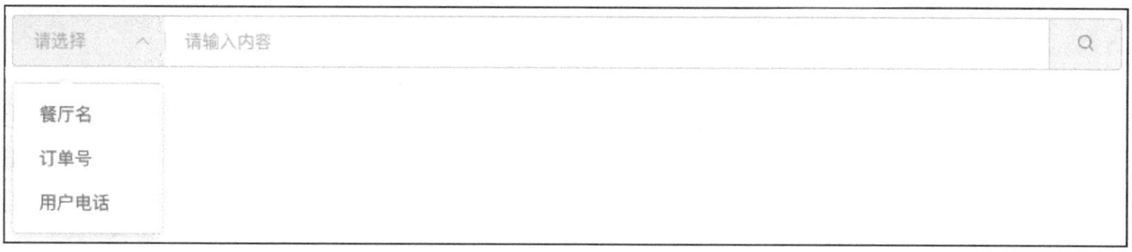

图 5.6 Element 组件展示

5.2.3 Sass

众所周知，CSS 并不是编程语言，用它开发网页的样式是比较麻烦的，因为它没有变量，也没有条件语句，只有一条条单纯的描述。为了方便进行开发，设计出 CSS 预处理器，它的思想是使用一种编程语言进行样式的开发，之后再转换成 CSS，以供使用。Sass 就是一种 CSS 预处理器。

使用 Sass 可以轻松地编写清晰、无冗余、语义化的 CSS。变量是 Sass 提供的最基本的工具，通过变量可以让 CSS 的值变得可复用，嵌套规则让 CSS 内可以继续嵌套 CSS，减少 CSS 重复的选择器，同时使得样式表的结构更加清晰。Sass 还提供了另外一个重要的特性——样式导入，可将分散在多个 Sass 文件中的内容合并到一个 CSS 文件中，避免了大量使用原生 CSS 中 @import 的性能问题，保持了 CSS 的整洁和可维护性。

下面看一下这些优点的具体内容，首先是变量。

```
01  $active-color: #F90;                        // 定义 $active-color 变量
02  $active-border: 1px solid $active-color;    // 定义 active-border 变量
03  .active {
04    color: $active-color;                     // 使用 $active-color 变量
05    border: $active-border;                   // 使用 $active-border 变量
06  }
07
08  // 编译后
09  .active {
10    color: #F90;
11    border: 1px solid #F90;
12  }
```

上述代码中，Sass 使用 $ 来定义变量，使用“：”连接变量的值，变量的值也可以是一连串的属性，像上面的 $active-border 变量一样，使用时直接在属性后接上变量名即可，经过转译就会变成标准的 CSS 样式。注意变量的命名使用中隔线和下划线都可以，而且这两者通用，也就是说，可以使用 $active_border 来调用变量。但是根据 CSS 默认的规则，推荐使用中隔线命名。

变量还有一个进阶版的规则——混合器。简单来说，就是一个包含着很多属性的变量。

```
01  @mixin rounded-corners {             // 构造 rounded-corners 圆角混合器
02    -moz-border-radius: 5px;
03    -webkit-border-radius: 5px;
04    border-radius: 5px;
05  }
06  .notice {
07    background-color: green;
08    border: 2px solid #00aa00;
09    @include rounded-corners;          // 调用 rounded-corners 圆角混合器
10  }
11
12  // 编译后
13  .notice {
14    background-color: green;
15    border: 2px solid #00aa00;
16    -moz-border-radius: 5px;
17    -webkit-border-radius: 5px;
18    border-radius: 5px;
19  }
```

使用@mixin来给混合器命名，使用@include加混合器名来调用混合器，还是比较简单的。只是混合器不宜过多，过多的混合器会增加转译时间。有一个很简单的标准，就是当前混合器能不能起一个通用的名字，如果找不到名字，那构造一个混合器可能并不合适。

嵌套也是Sass中很重要的一个规则，可以减少重复的CSS选择器的书写。

```
01  article {                              // 嵌套 CSS 规则
02    ~ article {                          // 同层全体组合选择器
03      border-top: 1px dashed #ccc;
04    }
05    > section {                          // 子组合选择器
06      background: #eee;
07    }
08    dl > {                               // 子组合选择器
09      dt {                               // 子元素样式
10        color: #333;
11      }
12      dd {
13        color: #555;
14      }
15    }
16    a {
17      &: hover {                         // 父选择器
18        color: red;
19      }
20    }
21  }
```

这个例子比较复杂，下面一点点进行分析。首先可以看出，最外层的 <article> 标签内容包含了其他标签的内容，<article> 标签也可以换成一个 class 名。这就是 Sass 最基础的嵌套，无须把一个 class 内所有子元素的样式都拿出来重新写样式。之后就是一个诡异的 ~，这个符号是选择跟在 <article> 标签后的所有 <article> 标签，不管它们之间有多少元素。也就是同级的 <article> 标签都会被套上这些样式。下面的 > 符号用于选择当前标签下的直接子元素，也就是 <article> 标签内的一级标签。

再往下看就是 <dl> 标签，这里选择 <dl> 标签内直接跟着的 <dt> 和 <dd> 标签。最后选择 <article> 标签内的 <a> 标签，比较让人困惑的是：hover 之前的 & 符号。这是因为 Sass 的解析规则，如果不加 & 号，这条语句将为 <a> 标签下的所有元素都加上：hover 属性。& 符号代表的是当前的父元素，也就是 <a> 标签，加上之后，只会给父元素加上此样式，其子元素不会受到影响。

上面这个例子仅仅靠着这些代码就完成了 <article> 标签内 6 个子标签样式的修改，如果使用正常的 CSS，一类元素就要使用一次选择器，而且随着元素层级的深入，选择器的长度也会逐渐增加，造成的结果就是CSS样式表往往会有很多重复的内容，而且长度很长，不易阅读。使用 Sass 不仅减少了很多不必要的内容，而且结构清晰，易于阅读。

Sass 还有一个特点就是文件的导入，与 CSS 自带的 @import 不同，Sass 的 @import 会在生成 CSS 时将引入的文件直接打包成一个 CSS 文件，无须发起额外的请求。如果不同文件中有同名的变量，Sass 会取最后一个变量值使用。所以一般可以将不同作用的 .scss（新版 .Sass 文件的后缀名是 .scss，老版是 .sass）文件分开写，最后放到一个文件中，在项目中只需调用最后引入所有组建的文件即可，例如：

```
01  // main.scss 文件
02  @import "./others/clear.scss";                          // 引入不同功能的 .scss 文件
03  @import "./others/spacing.scss";
04  @import "./others/public.scss";
05  @import "./detail/article.scss";
06  @import "./detail/alters.scss";
07  @import "./detail/combos.scss";
08  @import "./detail/order.scss";
```

通过给不同功能的 .scss 后缀文件命名，在修改某种样式的时候很容易定位，不用花时间去寻找样式。

既然 Sass 的好处这么多，那么如何在项目中使用 Sass 文件呢？首先需要安装 node-sass 和 sass-loader。

```
npm i sass-loader node-sass --save-dev
```

之后在 Webpack 的配置文件中添加一个 loader 来解析 scss。

```
01  loaders: utils.cssLoaders({                             // 配置 Sass-loader
02    sourceMap: sourceMapEnabled,                          // 开启 sourceMap
03    extract: isProduction,                                // 在生产环境进行提取
04    scss: 'style-loader!css-loader!sass-loader'           // loader 层层解析
05  })
```

上面的解析中，为什么需要 3 个 loader 呢？这是 Webpack 解析机制造成的。Webpack 无法解析 Sass 文件，所以使用 sass-loader 来将 .scss 后缀文件转化成 CSS 文件，但是 Webpack 也不能解析 CSS 文件，所以需要 css-loader 来解析 CSS 文件，最后使用 style-loader 将 CSS 文件进行压缩和分解，变成合适大小的文件引入项目中。顺序从右到左，依次解析。

修改配置之后重启项目，即可使用 Sass 来进行样式表的编写，简单易行。

5.2.4 ESLint

“ESLint 最初是由 Nicholas C. Zakas 于 2013 年 6 月创建的开源项目。它的目标是提供一个插件化的 JavaScript（JS）代码检测工具。”这是 ESLint 官网上的简介。关键词是“插件化”和“JS 代码检测工具”。插件化就是在项目中以插件的形式去引用 ESLint。那么 JS 代码检测工具呢？其实就是看代码写的是否规范。代码规范是团队开发中很重要的一环，对于个人开发者来说，可以养成更好的代码开发习惯。

ESLint 主要有以下几个功能。

1. 找出语法错误

例如，有的变量没有声明就直接使用，或者缺少括号之类的常见语法错误。

2. 保证代码的安全性

例如，不使用全局变量（ES5），使用“===”而不是“==”，不使用 eval 解析等。

3. 去掉多余的代码

例如，有的变量声明了却没有使用，或者 import 了某个组件却没有使用等。

4. 统一开发样式

例如，到底使用单引号还是双引号，缩进是 2 个空格还是 4 个空格，语句末尾要不要加分号等。

使用 ESLint 之后出现上述情况会有报错提示，当然，这要看使用的语法规则是哪种。不同的语法规则会有不一样的要求，现在比较热门的语法规则有 3 个，分别是谷歌、Airbnb 和 Standard。三者中最严格的是 Airbnb，这也是我日常使用的语法规则。遇到不合适规则可以自己修改，可以选择警告报错或者直接关掉。

如果使用 Vue-CLI 新建项目，可以直接选择 ESLint，并且可以选择语法规则，之前讲 HelloWorld 和 TodoList 例子时提到过，在此不再赘述。读者可以去 .eslintrc 文件中修改规格，如果项目中没有这个文件，可以直接在根文件夹创建一个。

```
01  module.exports = {
02    root: true,                                  // 指定配置文件位置为根文件夹
03    parserOptions: {                             // babel-eslint 为解析器
04      parser: 'babel-eslint'
05    },
06    env: {                                       // 使用环境为浏览器
07      browser: true,
```

```
08      },
09      extends: ['plugin:vue/essential', 'airbnb-base'],      // 扩展包
10      plugins: [                                          // 插件
11        'vue'
12      ],
13      settings: {                                         // 文件解析位置
14        'import/resolver': {
15          Webpack: {
16            config: 'build/Webpack.base.conf.js'          // Webpack 配置文件位置
17          }
18        }
19      },
20      rules: {
21        'import/extensions': ['error', 'always', {        // 引入文件需要后缀名
22          js: 'never',                                    // .js 文件除外
23          vue: 'never'                                    // .vue 文件除外
24        }],
25        // 仅在开发环境下可以 debugger
26        'no-debugger': process.env.NODE_ENV = = = 'production' ? 'error' : 'off',
27        'linebreak-style': ['off'],                       // widnows 换行符报错
28        "no-tabs": ['off'],                               // 开启 tab
29        "indent": ['off']                                 // 强行用空格缩进
30        "import/no-extraneous-dependencies": "off",       // 依赖必须安装在 dev 中
31      }
32    }
```

因为需要将整个配置文件都暴露出来以供 ESLint 解析，所以使用 module.exports 来包裹配置内容。

第一个配置项说明了配置文件的位置，如果没有这项配置，ESLint 会自己在文件夹中查找配置文件，查找顺序是由内到外，所以，为了省去查找的时间，增加“root:true”配置。接下来是解析器配置，因为使用 Babel 对项目进行转译，所以使用 babel-eslint 替代默认的 Esprima 解析器。

env 用于指定当前启用的环境，意思是在浏览器中才会启动 ESLint。extends 是 ESLint 的扩展，也就是当前 ESLint 要遵循的语法规则，因为使用 Vue.js，所以还加上 vue/essential 规则。plugins 定义了输出的规则，这里依然是 Vue.js。settings 中定义了 Webpack 配置的位置，因为 ESLint 配置文件最终还是需要通过 Webpack 来进行解析。

rules 就是自定义的规则，这里修改了几个默认的规则。规则的修改主要分两种：一种是直接关掉或警告；另一种就是只关掉一部分。import/extensions 规则只关掉一部分，因此使用 import 引入扩展必须有文件后缀名，但项目中有大量的 .js 和 .vue 文件，如果每个都加上后缀名，实在是有些浪费时间，所以规定引入 .js 和 .vue 文件之外的文件必须有后缀名。no-debugger 规定根据当前项目是开发环境还是生产环境，其使用三元表达式来动态判断。剩下的几个规则比较不常见，所以这里也关掉了。

虽然可以关掉规则，但是切勿过多，否则 ESLint 的存在将毫无意义。

ESLint 还可以设置不需要检测的文件或者文件夹，可以在根文件夹新建 .eslintignore 文件，并且在其中进行配置。

```
01    /build/                              // 打包之后的文件无须检测
02    /config/                             // 配置文件无须检测
03    /*.js                                // 根文件夹下的 JS 文件无须检测
04    /node_modules/                       // 插件文件夹无须检测
```

首先关掉打包之后的 build 文件夹、全是配置的 config 文件夹。然后关掉根文件夹下的 JS 文件检测，因为根文件夹下可能会有别的插件的配置文件，如 postcssrc 或 declaratio 等。最后关掉 node_modules 文件夹的检测。文件夹最好关掉，因为它除了浪费时间，别无他用。

5.3 后端项目构建——Koa

在后端框架的选择上，本项目没有使用经典的 Express，而是使用比较新的轻型框架——Koa。

5.3.1 为什么选择 Koa

Koa 是由 Express 幕后原班人马打造的，相对于 Express 来说，Koa 的体积更小，表现力更强，而且很干净，没有任何中间件等多余的插件，整体代码也就 1000 多行。而且提供了一整套优雅的方法，可以愉快而快速地编写服务端应用程序。

使用 Koa 开发很简单，不用像 Express 一样使用脚手架生成繁杂的文件夹和文件，仅用 3 行代码，即可构建一个 Koa 服务。

```
01    // app.js 文件
02    const Koa = require('koa');                 // 引入 Koa 框架
03    const app = new Koa();                      // 新建 Koa 服务
04
05    app.listen(8889);                           // 确定服务端口
```

在命令行工具中执行以下代码。

```
node app.js
```

现在可以在本地的 8889 端口访问服务，看起来什么都没有，是因为没有给返回对象。

Koa 提供了一个 Context 对象，简称 ctx。表示一次 HTTP 的请求与回复，可以将返回的数据放在 ctx.response.body 中，这样前端就能接收到返回的数据，可以把 app.js 文件修改如下。

```
01    const Koa = require('koa');                 // 引入 Koa 框架
02    const app = new Koa();                      // 新建 Koa 服务
03
04    const main = ctx => {                       // 使用 main 函数设置返回值
```

```
05    ctx.response.body = 'Hello World';        // 修改返回值为 Hello World
06  };
07
08  app.use(main);                               // 调用 main 函数
09
10  app.listen(8889);                            // 确定服务端口
```

运行 app.js 文件，再访问 http://localhost:8889，即可得到 Hello World 的返回。如此就完成简单的 Koa 项目的构建，虽然功能很简单，但还是可以很明显地看出代码量相对于 Express 来说少很多。

Koa 最大的特色就是中间件，它本身是没有任何中间件的，所有中间件都需要手动进行开发。用一个日志输出器来举例。

```
01  const Logger = (ctx, next) => {              // 新建日志打印函数
02    console.log('${Date.now()} ${ctx.request.method} ${ctx.request.url}');
03    next();                                    // 执行下一步
04  };
05  app.use(logger);                             // 调用 Logger 函数
```

Logger 就是一个中间件，因为它在收到 HTTP 请求与返回 HTTP 请求之间，用来实现某种功能。之后使用 app.use() 来加载中间件。

Koa 中每个中间件都会有两个参数：一个是 ctx；另一个是 next。ctx 就是本次请求和回复的主体对象，里面包含请求和返回的数据。next 是执行下一步的函数，只要调用就会自动跳到下一个中间件。当只有一个中间件时，可能看不出 next 的作用；当有多个中间件时，就能看出 next 的作用。

```
01  const one = (ctx, next) => {                 // 新建 one 函数
02    console.log(---one);
03    next();                                    // 执行下一步
04  };
05  const two = (ctx, next) => {                 // 新建 two 函数
06    console.log(---two);
07  };
08  const three = (ctx, next) => {               // 新建 three 函数
09    console.log(---three);
10    next();                                    // 执行下一步
11  };
12  app.use(one);                                // 调用 one 函数
13  app.use(two);                                // 调用 two 函数
14  app.use(three);                              // 调用 three 函数
```

这里定义并加载了 3 个中间件，分别为 one、two、three。

结果如下。

```
01  ---one
02  ---two
```

因为在 two 函数中没有使用 next 来传递执行权，所以，即使加载了 three 函数，在调用 two 函数的时候就结束传递了，因此根本就不会调用 three 函数。

Koa 对异步函数的处理也很友好，无须使用 promise 来一层层包裹语句，使用 async 函数即可。

```
01  const main = async (ctx, next) => {          // 新建异步函数
02    ctx.response.body = await new Promise((resolve, reject) => {
03      setTimeout(() => {                       // 使用 promise 来模拟异步环境
04        resolve('异步成功！');                  // 异步函数执行的结果
05      }, 1000);
06    })
07  };
08  app.use(logger);                             // 加载异步函数
```

main 函数定义为一个异步函数，使用 promise 来模拟异步操作。首先在 main 函数加上 async 标识，之后在异步操作前加上 awit 标识，如此 main 函数就会在 awit 后面的语句执行完成之后才会进行下一步操作。相比 promise 来说，更加容易使用，且不会陷入 promise 一层套一层的恐怖循环中去。

一个程序运行时不可能不报错，Koa 对报错的处理也十分简单，可以使用 ctx.throw() 方法直接抛出指定类型的错误，如 404 或 500 错误。对于更具体的报错，在每个中间件中，都可以使用 try…catch 来捕获错误，但这样操作未免有些麻烦，可以直接让最外层的中间件来捕获错误。

```
01  const handlerError = async (ctx, next) => {   // 定义捕获错误的中间件
02    try {                                      // try 执行
03      await next();                            // 执行当前语句
04    } catch (err) {                            // catch 错误
05      ctx.response.status = err.statusCode || err.status || 500;
                                                 // 判断返回的 Http 类型
06      ctx.response.body = {                    // 将错误信息放到 body 中返回
07        message: err.message
08      };
09    }
10  };
11
12  const main = ctx => {                        // 定义模拟报错中间件
13    ctx.throw(500);                            // 模拟 500 报错情况
14  };
15
16  app.use(handler);                            // 调用捕获错误的中间件
17  app.use(main);                               //调用模拟错误中间件
```

在最外层的 handlerError 函数中监听了所有中间件的执行过程，若有报错，则会被 catch，之后判断报错类型，返回出去。try…catch 语法结构也很简单，在 try 中执行需要执行的代码，如果代码出错，则会被下面的 catch 捕获到，然后执行 catch 中的语句。在 main 函数中使用

ctx.throw() 方法来报出 500 的错误，之后这个错误就会被 handlerError 函数捕获并且返回。

5.3.2 构建 Koa 项目

下面正式开始使用 Koa 构建后端服务框架，Koa 官方提供了一个脚手架工具——koa-generator。使用方法也很简单，首先全局安装脚手架，在命令行工具中执行以下代码。

```
npm install -g koa-generator
```

之后进入想新建项目的位置，在命令行工具中执行以下代码。

```
koa2 项目名称
```

koa2 是因为脚手架基于 Koa2.X 版本，在 Koa1.X 时代是没有脚手架的，想构建项目，只能自己开发。

生成项目的架构比较清晰，这里主要介绍 bin 文件夹下的 www 文件和根文件夹下的 app.js 文件。app.js 不是启动项目时运行的文件；app.js 主要提供 app 的配置，之后由 www 文件运行项目。

app.js 文件中配置了日志输出的中间件，这样一来，项目每次被访问的时候，都会有一条日志被输出，同时记录请求处理用时，单位为毫秒。同时还指定了静态文件的模板，也就是返回给前端的 HTML 模板，默认是 pug，可以改为 ejs 或直接使用原生 HTML 模板。

使用 Koa 官方推荐的 koa-router 路由，用法也比较简单。首先需要在 routes 文件夹中定义路由文件，之后在 app.js 文件中引用。每新增一次路由文件，都要修改 app.js 文件，当然，本项目不会使用这么麻烦的方法。

www 文件里其实也是 JS，只是没有后缀名。这里使用监听错误的方法就是上面说到的另外一种方法。如果使用 try…catch 捕获错误，那么 app.on() 就监听不到错误了。必须在 try…catch 时将错误手动释放出来。

```
01  const handlerError = async (ctx, next) => {    // 定义捕获错误的中间件
02    try {
03      await next();
04    } catch (err) {                               // catch 错误
05      ctx.response.status = err.statusCode || err.status || 500;
06      ctx.response.body = {
07        message: err.message
08      };
09      ctx.app.emit('error', err, ctx);              // 手动释放错误
10    }
11  };
```

使用 ctx.app.emit 来手动释放错误，这样错误在被 try…catch 捕获之后，依然可以被 app.on() 监听到。normalizePort 函数用来规范端口的内容，以防从 env.PORT 中传过来的不是一个数字。onError 明确规范了两种报错信息，属于常见报错，有明确的信息提示，更加容易定位问题。

最后使用 http.createServer() 函数执行 app 的回调函数，得以执行整个项目，再明确端口，调用监听函数，即可完成整个项目的运行。

值得一提的是 package.json 文件中的 dev 命令，其使用 nodemon 插件来进行 Node.js 服务的热加载，每次修改服务的内容后，服务会自动重启，省去手动重启服务这一步骤。

5.3.3 koa-router 的优化

下面介绍简化 koa-router 的方法，koa-route 的使用可以通过脚手架新建的测试路由文件来了解，无非就是将函数与路由结合起来，之后在 app.js 中调用。之前说过，这样的操作很麻烦，每次增加路由都得修改 app.js 文件，而且随着路由的增加，app.js 文件也会越来越长，真的不方便。

那么是不是可以用一个自动化函数来完成路由的注册呢？如此就不用对 app.js 进行任何操作了，只需调用注册路由的函数即可。可以通过 fs 读取文件名来确定路由的内容，之后循环 routes 文件夹中的文件来进行路由的注册，操作步骤如下。

首先修改 routes 文件夹中的 index.js 文件。

```
01  const main = (ctx, next) => {                          // 定义主页返回方法
02      ctx.response.body = 'Here is main page.'    // 返回 Here is main page.
03  }
04
05  const about = (ctx, next) => {                         // 定义 about 页返回方法
06      ctx.response.body = 'Here is about page.'   // 返回 Here is about page.
07  }
08
09  module.exports = {
10      'GET /' : index,                                   // 暴露主页方法与路由
11      'GET /about' : about,                              // 暴露 about 页方法与路由
12  }
```

将路由的方法与请求方法绑定并暴露出来，现在，如果不进行特殊处理，这个路由文件是没有任何作用的。下面在 /src 文件夹下新建 routes.js 文件。

```
01  const fs = require('fs');                              // 引用 fs 组件
02
03  const addMapping = (router, mapping) => {              // 根据暴露信息判断请求类型
04    for (const url in mapping) {                         // 解析 4 种主要请求
05      if (url.startsWith('GET ')) {                      // 获取暴露名称
06        const path = url.substring(4);                   // 获取请求名称
07        router.get(path, mapping[url]);                  // 定义请求类型
08        console.log('register URL mapping: GET ${path}');
09      } else if (url.startsWith('POST ')) {
10        const path = url.substring(5);
11        router.post(path, mapping[url]);
12        console.log('register URL mapping: POST ${path}');
```

```
13        } else if (url.startsWith('PUT ')) {
14          const path = url.substring(4);
15          router.put(path, mapping[url]);
16          console.log('register URL mapping: PUT ${path}');
17        } else if (url.startsWith('DELETE ')) {
18          const path = url.substring(7);
19          router.del(path, mapping[url]);
20          console.log('register URL mapping: DELETE ${path}');
21        } else {
22          console.log('invalid URL: ${url}');
23        }
24      }
25    }
26
27    const addControllers = (router, dir) => { // 处理 JS 文件
28      fs.readdirSync(__dirname + '/' + dir).filter((f) => {    // 读取文件夹
29        return f.endsWith('.js');                              // 返回文件
30      }).forEach((f) => {
31        console.log('process controller: ${f}...');            // 打印处理过程
32        let mapping = require(__dirname + '/' + dir + '/' + f); // 获取文件内容
33        addMapping(router, mapping);   // 处理请求函数
34      });
35    }
36
37    module.exports = (dir) => {                         // 暴露路由处理结果
38      const controllers_dir = dir || './../routes';   // 输入文件路径
39      const router = require('koa-router')();  // 调用 koa-route
40      addControllers(router, controllers_dir);  // 调用上面的 addControllers 函数
41      return router.routes();   // 返回 koa-route 处理结果
42    };
```

首先调用addControllers函数，用来解析routes文件夹中文件的内容，获取到内容之后，使用addMapping函数来处理请求类型，因为文件暴露出来的数据是对象形式的，koa-router无法获取到请求类型，所以需要根据key的值来处理不同类型的请求。获取处理的数据，调用koa-router来返回请求配置。

之后在app.js中调用routes.js文件即可，以后不管对路由进行任何操作都不需要修改app.js文件。现在还有最后一个问题需要解决，就是POST或者类似的请求经常会带一些数据过来，数据在request.body中。但无论是Node.js还是koa-router，都无法解析，所以需要使用koa-bodyparser插件来解决这个问题。

因为使用koa2脚手架，所以无须手动安装，在app.js文件中已经调用好了，需要注意的是，在调用routes文件前，必须先调用koa-bodyparser插件。

```
01    // app.js
02    const bodyparser = require('koa-bodyparser')        // 引入 koa-bodyparser 插件
03    const routes = require('./src/server/routes');     // 引入 routes.js 文件
```

```
04  // 其他内容
05  app.use(bodyparser({                              // 调用 koa-bodyparser 插件
06    enableTypes:['json', 'form', 'text']            // 定义请求附带数据类型
07  }))
08  // 其他内容
09  app.use(routes());                                // 调用 routes.js 文件
10  // 其他内容
```

至此，完成 Koa 项目的构建，整体来说，Koa 及其相关插件的使用都是比较简单的，属于轻量级，而且对新手很友好。

5.4 数据库——MySQL

数据库是任何项目持久性存储数据的不二之选。随着时代的不断发展，数据的类型也推陈出新，如关系型数据库、非关系型数据库、网状数据库等。但是，对于中小型项目来说，关系型数据库的使用还是最为广泛的，而 MySQL 正是关系型数据库中使用频率最高的，本项目就选择 MySQL 作为数据库。

5.4.1 MySQL 简介

由于篇幅有限，MySQL 过于基础的部分在此不做介绍，大家可以自行上网查阅。MySQL 的查询主要就是通过表跟表之间的关联来获取想要的数据，可能是某一条数据，也可能是符合条件的一些数据，并且查询的结果还可以是两张表组合在一起的内容，使用方法十分多样化。

在传统的 MySQL 查询中，主键和外键是必不可少的组成部分，因为这是 MySQL 确定表之间关系的基础。但是本项目基本上不使用外键，只使用主键来定义唯一项。关于 MySQL 的查询语句，在这里也不详细介绍了，常用的增、删、改、查，网上的教程数不胜数，很容易搜到。

推荐两个常用的 MySQL 图形化设计工具，首先是 macOS 系统下的 Sequel Pro。

我一直使用这款数据库图形化设计工具，十分简单，同时支持多个数据库，图 5.7 所示为 Sequel Pro 登录界面。

界面右侧中显示了登录网站时需要填写的信息：Name 是本次连接的名称；Host 是数据库所在服务器的地址，本地填 127.0.0.1 即可；Username 和 Password 是数据库的用户名和密码；Database 是数据库的名称；Port 是 MySQL 服务的端口，一般都是 3306。

左侧是数据库其他连接的列表，可以选择不同的颜色来进行不同的标识，鲜明的颜色方便选择数据库进行连接。

在 Windows 系统中，可以使用 Navicat 来链接数据库。

Navicat 安装完成之后，单击左上角的“连接”按钮，弹出登录界面，如图 5.8 所示。

Navicat 的使用方法和 Sequel Pro 大同小异，左侧是连接列表，右侧是登录信息。但是这里比 Sequel Pro 少了数据库各项，需要连接进去，自己选择数据库查看。

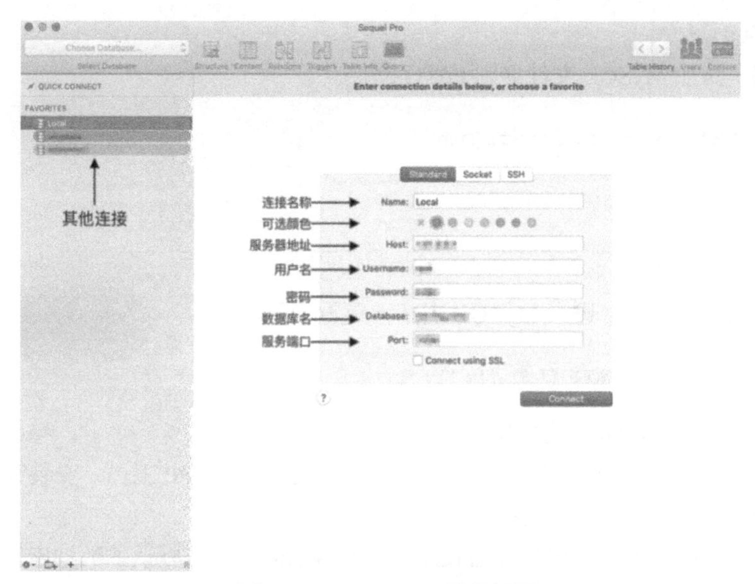

■ 图 5.7 Sequel Pro 登录界面

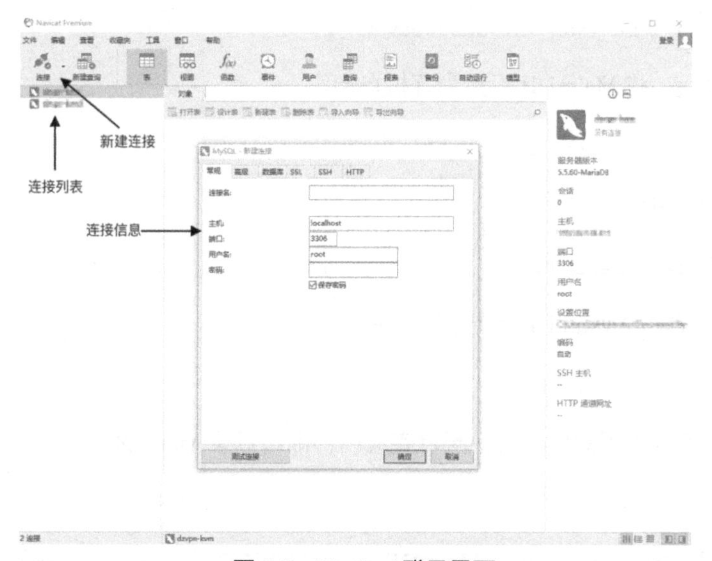

■ 图 5.8 Navicat 登录界面

5.4.2 MySQL 的安装

MySQL 的安装并不复杂，重点在于安装完成之后的配置，对于很少使用命令行的用户来说，可能是一个小挑战。

在 MySQL 官网下载 MySQL，选择 Community 选项卡。

进入 Community 选项卡，在下拉列表中选择 macOS 系统。

之后下载并进行安装。安装完成之后，需进入命令行工具进行 MySQL 初始化配置。

在 macOS 系统中，MySQL 安装完成之后，会出现默认密码的提示，需要将密码记录下来，之后启动 MySQL。

打开终端，添加 MySQL 文件夹到 PATH 路径。

```
PATH="$PATH":/usr/local/mysql/bin
```

之后登录 MySQL。

```
mysql -u root -p
```

输入刚才记录的密码，进入 MySQL 内部，重置密码。

```
SET PASSWORD = PASSWORD('新密码');
```

重置密码之后，MySQL 配置完成。

Windows 系统下 MySQL 的安装比较复杂，可以使用 XAMPP 工具，安装完成之后，启动 MySQL 服务即可，账号为 root，密码为空。

Linux 系统下 MySQL 可以使用 MairaDB 代替，CentOS 系统默认的数据库也是 MairaDB。首先使用 yum 安装 MairaDB。

```
yum -y install mariadb mariadb-server
```

安装完成之后，将 MairaDB 设置为开机自启。

```
systemctl enable mariadb
```

之后启动 MairaDB。

```
systemctl start mariadb
```

启动之后，开始对 MairaDB 进行初始化配置。

```
mysql_secure_installation
```

下面会有一系列配置需要填写，配置完成后，即可登录 MairaDB。

```
mysql -u root -p
```

输入密码即可成功登录，此时 MairaDB 只能在本地使用，无法远程连接，下面开始配置远程连接，首先在 MairaDB 中新建用户，并给予操作权限。

```
CREATE USER '用户名'@'host' IDENTIFIED BY '密码';
```

之后给予远程登录权限。

```
GRANT PRIVILEGES ON 数据库名.表名 TO '用户名'@'host';
```

数据库名和表名可以用 * 代替，说明所有的数据库或者表都可以访问。修改完成后执行以下代码。

```
FLUSH PRIVILEGES;
```

此时既完成 MairaDB 远程登录的配置。3 种主流系统的 MySQL 安装配置都已经完成，

Windows 系统上使用 XAMPP 确实比较方便，缺点就是 MySQL 不太好修改账号和密码，只适合本地开发使用。macOS 系统和 Linux 系统上的配置相对来说较为复杂，尤其是 Linux 系统。但 Linux 系统中 MySQL 是最常用的。

5.4.3 Sequelize 的使用

一般情况下，MySQL 安装完成之后，就可以直接使用，但是用的语句就比较底层，需要使用 MySQL 原生的语句，这对于一些初学者或者对于 MySQL 命令不熟练的人来说不是很友好。

```
01  // 使用 MySQL 原生查询语句
02  connection.query('SELECT * FROM users WHERE id = ?', ['666'], (err, rows) => {
03      if (err) {
04          // error
05      } else {
06          for (let row in rows) {              // 循环查询结果，转化成对象
07              processRow(row);
08          }
09      }
10  });
```

上面的例子就不是很友好，使用原生的查询语句之后，还得使用 processRow 函数将查询的数据转成对象。但如果是使用 ORM 框架呢？无须使用 MySQL 原生查询语句，得到的数据直接就是集合或者对象的形式，使用起来简直是太方便了。

ORM 用于把关系型数据库的表结构映射到对象上。Node.js 上比较有名的就是 Sequelize，不仅读写的都是 JS 对象，而且还可以使用 Sequelize 的 API 来进行增、删、改、查的操作。查询返回的结果是一个 Promise，在 Koa 框架中可以使用 await 调用，这样代码写起来就非常简单。

下面新建一个用户表来学习 Sequelize 的日常使用，使用图形化设计工具新建一个名为 Demo 的数据库，在 Demo 下新建一个名为 users 的表，表结构如图 5.9 所示。

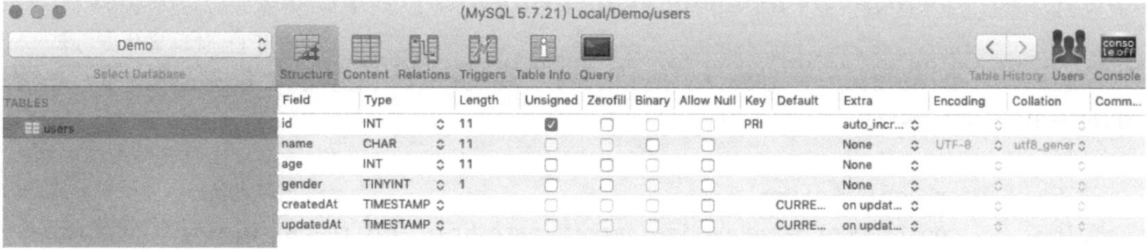

图 5.9 users 表结构

接下来在项目中安装 sequelize 和 mysql2 插件。

```
npm i mysql2 sequelize --save-dev
```

安装完成之后，需配置 MySQL 的登录信息，在 src 文件夹下新建 default.js 文件。

```
01  const config = {                                  // 默认配置
02    "db": {                                         // 默认数据库配置
03      "database": "Demo",                           // 数据库名
04      "username": "用户名",                          // 用户名
05      "password": "密码",                            // 密码
06      "options": {                                  // 数据库配置
07        "dialect": "mysql",                         // 数据库类型
08        "host": "127.0.0.1",                        // 数据库地址
09        "port": 3306,                               // 数据库端口
10      },
11    },
12  };
13  module.exports = config;                          // 暴露 config 对象
```

在 default.js 文件中配置了数据库连接的基本信息，直接调用这个配置就可以链接数据库。在使用 sequelize 之前，还需要做以下准备：一是创建 sequelize 对象实例，也就是用 sequelize 连接数据库；二是定义与数据库表相匹配的模型。

在每次定义新模型的时候，都要创建 sequelize 对象实例，这是一步可以简化的操作。想想之前是怎样简化 koa-router 的，用一个函数来解析文件内容，生成 koa-router 配置。同样，也可以通过读取文件内容来循环生成 sequelize 对象实例。在 src 文件夹下新建 models 文件夹，再新建 index.js 文件。

```
01  const fs = require('fs');                         // 引入 fs 读取文件内容
02  const path = require('path');                     // 引入文件夹路径
03  const Sequelize = require('sequelize');           // 引入 Sequelize
04  const config = require('../config/default');      // 引入配置文件
05  const { db } = config;                            // 解构出配置文件中的 db 项
06  const basename = path.basename(__filename);       // 获取文件名称
07
08  const { database, username, password } = db;  // 解构出数据库名，用户名和密码
09
10  const sequelize = new Sequelize(database, username, password, db.options);
11                                                    // 新建 sequelize 实例
12  fs.readdirSync(__dirname)                         // 使用 fs 读取文件夹内容
13    .filter(file => (file.indexOf('.') !== 0) && (file !== basename) && (file.
slice(-3) === '.js'))
14                                                    // 获取 .js 结尾的文件
15    .forEach((file) => {                            // 循环文件
16      const model = sequelize.import(path.join(__dirname, file));// 新建 model
17      db[model.name] = model;                       // 修改 db 变量
18    });
19
20  Object.keys(db).forEach((modelName) => {          // 判断 db 是否关联
21    if (db[modelName].associate) {
22      db[modelName].associate(db);
23    }
```

```
24  });
25
26  db.sequelize = sequelize;                    // 更新 db 变量
27  db.Sequelize = Sequelize;                    // 更新 db 变量
28
29  module.exports = db;                         // 暴露 db 变量
```

在 index.js 文件中，通过读取文件夹内的文件内容来循环生成 sequelize 对象实例，接下来通过定义模型来映射数据库表，在 models 文件夹内新建 users.js 文件，因为是通过文件名来新建 sequelize 对象实例的，所以文件名需要和数据库表名相同。

```
01  module.exports = (sequelize, DataTypes) => {      // 暴露 User 模型
02    const User = sequelize.define('users', {        // 新建 User 模型
03      id: {                                         // 字段名称
04        type: DataTypes.INTEGER.UNSIGNED,           // 字段类型
05        primaryKey: true,                           // 是否为主键
06        autoIncrement: true,                        // 是否自增
07      },
08      name: {                                       // 字段名称
09        type: DataTypes.CHAR,                       // 字段类型
10        allowNull: no                               // 不能为空
11      },
12      age: {                                        // 字段名称
13        type: DataTypes.INT,                        // 字段类型
14        allowNull: no                               // 不能为空
15      },
16      gender: {                                     // 字段名称
17        type: DataTypes.TINYINT,                    // 字段类型
18        allowNull: no                               // 不能为空
19      },
20      createdAt: {                                  // 字段名称
21        type: DataTypes.DATE,                       // 字段类型
22      },
23      updatedAt: {                                  // 字段名称
24        type: DataTypes.DATE,                       // 字段类型
25      },
26    });
27    return User;                                    // 返回 User
28  };
```

这里使用 sequelize.define() 函数来定义模型，第一个参数是数据库的表名，第二个参数是字段信息的定义。第二个参数是一个对象，对象的每个 key 都对应数据库中的字段，字段的属性放在相应的 key 中，结构清晰。DataTypes 是 Sequelize 自带的数据类型，大体上和 MySQL 差不多，有些细节部分可以去 Sequelize 官网查阅。

至此就完成了 Sequelize 自动化配置，当出现新的数据表时，只需新建相应的文件，调用时直接调用 model，从中找到需要使用的模型即可。修改 /routes 文件夹下的 index.js 文件代码

如下。

```
01  const model = require('../models');      // 引入 model
02  const { users: User } = model;            // 解构出 User
03
04  const list = async (ctx, next) => {       // 新建查询方法
05    const all = await User.findAll({});     // 使用 findAll 函数获取所有内容
06    ctx.response.status = 200;              // 返回状态
07    ctx.response.body = all;                // 返回查询结果
08  }
09
10  const create = async (ctx, next) => {     // 新建新增方法
11    const create = await User.create({      // 使用 create 函数新增数据
12      name: 'RZ',                           // name 字段
13      age: 16,                              // age 字段
14      gender: false,                        // gender 字段
15    });
16    ctx.response.status = 201;              // 返回状态
17    ctx.response.body = create;             // 返回新建结果
18  }
19
20  module.exports = {
21    'GET /create' : create,                 // 在 create 路由上绑定 create 方法
22    'GET /' : list,                         // 在 / 路由上绑定 list 方法
23  }
```

新建两个路由：一个是根路由——“/”；另一个是 create 路由。在根路由上使用模型实例 findAll 函数来查询当前表的所有数据，使用 async 和 await 来同步查询，然后将查询的结果返回给前端。在 create 路由上绑定了 create 函数来新建数据，使用实例 create 函数来新建数据，之后将保存的结果返回出来。

因此访问 http：//localhost：3000/ 会获取到所有的用户信息，访问 http：//localhost：8985/create 则会新建一个用户信息。当然，实际应用不可能这么简单，这只是基础用法，在后面的实战内容中，会根据实际内容来进一步学习 Sequelize 的用法。

5.5 小结

本章的知识点比较多，涉及前后端项目的构建，内容比较枯燥，但却是开发项目的基础内容。框架构建好了，在后续开发中会省去很多不必要的步骤。

前端使用的 Webpack 内容比较多，这里只是介绍了常用的内容，如果实际开发过程中遇到无法解决的问题，去官网查阅文档是很好的办法。推荐去英文官网查阅，现有的中文官网版本可能不是最新的，在信息的完整性上有一定的缺失。相关插件的使用也是一样，官网永远是解决问题的首选办法。

如果还是无法解决，可以去StarkFlow或类似的网站寻找办法，80%的问题都能找到答案。尽量不要去问别人，独立解决问题的能力也是程序员开发生涯中很重要的一点。

后端使用的Koa比较新，相对于Express来说，可以参考的东西少了很多，相关资料也不是很多。但好处是Koa确实很简单，其本身提供的内容并不多，更多是要自己来开发。

MySQL的安装是一个比较麻烦的过程，一定要慢慢来，遇到不懂的及时上网寻找答案，切忌随意选择，错了一步可能就要重新安装。由于使用ORM模型框架来对数据库进行操作，省去了原生MySQL语句，所以对MySQL的介绍不多，大家可以抽时间仔细了解其原理与常用方法，对开发是有好处的。MySQL或者说Sequelize的高级查询方法比较晦涩难懂，这就需要细心地阅读文档和不断地尝试。只有自己花费大量的时间与精力解决的问题，才会成为自己的知识。

至此，全部学习完成开发之前的准备内容，下面将正式开始项目的构建。

第 2 篇　项目实战篇

第6章　项目分析与设计

前面 5 章介绍的是基础知识部分，从本章开始，进行项目的开发工作。

首先对知乎网进行分析，确定需要完成的内容以及实现哪些功能。据此来进行项目的基础配置，如路由、数据库内容等。当然，在实际操作之前，可能还有些情况没有考虑到，只能自己摸索着进行开发。在没有产品经理的情况下，很容易出现这类问题。对于大部分独立开发者来说，这也是一个成长的过程，每遇到一个“坑”，都是宝贵的经验。

本章主要涉及的知识点如下。

- 项目拆分
- 需求分析
- 路由配置
- 数据库内容确定

6.1　我们要做一个什么项目

现在我们从知乎网入手来进行这个类知乎项目的整体分析。

打开知乎网首页可以看到，知乎的header主要由3个部分构成——“首页”“发现”和“话题”，如图 6.1 所示。

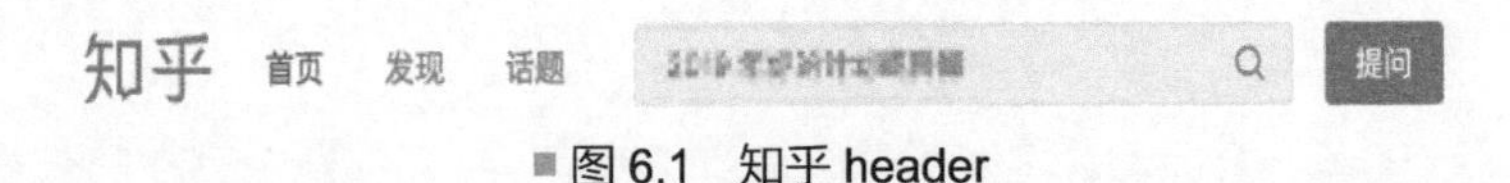

■ 图 6.1　知乎 header

“话题”旁边是一个搜索栏，用户可以搜索感兴趣的内容，还有一个“提问”按钮，方便进行提问。header 的右侧是用户的消息和头像等信息。

再往下，主要分成两个部分：左侧是主要内容，包括一些优秀回答的列表。此外，用户还可以选择相应的分类——推荐、关注和热榜。回答列表是可以无限滚动的，滚动到最下面之后，页面的右下角会出现一个返回最上方的按钮，如图 6.2 所示。

单击“阅读全文”会展开整个回答，每个回答下面还有一些快捷操作按钮，如赞同、评论、分享等。最右边的 ⋯ 按钮是一个下拉菜单，单击它可以进行更多操作。

右侧是一些功能的快捷按钮，如“写回答”“写文章”等。还有就是一些链接，如“Live”“书店”和“圆桌”等，如图 6.3 所示。

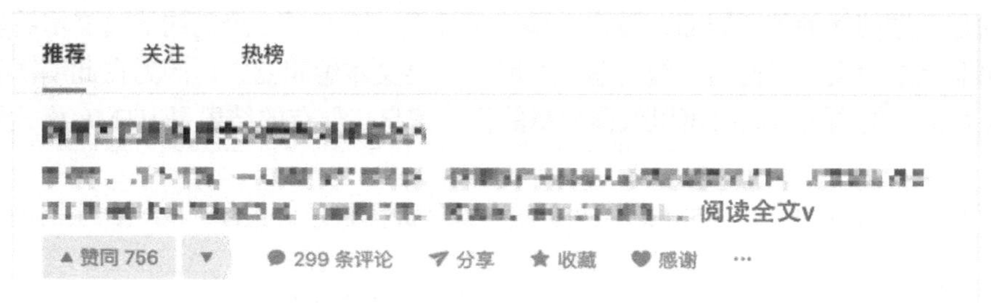

■ 图 6.2　知乎首页列表

再往下是一个广告模块，属于纯静态广告，不是轮播图。命名上也没有任何关于 ad 的字眼，可以避免被 adBlock 之类的去广告插件破坏。之后是关于用户的一些便捷性操作，如“我的收藏”和“我关注的问题”等，如图 6.4 所示。

■ 图 6.3　知乎快捷功能按钮

■ 图 6.4　用户快捷操作列表

再往下还是一个广告，之后就是知乎的一些官方信息内容，如图 6.5 所示。

这就是首页的全部内容。单击 header 上“发现”和“话题”会跳到老版的知乎，老版界面现在看来不是很好，内容与新版首页的回答列表相似，所以不再重复分析。

下面来看内容编辑页面。在知乎网上，不管是编辑文章还是回答，使用的都是一套界面。回答有一个缩小版，可以不全屏；文章可以上传图片，如图 6.6 所示。

■ 图 6.5　知乎信息块

■ 图 6.6　知乎内容编辑模块

上面是问题回答的主要界面，最上方是一个标题，下面是一个简约的富文本编辑器。富文本编辑器就是写文章时使用的编辑器，之所以叫富文本编辑器，是因为在此编辑器中，不仅可以保存文章的内容，同时可以保存文章的样式信息，保存的结果是 HTML 格式的，方便取用。

最下方是“保存”按钮。为了防止网页因为某些原因被意外关闭，编辑器中的内容是实时保存的。

文章编辑则没有保存按钮，但在右上角有一个“发布”按钮。

最后就是个人信息页，在这里可以对个人信息进行一定的修改，还能看到最近的操作。最上面是个人信息的简介，但只有头像、封面等信息，如图 6.7 所示。

图 6.7　知乎个人信息简介

下面分成两个部分：左边依然是一个列表；右侧是其他信息，如图 6.8 所示。

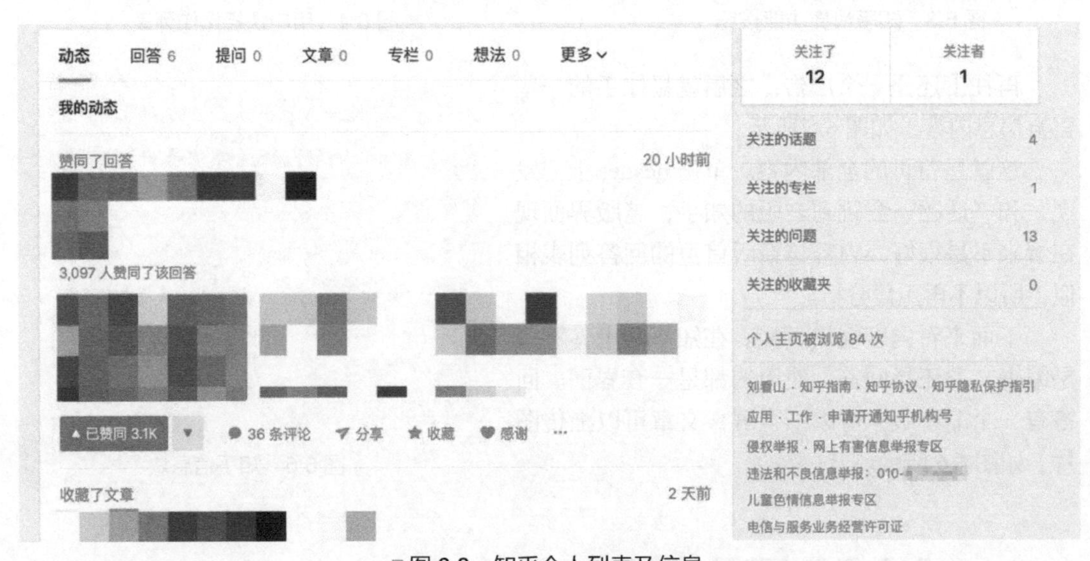

图 6.8　知乎个人列表及信息

根据上面的内容可知，项目可以分成四大块内容：首页及注册登录功能、文章问题的编写、评论点赞感谢系列内容和个人信息部分。下面章节将根据这四大块内容进行开发。

6.2 实现哪些功能，需要哪些页面

分析完整体项目后，下面开始分析具体的需求。

6.2.1 需求分析

从根本上来说，知乎就是一个论坛系统，这一点从知乎的旧版页面可以看出端倪。改版之后的知乎，由于用户界面（User Interface，UI）的重新设计，看上去更加高级，脱离了论坛系统的模板。

那么将要开发的这个系统主要有什么功能呢？无外乎还是增、删、改、查，只是其间的关系比较复杂而已。首先就是文章和问题的增、删、改、查，之后是评论、点赞、感谢的增、删、改、查，最后还有个人信息的增、删、改、查，主要就是这三大部分。

文章和问题大体上可以归成一类，需要区别的就是问题的回答需要高级的编辑器，而文章或者问题的评论只要使用简单的输入框即可。评论点赞感谢的操作更加简单，需要注意的是，如何在大数据情况下更快地进行数据处理。个人信息操作的要点是在其信息的多样化上，不仅有文字描述，图片的处理也是比较复杂的。

所以，即使本质上都是增、删、改、查，但是针对不同的用途，需要做出相应的调整。

6.2.2 页面设计

页面上的内容主要根据知乎来进行开发，由于省略了部分内容，所以看起来有些精简。首先来看首页的草图，如图 6.9 所示。

图 6.9 项目首页草图

从草图上可以看出，首页部分的内容并不复杂，主要由 header 部分、列表部分和相关部分构成。中心内容部分有自己的宽度，两边的间隙会随着页面的缩小而缩小，但中心内容的宽度是不变的，从一定程度上来说，这是有利于开发的。

下面看看个人信息页的草图，如图 6.10 所示。

■ 图 6.10　项目个人信息草图

大体上的布局与首页相似，在列表上面多了个人信息。当然，只是布局相似，下方列表内容和右侧的信息栏内容与首页都不同。

项目内容编辑页草图如图 6.11 所示。

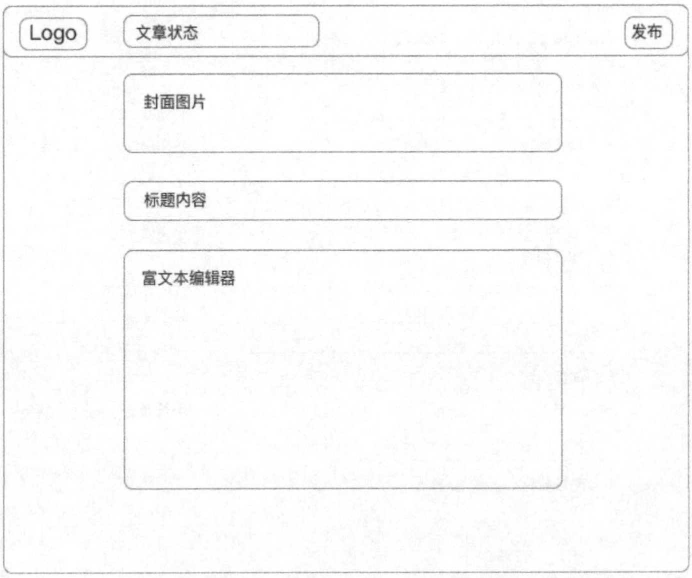

■ 图 6.11　项目内容编辑页草图

项目内容编辑页相对来说比较简单，内容不复杂，只有一个富文本编辑器。需要注意这里的 header 主页和个人信息页面的 header 不一样，属于另外一种风格。

问题编辑器与文章编辑器相比，少了一个封面图片，标题也是固定的，所以只有一个富文本编辑器，在此不再赘述。

到此页面部分设计完成，下面看看可以提取出来哪些内容作为公用插件。

6.2.3 提取公用插件

从 6.2.2 节可以看出来，几个主要页面有很多部分的内容都是相同的，可以将这些内容提取出来，使用时直接调用，减少重复写代码。

首先，很明显，列表部分在首页和个人主页都出现了，只是有些小的差别。首页的列表没有用户信息，也就是当前回答的创建者，而这在用户主页是可以看见的。同时，在用户首页的列表中，如果选择动态栏，还会出现当前操作内容，这些操作的内容是通过用户操作日志记录的。这两个单独的点可以作为插槽来插入列表组件，不会影响组件整体的布局和内容。

列表的 tab 部分同样也可以提取出来单独做成一个组件，后面的数字可以通过插槽来进行动态的展示与隐藏。

还有就是相关信息的内容，这部分的内容都是一样的——知乎的相关信息。而且内容是固定的，没有任何变化，也可以将这部分的内容提取出来，单独做成一个组件。

还有就是首页的便捷操作按钮，两者虽然看上去差别很大，但是其本质的内容是一样的。所以也可以提取成为公用组件，之后修改 class 来赋予不同的样式。

现在一共提取了 4 个公用组件，在后期的开发上，可以减少很多不必要的工作。

6.3 路由的分配

分析完需求之后，还有一个比较重要的点就是路由，它不仅用来确定每个页面的唯一性，同时可以传递一些简单的信息来方便初始化的处理。

6.3.1 一级路由的确定

根据之前理出来的需求确定一级路由（类似 https://www.fakezhihu.com/ 一级路由，此处为虚拟示例地址）。

1. /

网站首页，展示推荐问题列表和基础信息。

2. /signup

登录注册页面，可以提取出来作为组件。

3. /people/:id

用户信息页面，后面的 id 代表用户 id。

4. /write

文章编辑页面，回答没有独立的编辑页面，作为插件展示。

5. /question/:id

问题详情页面。

6. /article/:id

文章详情页。

这就是基础的一级路由，有些后面的 : id 就是当前特定的 id，如果前面是 people，那么就是用户 id；如果前面是 questions，那么就是问题 id。例如以下虚拟示例地址。

```
01  https://www.fakezhihu.com/question/233333          // 23333 为问题 id
02  https://www.fakezhihu.com/people/6666666           // 6666666 为用户 id
```

关于登录页面的组件化问题，有的同学可能觉得多此一举，但其实并不是。有的网站并不需要登录组件化，原因是如果用户不登录，就无法进行任何操作，但我们所做的类知乎网，用户即使不登录，也可以进行浏览等操作，但当用户觉得文章不错，想要收藏或者进行其他操作时，就需要登录。但如果此时登录，系统会跳转到另外一个页面，打断目前的操作，很明显会影响用户的心情，所以可以将登录作为一个弹出框来进行操作，这样就不会跳页，可以给用户一个更好的体验。

文章和问答的详情页布局上有着比较大的区别，两者共同之外就是评论部分，所以可以将评论部分提取出来单独做成一个组件，只需要保证传入的数据格式相同即可。

6.3.2 二级路由的确定

二级路由就是加在一级路由后面的路由，同理还可以有三级或者四级乃至更高级别的路由，但是路由层级越深，操作越不容易进行，所以一般只用到二级路由，最多三级。

那么哪些页面需要用到二级路由呢？很明显就是用户详情页。因为用户详情页中有一个列表，而这个列表的内容是可以切换的，因此可将切换的 tab 内容放到二级路由上，例如：

```
01  https://www.fakezhihu.com/people/6666666/answers // 二级路由 -answers
02  https://www.fakezhihu.com/people/6666666/asks    // 二级路由 -asks
```

还有一个需要用到二级路由的页面很多人都想不到，那就是问题详情页。因为首页推送的都是某个问题下的热门回答，那么想要将某一个回答作为展示的主要内容，就需要将回答的 id 放到路由中，初始化页面的时候可以直接获取。单击展开全部回答就可以直接跳到问题主页，此时不需要某个回答的 id，将此问题下的回答按热度依次展示即可。

下面举个例子。

首先，在首页推荐上单击一个问题，那么页面可能会跳到下面这个地址。

```
https://www.fakezhihu.com/question/66563844/answer/248869422
```

第一个 id 代表问题 id，第二个 id 代表回答 id。在这个页面中，id 为 248869422 的回答是默认展开的，在此回答的底部还有一个展开全部回答的按钮，单击该按钮，页面就会跳到下面这个地址。

```
https://www.fakezhihu.com/question/66563844
```

这时默认展开的回答就是这个问题下面热度最高或者点赞度最高的回答了，其他回答也会被展示出来，只是折叠了一半，想看的话可以单击展开全部来观看回答。

本次做的伪知乎系统主要就是这两个二级路由，如果还是不理解，可参照知乎官网。

6.4 数据库内容的确定

确定了路由之后，下面确定数据库的内容，数据库是项目开发中很重要的一环，其合理性和冗余程度会在很大程度上影响网页加载的速度，好好设计一番很有必要。

6.4.1 根据需求确定数据表结构

根据需求可以得到想要的页面，主要有文章、问题、用户三大页面。而文章和问题页面还包含一些点赞、感谢之类的功能，用户还可以进行评论。而用户页面还可以看到用户最近的操作。

首先在获取文章或者问题时，就需要明确文章主题内容、点赞感谢系列、创建者相关信息和评论这四大块内容。

在用户首页上，需要用户的一些基本信息和用户的操作日志，因为有了操作日志，才可以看到用户最近的一些操作，还有就是用户收藏夹中的内容。

所以设计以下 8 张数据库表。

1. 文章表

该表包含文章主体内容等相关信息。

2. 问题表

该表包含问题主体等相关内容。

3. 回答表

该表包含问题的回答内容等相关内容。

4. 用户表

该表包含用户信息等相关内容。

5. 状态表

该表包含文章和问题的点赞、感谢和支持等相关内容。

6. 日志表

该表记录用户的一些日常操作。

7. 评论表

该表包含用户评论的主体信息等相关内容。

8. 收藏夹表

该表包含用户的收藏夹等相关内容。

以上这 8 张表基本囊括这次类知乎系统所有的数据，可以通过对这些表进行灵活组合拆分来获取到想要的数据。

6.4.2 主要字段的配置

确定了表的结构之后，就可以确定表的内容了，首先是用户表，相比其他项目来说，多了用户头像和座右铭两个字段，所以先粗略地确定表的内容，如表 6.1 所示。

表 6.1 用户表 -users

中文名	英文名	类型
用户 id	id	INT
用户名	name	INT
密码	pwd	CHAR
邮箱	email	CHAR
头像	avatarUrl	TEXT
座右铭	headline	CHAR

文章表必然少不了标题、内容、摘要、类型、作者和创建修改时间。知乎上的文章还有属于自己的封面，所以需要一个路径来展示图片，如表 6.2 所示。

表 6.2 文章表 -articles

中文名	英文名	类型
文章 id	id	INT
标题	title	CHAR
内容	content	TEXT
摘要	excerpt	VARCHAR
作者	creatorId	INT
类型	type	INT
封面	cover	CHAR

问题表与文章表差不多，只是缺少封面，内容变成简介，如表 6.3 所示。

表 6.3　问题表 -questions

中文名	英文名	类型
问题 id	id	INT
标题	title	CHAR
描述	discription	VARCHAR
摘要	excerpt	VARCHAR
作者	creatorId	INT
类型	type	INT

回答表中有主体内容和作者 id，同时需要问题 id 来确定该回答的归属，如表 6.4 所示。

表 6.4　回答表 - answers

中文名	英文名	类型
回答 id	id	INT
内容	content	TEXT
摘要	excerpt	VARCHAR
作者	creatorId	INT
问题	question_id	INT

状态表包含文章和问题的点赞、感谢、收藏等状态，一共有支持、反对、收藏和感谢 4 个。还需要一个目标 id，标识具体的文章或者问题名，如表 6.5 所示。

表 6.5　状态表 - status

中文名	英文名	类型
状态 id	id	INT
支持	voteup	TEXT
反对	Votedown	TEXT
收藏	favorite	TEXT
感谢	thanks	TEXT
目标类型	targetType	INT
目标 id	targetId	INT

评论表包含两种评论：一种是一级评论，直接评论在文章或者问题下；另一种是二级评论，它是评论一级评论的评论。所以需要一个字段来判断是否是子评论，还有用户 id、目标 id 和评论内容，如表 6.6 所示。

表 6.6　评论表 - comments

中文名	英文名	类型
评论 id	id	INT

续表

中文名	英文名	类型
类型	type	INT
作者	creatorId	INT
内容	content	VARCHAR
目标类型	targetType	INT
目标 id	targetId	INT

上述表中都有 createdAt 和 updatedAt 字段，类型是 TIMESTAMP，因为每张表都有就没放上去，节省空间。上述类知乎所有数据表的内容，在开发时遇到问题可以修改数据库。

6.5 小结

本章分析了类知乎的主要页面，确定了需要实现的需求，再从需求中得到需要的数据，从数据倒推出数据库的表。

这种方法的好处就是关键字段的确定很简单，数据库中必定不会缺少指定的字段和表。但是需要注意的是，有时数据可能不会单纯地存在于一个字段中，可能是多个字段的处理结果，之后返回出来的。此时无法判断多个字段是什么，只能去猜测数据的计算逻辑，这就到考验个人能力的时候。

更多的时候我们会思考自己的需求，然后使用自己的方法来得到想要的数据，这样无疑是最好的，出现问题也可以很快定位，解决或者使用别的方法替换。本项目因为是类知乎系统，所以会尽力去知乎同步，去认识知乎的整体框架，从框架中来学习开发经验。

大家可能会觉得需求分析与开发没有关系，都是产品的工作。实则不然，若是开发对需求的理解十分到位，那么可以很快发现产品设计中的漏洞，在最大限度上减少人力、物力的损失，不用说，领导也乐意见到这样的开发，对自己也是一种锻炼。

第7章 基础页面的开发

在第 6 章中，我们完成了项目基本结构的分配，下面开始正式开发。

本章将会完成整个项目使用频率最高的页面——首页，还有用户登录和注册功能。这是整个项目最基础的部分，写好基础，后续开发才会更加顺利。项目的框架部分在第 5 章中有详细讲解，下面的开发以其为基础。

本章主要涉及的知识点如下。

- 首页列表的开发
- 知乎数据格式模拟
- 用户注册和登录功能的实现
- 用户信息的临时存储

7.1 主页的开发

在第 7 章开始之前，先回到第 6 章，看看具体提取了哪些公用组件。组件主要分为两大类：一类是列表内容的组件化；另一类是列表以外的公用组件。

7.1.1 页面主体 header 框架开发

万事开头难，先从 header 开始。从知乎首页的 header 来看其内容主要分为 3 个部分：搜索栏左侧的分类、中间的搜索框和右侧的用户信息。需要声明的一点是，知乎的系统确实很大，在本项目中不可能面面俱到，但对与一些基本功能来说本项目都会实现，细节部分若是读者有兴趣，可以自行开发。

首先在 src 文件夹下新建 components 文件夹，本项目的组件都会放在此文件夹内。新建 MainHeader.vue 文件，内容如下。

```
01  <template>
02    <header class="main-header">
03      header
04    </header>
05  </template>
```

之后修改 /src/views/home.vue 文件，此文件是整个项目的基础部分，所有的内容都会通过 <router-view> 组件展示。所以先去掉默认的 <img> 标签和 <HelloWorld> 组件，引入 MainHeader 组件。

```
01  <template>
02    <div class="home">
03      <main-header />                                    // 调用 MainHeader 组件
04      <router-view />                                    // 调用 router-view 组件
05  </div>
06  </template>
07  <script>
08  import MainHeader from '@/components/MainHeader.vue';// 引入 MainHedaer 组件
09  export default {
10    name: 'home',
11    components: {
12      MainHeader,                                        // 注册 MainHeader 组件
13    },
14  };
15  </script>
```

之所以将 MainHeader 组件和 <router-view> 标签分开，是因为 MainHeader 部分是公用的组件，不管在什么页面都会用到，若是将其放到 <router-view> 中，每个页面中都需要重新引入一次 MainHeader 组件，无形中就增加了代码的重复性，所以不如直接在框架的底层文件引入 MainHeader 组件，一劳永逸。

此时在命令行工具中启动服务。

```
npm run serve                                              // 启动服务
```

如果 8080 端口没有被占用，直接访问 http://localhost:8080/ 即可看到现在的效果，页面上会直接展示出 header 字样，除此之外，什么都没有，这就证明组件引用正确。

由于使用的 UI 组件库是 element，可以直接使用其自带的组件——NavMenu 导航菜单。修改 /src/components 文件夹下的 MainHeader.vue 文件。

```
01  <template>
02    <header class="main-header">
03      <div class="header-content">
04        <router-link class="m-r-20" :to="{name: 'home'}">
05          // 左上角 logo，单击跳转回首页
06          <img class="logo" src="./../assets/imgs/logo.png" alt="">
07        </router-link>
08        <el-menu                                // 菜单外层标签
09          :default-active="activeIndex"         // 默认高亮为 activeIndex
10          class="m-r-20"                        // 样式名称
11          mode="horizontal"                     // 横向展示
12          @select="handleSelect"                // 单击触发 handleSelect 方法
13        >
```

```
14            <el-menu-item index="1">首页</el-menu-item>        // 菜单标签
15            <el-menu-item index="2">发现</el-menu-item>        // 菜单标签
16            <el-menu-item index="3">话题</el-menu-item>        // 菜单标签
17          </el-menu>
18        </div>
19      </header>
20    </template>
21    <script>
22    export default {
23      data() {
24        return {
25          activeIndex: '1',                          // 默认高亮选项
26        };
27      },
28      methods: {
29        handleSelect(key) {                        // 选中菜单触发方法
30          console.log(key);                        // 单击菜单输出当前 Index
31        },
32      },
33    };
34    </script>
```

<router-link>标签在项目打包之后会变成一个<a>标签，用于跳转路由。有人可能不太理解这是怎么跳转的，其实很简单，在使用<router-link>标签后，需要绑定 to 属性，to 属性后面接一个对象，对象内容可以确定目标页面唯一性，如给首页起的名字就是 home，规定在 router.js 文件中。<router-link>标签后面就是 header 部分的菜单内容，关于 Menu 组件的使用就不再赘述了，element 官网上说得更清楚。

7.1.2 主页路由配置

router.js 文件在第 2 章介绍脚手架时就已经说过了，其里面就是一些配置信息，根据当前路由的不同，<router-view>组件会展示不同的内容。当前 router.js 文件内容如下。

```
01    import Vue from 'vue';
02    import Router from 'vue-router';
03    import Home from './views/Home.vue';          // 引入 Home 组件
04
05    Vue.use(Router);
06
07    export default new Router({
08      mode: 'history',                            // 用此模式之后 url 上没有 # 标识
09      routes: [
10        {
11          path: '/',                              // 定义路由
12          component: Home,                        // 定义组件
```

```
13        name: home                              // 定义名称
14      },
15    ],
16  });
```

目前仅仅定义了Home组件的内容，如此一来，每次访问项目的默认页面就是home页面，所以在跳转时确定name为home的路由即可。

7.1.3 主页 header 剩余内容开发

下面开发MainHeader中剩余的搜索栏和用户信息列，修改/src/components文件夹下的MainHeader.vue文件。

```
01  <template>
02    <header class="main-header">
03      <div class="header-content">
04        其他内容
05        // 搜索框主体部分
06        <el-input size="small" class="search m-r-10" placeholder="请输入内容" v-
07  model="keywords" >
08          // 搜索框 ICON
09          <el-button slot="append" icon="el-icon-search"></el-button>
10        </el-input>
11        <el-button size="small" type="primary">提问</el-button>   // 提问按钮
12        <div class="userInfo" v-if="!isLogin">              // 登录按钮
13          <router-link :to="{ name: 'signup'}">登录</router-link>
            // 跳转到登录页
14        </div>
15        <div class="userInfo" v-if="isLogin">               // 用户信息部分
16          <i class="el-icon-bell m-r-40 icon-item"></i>       // 消息提示 ICON
17          <i class="el-icon-message m-r-40 icon-item"></i>  // 用户信息 ICON
18          // 下拉菜单
19          <el-dropdown placement="bottom" trigger="click" class="hand-click">
20            <span>
21              rz                                            // 用户名称
22              <img class="avatar" src="./../assets/imgs/logo.png" alt="">
                // 用户头像
23            </span>
24            <el-dropdown-menu slot="dropdown">         // 单击用户名的下拉菜单
25              <el-dropdown-item>
26                <div @click="goToPersonalPage">       // 个人主页
27                  <span class="el el-icon-fakezhihu-person"></span>
28                    我的主页
29                </div>
30              </el-dropdown-item>
31              <el-dropdown-item divided>              // 设置
```

```
32                <i class="el-icon-setting"> 设置 </i>
33              </el-dropdown-item>
34              <el-dropdown-item divided>
35                <div @click="logout">              // 退出
36                  <span class="el el-icon-fakezhihu-poweroff"></span>
37                    退出
38                </div>
39              </el-dropdown-item>
40            </el-dropdown-menu>
41          </el-dropdown>
42        </div>
43      </div>
44    </header>
45  </template>
46  <script>
47  export default {
48    data() {
49      return {
50        activeIndex: '1',                           // 默认高亮选项
51        keywords: '',                               // 搜索框绑定数据
52        isLogin: true                               // 默认已经登录
53      };
54    },
55    methods: {
56      handleSelect(key) {
57        console.log(key);                           // 单击菜单输出当前 Index
58      },
59      goToPersonalPage() {
60        console.log('跳转到用户首页');              // 跳转到用户首页方法
61      },
62    },
63  };
64  </script>
```

搜索部分使用了 element 组件。用户信息部分使用了 element 的下拉菜单组件，看起来稍微有点复杂，其实就是使用一个 <div> 标签包裹住所有的内容，之后使用 <el-dropdown> 标签包裹用户名或者用户头像，接下来在里面添加需要的下拉菜单的内容。比较棘手的就是 ICON 的问题，element 自带的 ICON 实在太少，无法满足使用要求，此时需要找一个第三方 ICON 库。

7.1.4 第三方 ICON 库的引入

这里使用的是阿里的 iconfont，别的第三方库也有，看个人习惯。首先需要登录账号，如淘宝或者支付宝账号均可，接下来新建一个项目，如 fakezhihu。找到需要的 ICON，添加到项

目中，添加完成后，在项目详情中可以看见。之后可以对这些 ICON 进行二次定制，进行颜色、大小之类的修改。完成后可以直接单击下载，下载之后是一个压缩包，里面提供了 3 种使用方法。

demo_index.html 文件中有详细的介绍，每种方法的优劣都有涉及。这里使用兼容性最好的 font-class 方法，此方法不仅兼容性强，而且易分辨，替换修改也十分便捷，缺点就是无法支持多色彩 ICON，由于项目中只会用到单色系的 ICON，所以没有什么问题。font-class 的使用方法也十分简单，引入 CSS 文件之后，想调用 ICON，只需给 <span> 标签添加不同的 class 即可。具体使用方法可参考 7.1.3 节的代码。

由于本次项目的重点不是样式，读者可直接下载样式表到本地 /src/assets/styles 文件夹下，ICON 类的样式表可以放在 /src/assets/icons 文件夹下，main.scss 文件中会直接调用所有的样式表，如此只需在 /src 文件夹下的 main.js 文件中引入 main.scss 文件即可。代码如下。

```
01  import Vue from 'vue';
02  import './plugins/axios';
03  import App from './App.vue';
04  import router from './router';
05  import './plugins/element';                    // 引入 element 组件
06  import './assets/styles/main.scss';            // 引入总体样式表
07
08  Vue.config.productionTip = false;              // 关闭生产环境提示
09
10  new Vue({
11    router,
12    render: h => h(App),
13  }).$mount('#app');
```

至此完成样式表和 ICON 的引入，下面开发 header 下面的内容。

7.1.5 首页主体框架开发

从第 6 章中的草图可以看出 header 下面的部分主要分为左右两块，左侧是列表部分，右侧是 sidebar。这两部分可以单独列出来作为独立的组件，所以首先新建两个组件的大致框架。在 /src/components 文件夹下新建 MainListWrapper.vue。

```
01  <template>                                     // 简易框架
02    <div>
03      Here is MainListWrapper                    // 框架内容
04    </div>
05  </template>
```

再新建 MainSidebar.vue 文件。

```
01  <template>                                     // 简易框架
02    <div>
```

```
03      Here is MainSidebar                       // 框架内容
04    </div>
05  </template>
```

之后在 /src/views 文件夹下新建 Main.vue 来引用这两个组件。

```
01  <template>
02    <div class="main-content">                  // 主要内容部分
03      <div class="list">
04        <main-list-wrapper />                   // 调用列表组件
05      </div>
06      <div class="sidebar">                     // 侧边栏部分
07        <main-sidebar />                        // 调用侧边栏组件
08      </div>
09    </div>
10  </template>
11
12  <script>
13  import MainListWrapper from '@/components/MainListWrapper.vue';
    // 引入主列表组件
14  import MainSidebar from '@/components/MainSidebar.vue';    // 引入侧边栏组件
15
16  export default {
17    name: 'main',
18    components: {
19      MainListWrapper,                          // 声明主列表组件
20      MainSidebar,                              // 声明侧边栏组件
21    },
22  };
23  </script>
```

最后，修改路由文件，使其在主页时自动展示 Main.vue 的内容。

```
01  import Vue from 'vue';
02  import Router from 'vue-router';
03  import Home from './views/Home.vue';          // 引入 Home 组件
04  import Main from './views/Main.vue';          // 引入 Main 组件
05
06  Vue.use(Router);
07
08  export default new Router({
09    mode: 'history',                            // 用此模式之后 url 上没有 # 标识
10    routes: [
11      {
12        path: '/',                              // 定义父级路由
13        component: Home,                        // 调用组件
14        children: [{                            // 定义子路由
15            path: '',                           // 定义子路由路径
```

```
16            component: Main,                    // 调用组件
17            name: 'home'                        // 子路由命名
18          }]
19        },
20      ],
21    });
```

路由与原先的配置相比，基本没有变化，就是在一级路由下增加了 children 属性，children 属性下可能有多个配置、多个子组件。每个子路由对应一个组件。这样在 url 为 /home 的情况下，一级的 <router-view> 标签内容会自动变成 Main.vue 中的内容，切换路由，相应的内容也会产生变化。

同理，有二级路由就可以有三级路由，原则上说可以无限增加，但日常使用中一般都是到三级为止，四级是极限。层级再多的话会降低代码的可读性，不管是修改是新增都比较麻烦，需斟酌使用。

此时刷新页面，应该会看到图 7.1 所示的结果。

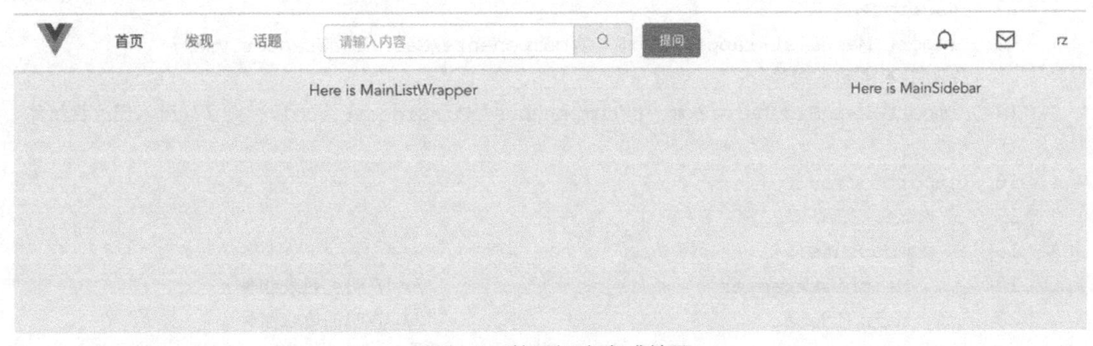

■ 图 7.1　首页初步完成效果

左右两部分分得很清楚，下面开发 sidebar 部分的内容，知乎首页的侧边栏主要分为 4 个部分，上面两个是 ICON 集合，之后是一个列表展示，最后是提示信息及链接。在第 6 章中提到可以将所有的 ICON 提取成一个组件，需要使用什么 ICON，直接在参数里声明即可，下面开始开发一个简易的 ICON 组件。

7.1.6 首页右侧侧边栏次组件开发

在 /src/components 文件夹下新建 IconButtons.vue 文件。

```
01    <template>
02      <div class="wrapper">
03        <div class="icon-item normal-btn" v-if="exists.indexOf('question') >= 0">
04          // 判断 exists 数组中是否有当前按钮的名称，若是有，则展示 i；若是没有，则不渲染
05          <i class="el-icon-tickets big-icon"></i>
06          <p>写回答</p>
07        </div>
08        <div class="icon-item normal-btn" v-if="exists.indexOf('article') >= 0">
```

```
09        <i class="el-icon-edit-outline big-icon"></i>
10        <p> 写文章 </p>
11      </div>
12      <div class="icon-item normal-btn" v-if="exists.indexOf('thinking') >= 0">
13        <span class="el el-icon-fakezhihu-thinking big-icon"></span>
14        <p> 写想法 </p>
15      </div>
16      <div class="icon-item thunder-btn" v-if="exists.indexOf('live') >= 0">
17        <span class="el el-icon-fakezhihu-Thunder big-icon"></span>
18        <p>Live</p>
19      </div>
20      <div class="icon-item book-btn" v-if="exists.indexOf('book') >= 0">
21        <span class="el el-icon-fakezhihu-book big-icon"></span>
22        <p> 书店 </p>
23      </div>
24      <div class="icon-item desk-btn" v-if="exists.indexOf('desk') >= 0">
25        <span class="el el-icon-fakezhihu-desk big-icon"></span>
26        <p> 圆桌 </p>
27      </div>
28      <div class="icon-item pen-btn" v-if="exists.indexOf('expert') >= 0">
29        <span class="el el-icon-fakezhihu-pen big-icon"></span>
30        <p> 专栏 </p>
31      </div>
32      <div class="icon-item money-btn" v-if="exists.indexOf('consult') >= 0">
33        <span class="el el-icon-fakezhihu-money big-icon"></span>
34        <p> 付费咨询 </p>
35      </div>
36    </div>
37  </template>
38  <script>
39  export default {
40    props: ['exists'],         // 传入 exists 参数，包含了要展示 ICON 的名称
41  };
42  </script>
```

IconButtons 组件的原理很简单，就是一堆 ICON 按钮，每个按钮有不同的名字，在调用的时候传一个数组进来，数组中是需要 ICON 的名字。在渲染时，判断当前 ICON 按钮的名字是否在参数数组中，在则渲染，不在则不渲染。

还有另外一个需要公用的组件，就是侧边栏最下面的链接部分内容，这部分的内容就更简单了，做成静态的链接即可，在 /src/components 文件夹下新建 SidebarFooter.vue 文件。

```
01  <template>
02    <footer>
03      <a class="footer-item" target="_blank" href="#">RZ</a>         // a 链接
04      <span class="footer-dot"></span>                                // 圆点分隔
05      <a class="footer-item" target="_blank" href="#">Fake 指南 </a>  // a 链接
```

```
06        <span class="footer-dot"></span>
07        <a class="footer-item" target="_blank" href="#">Fake 协议 </a>
08        <span class="footer-dot"></span>
09        <a class="footer-item" target="_blank" href="#"> 知乎隐私保护指引 </a>
10        <br>                                    // 换行
11        <a class="footer-item" target="_blank" href="#"> 应用 </a>
12        <span class="footer-dot"></span>
13        <a class="footer-item" target="_blank" href="#"> 工作 </a>
14        <span class="footer-dot"></span>
15        <a class="footer-item" target="_blank" href="#"> 申请开通 Fake 机构号 </a>
16        <br>
17        <a class="footer-item" target="_blank" href="#"> 侵权举报 </a>
18        <span class="footer-dot"></span>
19        <a class="footer-item" target="_blank" href="#"> 网上有害信息举报专区 </a>
20        <br>
21        <span class="footer-item"> 违法和不良信息举报：010-82716601</span>
22        <br>
23        <a class="footer-item" target="_blank" href="#"> 儿童色情信息举报专区 </a>
24        <br>
25        <a class="footer-item" target="_blank" href="#"> 电信与服务业务经营许可证
</a>
26        <br>
27        <a class="footer-item" target="_blank" href="#"> 网络文化经营许可证 </a>
28        <br>
29        <a class="footer-item" target="_blank" href="#"> 联系我们 </a>
30        <span> © 2019 fakezhihu</span>                    // 静态展示
31      </footer>
32    </template>
```

简单的组合，生成一个静态的组件。

7.1.7 首页右侧侧边栏主组件开发

以上两个组件完成后，就可以开发 MainSidebar 组件，MainSidebar 组件用户信息的部分内容，前期没有数据，模拟即可。

```
01    <template>
02      <div>
03        <el-card class="no-padding m-b-15">                // 使用 element 的 card 组件
04          <icon-buttons                                    // 调用 IconButton 组件
05            :exists= "['question', 'article', 'thinking']"    // 传入参数
06        />
07          <div class="draft nav-link">                     // 第一部分下的草稿数量展示
08            <a href="#">
09              <span class="text">
10                <span class="el el-icon-fakezhihu-draft middle-icon"></span>
```

```
11              我的草稿
12            </span>
13            <span class="num">2</span>
14          </a>
15        </div>
16      </el-card>
17      <el-card class="no-padding m-b-15">          // 第二部分内容，使用 card
18        <icon-buttons                                // 调用 IconButtons 组件
19          :exists= "['live', 'book', 'desk', 'expert', 'consult']"
                                                       // 传入参数
20        />
21      </el-card>
22      <el-card class="no-padding m-b-15">          // 第三部分内容，使用 card
23        <div class="nav-link">                       // 使用 div 包裹列表
24          <a href="#">                               // 加入 a 链接
25            <span class="text">                      // 内容展示
26              <i class="el-icon-star-on middle-icon"></i>  // icon 展示
27              我的收藏                                // 文字展示
28            </span>
29          </a>
30        </div>
31        <div class="nav-link">
32          <a href="#">
33            <span class="text">
34              <span class="el el-icon-fakezhihu-question middle-icon"></span>
35              我关注的问题
36            </span>
37            <span class="num">320</span>
38          </a>
39        </div>
40        <div class="nav-link">
41          <a href="#">
42            <span class="text">
43              <span class="el el-icon-fakezhihu-add-person-fill middle-icon">
</span>
44              我的邀请
45            </span>
46            <span class="num">21</span>
47          </a>
48        </div>
49        <div class="nav-link">
50          <a href="#">
51            <span class="text">
52              <span class="el el-icon-fakezhihu-xiaoxi-control middle-icon">
</span>
53              站务中心
54            </span>
```

```
55            </a>
56          </div>
57          <div class="nav-link">
58            <a href="#">
59              <span class="text">
60                <span class="el el-icon-fakezhihu-banquan middle-icon"></span>
61                我的收藏
62              </span>
63            </a>
64          </div>
65        </el-card>
66        <sidebar-footer />                  // 第四部分，调用 SidebarFooter 组件
67      </div>
68    </template>
69    <script>
70    // 引入 IconButton 组件
71    import IconButtons from '@/components/IconButtons.vue';
72    // 引入 SidebarFooter 组件
73    import SidebarFooter from '@/components/SidebarFooter.vue';
74    export default {
75      components: {
76        IconButtons,                        // 声明 IconButtons 组件
77        SidebarFooter,                      // 声明 SidebarFooter 组件
78      },
79      data() {
80        return {
81        };
82      },
83    };
84    </script>
```

7.1.8 主页列表外内容效果展示

首页侧边栏完成效果如图 7.2 所示。

至此便完成首页上除列表之外的所有内容，这部分的内容都是静态的，涉及样式的内容较多，还可以参考 special.scss 文件。下面来开发首页中最重要的部分——内容列表。

7.1.9 内容列表表头开发

这部分的内容比较复杂，因为涉及复用性问题。熟悉知乎的同学们应该都知道，知乎首页的列表主要分为两个部分：一个是推荐的列表；另一个就是热搜榜单了。由于推荐列表和热搜榜单的样式差距太大，所以无法做成通用的，需要分成两个部分。热搜榜单还好说，推荐列表在别的地方也需要调用，所以代码的耦合性一定要很低。

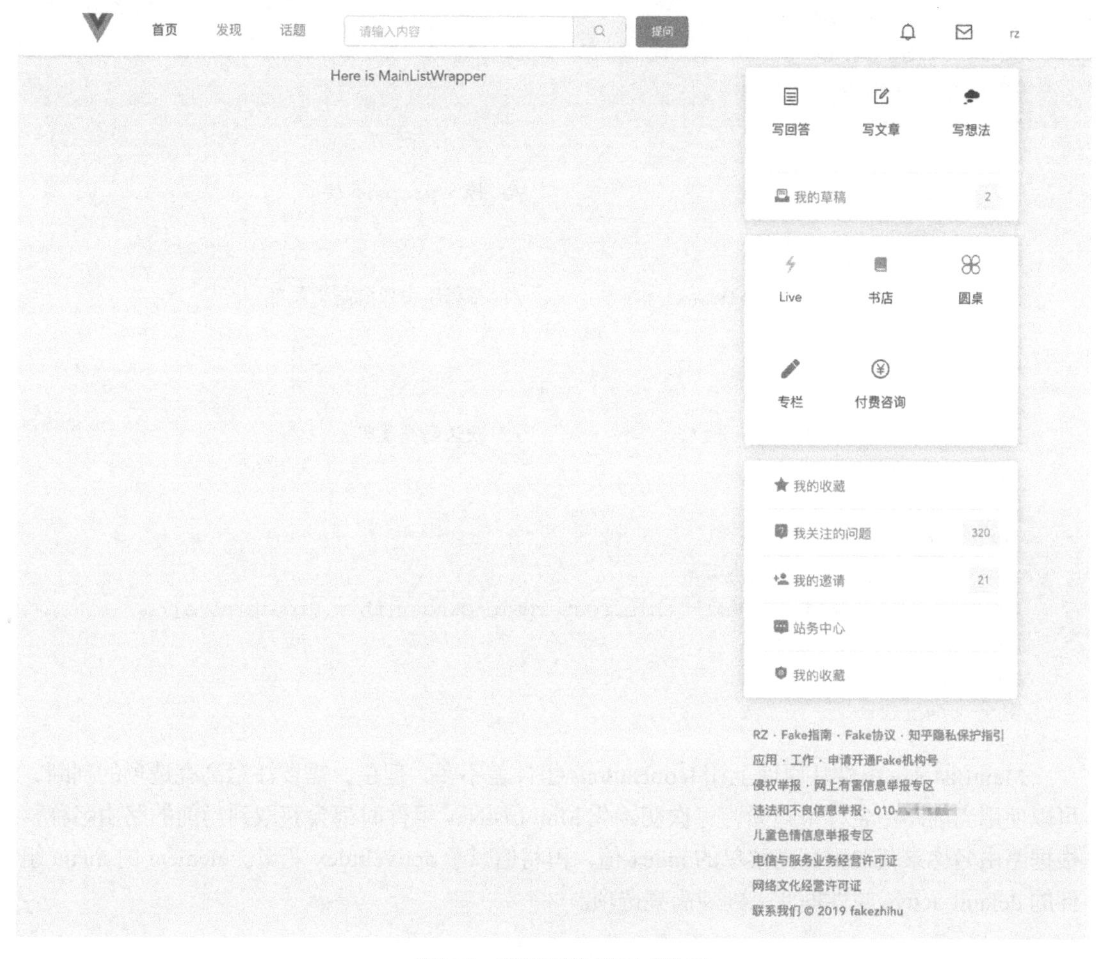

■图 7.2 首页侧边栏完成效果

首页列表还有一个小的导航栏，用来在推荐和榜单之间跳转。由于在后期个人中心的内容中还需要使用列表导航栏，所以在此依然做成通用组件，调用时传参来判定展示内容。首先在 /src/components 文件夹下新建 MainListNav.vue 文件。

```
01    <template>
02      <el-card class="list-nav-card">              // 使用 card 包裹导航
03       // 使用 element 的 menu 组件
04        <el-menu class="listNav" :default-active="activeIndex" mode="horizontal">
05          <el-menu-item index="1" v-if="type === 'main'"> // 使用 menu 组件的子元素
06            <router-link :to="{name: 'home'}">推荐</router-link>// 使用 <router-
link> 来跳转
07          </el-menu-item>
08          <el-menu-item index="2" v-if="type === 'main'"> // 使用 menu 组件的子元素
09            <router-link :to="{name: 'hot'}">热榜</router-link>  // 使用 <router-
link> 来跳转
10          </el-menu-item>
```

```
11        </el-menu>
12      </el-card>
13    </template>
14    <script>
15    export default {
16      props: ['type'],                    // 传入 props 参数
17      data() {
18        return {
19          routerNametoIndex: {            // 根据路由匹配高亮菜单
20            home: '1',
21            hot: '2',
22          },
23          activeIndex: '1',               // 默认高亮菜单
24        };
25      },
26      mounted() {
27        // 初始化修改高亮菜单
28        this.activeIndex = this.routerNametoIndex[this.$route.name];
29      }
30    };
31    </script>
```

MainListNav 组件从原理上和 IconButtons 组件差不多，但是，需要注意高亮选项的判断，可以使用当前路由名称来判断，每次初始化 MainListNav 组件时都会获取到当前的路由名称，根据路由名称来获取到高亮菜单的 index 值，再将值赋予 activeIndex 变量。element 的 menu 组件的 default-active 属性据此来判断高亮选项。

7.1.10 模拟数据获取

在开始写内容列表的核心组件之前，需要获取到相应的数据格式，数据格式根据当前知乎使用的来约定，后期肯定是要修改的，但目前来说使用现成的数据格式无疑是最快的方式。关于数据的获取可以在知乎首页打开控制台，在 network 栏下面刷新页面，此时会发起很多请求，有这样的一条请求。

```
https://www.zhihu.com/api/v3/feed/topstory/recommend?session_token=27dc057ceb1e5b856292cbb7e1aa706e&desktop=true&page_number=3&limit=6&action=down&after_id=11
```

这个请求中返回的数据就是推荐榜单中的数据，有很多字段都是用不到的，只取 target 字段中的值即可。例如：

```
01    {
02      author: {                              // 回答作者信息
03        avatar_url: "…",                     // 回答作者头像
04        headline: "…",                       // 回答作者座右铭
```

```
05        name: "…",                              // 回答作者用户名
06      },
07      relationship: {                           // 当前用户对回答操作信息
08        is_nothelp: false,                      // 当前用户是否单击没用按钮
09        is_thanked: false,                      // 当前用户是否单击感谢按钮
10        voting: 0,                              // 当前用户是否支持此回答
11      },
12      question: {                               // 问题详情
13        author: {                               // 问题作者信息
14          avatar_url: "…",                      // 问题作者头像
15          headline: "…",                        // 问题作者座右铭
16          name: "…",                            // 问题作者用户名
17        },
18        answer_count: 18,                       // 问题回答总数
19        comment_count: 1,                       // 问题评论总数
20        excerpt: "…",                           // 问题简介
21        title: "…",                             // 问题标题
22        type: "question",                       // 问题类型
23        url: "…",                               // 问题详情链接
24      },
25      comment_count: 41,                        // 回答用户名
26      content: …                                // 回答内容
27      excerpt: "…",                             // 回答简介
28      thanks_count: 69,                         // 回答感谢总数
29      thumbnail: "…",                           // 回答封面图片链接
30      type: "answer",                           // 回答类型
31      voteup_count: 771,                        // 回答支持总数
32    }
```

上述注释说明了每个字段的用处，本项目使用的也是这些字段，多余的字段可以忽略掉。可以从上面接口返回的数据中提取几个出来供使用。之后可以着手来写内容列表的单个元素了。

从知乎首页上来看，列表元素主要分两部分：上面是整个回答或者文章的简介，如果有图片会在左侧显示图片，没有就只显示文字；下面是用户对当前内容的评价，支持、反对等相关信息。下面的部分可以做成公用的组件，因为在个人信息页还会用到，但展示内容不一样。

7.1.11 列表元素开发

首先来写内容展示部分，在 /src/components 文件夹下新建 ListItem.vue 文件。

```
01  <template>
02    <div class="answer-main">
03      // 根据关键词判断是否展示标题
04      <div class="title" v-if="showPart.indexOf('title') >= 0">
```

```
05          <h2>{{transtedInfo.title}}</h2>                             // 标题展示
06        </div>
07        // 根据关键词判断是否展示作者
08        <div class="creater-info" v-if="showPart.indexOf('creator') >= 0">
09          <div class="avatar">                                        // 作者头像
10            <img :src="item.author.avatarUrl" alt="">                 // 头像展示
11          </div>
12          <div class="userinfo">                                      // 作者信息
13            <p class="username">                                      // 作者用户名
14              {{item.author.name}}
15            </p>
16            <p class="headline">                                      // 作者座右铭
17              {{item.author.headline}}
18            </p>
19          </div>
20        </div>
21         // 根据关键词判断是否展示支持人数
22        <div class="vote" v-if="showPart.indexOf('votes') >= 0">
23          <span>
24            {{JSON.parse(item.status.voteUp).length}} 人赞同了该回答
25          </span>
26        </div>
27        <div class="content-wrapper clearfix">                        // 核心内容部分
28         // 根据 showType 判断是否展示简介
29          <div class="shortCut" v-if="showType === 'experct'">
30            <div class="cover" v-if="transtedInfo.cover">             // 是否有图片
31              <img :src="transtedInfo.cover" alt="">                  // 展示图片
32            </div>
33            <div class="experct">                                     // 展示简介
34              <span>
35                <span v-html="item.excerpt"></span>                   // 简介内容
36                <el-button class="btn-no-padding" type="text" icon="el-icon-
arrow-down"
37    @click="showType = 'all'"> 阅读全文 </el-button>                   // 阅读全文按钮
38              </span>
39            </div>
40          </div>
41          // 根据 showType 判断是否展示正文
42          <div class="content" v-if="showType === 'all'">
43            <span v-html="item.content"></span>                       // 展示全文内容
44            <el-button class="btn-no-padding" type="text" icon="el-icon-arrow-up"
45    @click="showType = 'experct'"> 收起 </el-button>                   // 收起全文按钮
46          </div>
47        </div>
48      </div>
49    </template>
50    <script>
```

```
51  export default {
52  // item 为当前元素主要内容，showPart 为展示内容
53  // type 为当前内容类型，文章还是回答
54    props: ['item', 'showPart', 'type'],
55    data() {
56      return{
57        showType: 'experct',                         // 默认展示内容简介
58      };
59    },
60    computed: {
61     // 文章和回答的封面字段不同，需要用此方法判断
62      transtedInfo() {
63        if (this.type === 'article') {               // 如果当前内容是文章
64          return {
65            title: this.item.title,                  // 标题取当前文章的标题
66            cover: this.item.image_url || "",        // 图片取当前文章的封面
67          };
68        } else if (this.type === 'answer') { // 如果当前内容是回答
69          return {
70            title: this.item.question.title,         // 标题取此回答的问题
71            cover: this.item.thumbnail || '',        // 图片去当前回答的默认插图
72          }
73        }
74      },
75    },
76  };
77  </script>
```

上面就是 ListItem 组件的内容展示部分的代码，结构并不复杂，主要根据传过来的 item 数据展示内容，需要注意文章图片和回答图片的字段名不同，所以需要通过传入的 type 字段来判断当前内容是文章还是回答，若是回答，则采用 thumbnail 字段作为图片链接，标题取问题的标题；若是文章，则取 title 字段作为标题，图片取 image_url 字段。

这里无须对简介字段做任何截取操作，因为其返回的数据是截取之后的，长度在一定范围内。展示完内容之后，增加一个阅读全文按钮，单击后简介部分直接隐藏，全文内容进入展示状态。全文内容后也有一个“收起”按钮，单击后隐藏全文内容，展示简介部分内容。简介和全文的展示通过 showType 变量来判断，单击按钮的目的就是修改 showType 变量值。

传入的 showPart 字段用来判断展示部分的内容，因为组件还需要在个人中心页面复用，所以有些部分无须展示，这时就可以传入不同的 showPart 字段来控制。这里通过 showPart 字段来判断是否要展示作者信息和当前点赞人数。

7.1.12 列表操作按钮开发

完成内容展示部分后，还有最后一部分内容，那就是简介下面的一排操作按钮，例如点

赞、收藏、感谢等。可以依照 IconButtons 组件的逻辑进行操作，先增加需要展示的所有内容，之后根据传入的字段来渲染不同部分，在 /src/components 文件夹下新建 ListItemActions.vue 文件。

```
01  <template>
02    <div>
03      <div class="actions">
04        <el-button
05          v-if="showActionItems.indexOf('hot') >= 0"        // 判断是否展示热度
06          class="btn-text-gray"                             // 绑定 class
07         size="medium"                                      // 绑定尺寸
08         type="text"                                        // 绑定类型
09        >
10          <span class="el el-icon-fakezhihu-fire"></span>   // ICON
11          {{metrics_area.text}}                             // 热度内容
12        </el-button>
13        <el-button v-if="showActionItems.indexOf('vote') >= 0" size="small"
type="primary"
14  plain
15  icon="el-icon-caret-top">赞同 {{voteup_count}}</el-button>    // 赞同按钮
16         <el-button v-if="showActionItems.indexOf('vote') >= 0"  size="small"
type="primary"
17  plain icon="el-icon-caret-bottom"></el-button>                // 支持按钮
18        <el-button                                              // 评论数目展示
19          v-if="showActionItems.indexOf('comment') >= 0"
20          class="btn-text-gray m-l-25"
21          size="medium"
22          type="text"
23        >
24          <span class="el el-icon-fakezhihu-comment"></span>        // ICON
25          {{comment_count}} 条评论                               // 评论数目
26        </el-button>
27        <el-button v-if="showActionItems.indexOf('share') >= 0"  class="
btn-text-gray m-l-25"
28  size="medium" type="text" icon="el-icon-share">分享</el-button>
                                                                // 分享按钮
29        <el-button v-if="showActionItems.indexOf('favorite') >= 0"  class="
btn-text-gray
30  m-l-25"
31  size="medium" type="text" icon="el-icon-star-on">收藏</el-button>
                                                                // 收藏按钮
32        <el-button v-if="showActionItems.indexOf('thanks') >= 0"  class="btn-
text-gray m-l-25"
33  size="medium" type="text">                  // 感谢数目展示
34          <span class="el el-icon-fakezhihu-heart"></span>   // ICON
35          {{thanks_count}} 个感谢                               // 感谢数目
36        </el-button>
```

```
37         <el-dropdown v-if="showActionItems.indexOf('more') >= 0"  placement="
bottom"
38   class="m-l-25">                                              // 更多菜单
39          <el-button class="btn-text-gray" size="medium" type="text" icon="el-
icon-more">
40           </el-button>
41           <el-dropdown-menu slot="dropdown">                   // 更多菜单内容
42             <el-dropdown-item>没有帮助</el-dropdown-item>   // 没有帮助按钮
43             <el-dropdown-item>举报</el-dropdown-item>       // 举报按钮
44             <el-dropdown-item>申请授权</el-dropdown-item>   // 申请授权按钮
45             <el-dropdown-item>不感兴趣</el-dropdown-item>   // 不感兴趣按钮
46           </el-dropdown-menu>
47         </el-dropdown>
48       </div>
49     </div>
50   </template>
51   <script>
52   export default {
53     // 传入参数：comment_count 为评论数目、thanks_count 为感谢数目
54     // voteup_count 为支持数目、metrics_area 为热度数据、showActionItems 为展示内容
55      props: ['comment_count', 'thanks_count', 'voteup_count', 'metrics_
area', 'showActionItems'],
56     data() {
57       return{
58       };
59     },
60   };
61   </script>
```

7.1.13 列表系列组件的调用

ListItemActions 组件的内容十分简单，展示传入数据，根据 showActionItems 参数决定应该展示的部分，下面在 ListItem 组件中进行调用。

```
01   <template>
02     <div class="answer-main">                      // 外层框架
03       其余内容
04       <list-item-actions                          // 调用 ListItemActions 组件
05         :thanks_count="22                         // 传入 thanks_count 参数
06         :comment_count="33"                       // 传入 comment_count 参数
07         :voteup_count="44                         // 传入 voteup_count 参数
08         // 传入 showActionItems 参数，包含需要展示的内容
09          :showActionItems="['vote', 'thanks', 'comment', 'share', 'favorite',
'more']"
10        />
```

```
11    </div>
12  </template>
13  <script>
14  // 引入 ListItemActions 组件
15  import ListItemActions from '@/components/ListItemActions';
16
17  export default {
18    其余内容
19    components: {
20      ListItemActions,                          // 声明 showActionItems 组件
21    },
22    其余内容
23  };
24  </script>
```

如上例调用即可，因为只是模拟数据，所以一些参数填成固定的数字即可。

现在，还有最后几步就可以看到效果了，首先在路由文件中将 ListItem 组件注册成为首页的默认路由，修改 routes.js 文件。

```
01  import Vue from 'vue';
02  import Router from 'vue-router';
03  import Home from './views/Home.vue';        // 引入 Home 组件
04  import Main from './views/Main.vue';        // 引入 Main 组件
05  import ListItem from './components/ListItem.vue';   // 引入 ListItem 组件
06
07  Vue.use(Router);
08
09  export default new Router({
10    mode: 'history',                          // 用此模式之后 url 上没有 # 标识
11    routes: [
12      {
13        path: '/',                            // 定义父级路由路径
14        component: Home,                      // 调用组件
15        children: [{                          // 定义一级路由
16           path: '',                          // 定义一级路由路径
17          component: Main,                    // 调用组件
18          children: [{                        // 定义二级路由
19              path: '',                       // 定义二级路由路径
20              name: home,                     // 定义二级路由名称
21              components: ListItem            // 定义二级路由组件
22          }]
23        }]
24      },
25    ],
26  });
```

因为首页部分主要有两个列表，若在 MainListWrapper 组件中，根据路由变化调用不同

的组件，会产生重复性较高的代码，不如直接在路由里进行判断。若是推荐列表，则渲染 ListItem 组件。若是热榜，则渲染其他组件。而在 MainListWrapper 组件中，只需调用 <router-view> 组件即可。

现在路由配置完成，可以进行最后一步操作——在 MainListWrapper 组件中调用列表菜单栏组件和列表子组件，修改 MainListWrapper.vue 文件。

```
01  <template>
02    <div>
03      <main-list-nav                          // 调用 MainListNav 组件
04        :type= "type"                         // 传入展示的类型
05      />
06      <el-card>                               // 列表外层使用 card 组件
07        <div class="card-content">
08          <router-view                        // 调用 router-view 组件
09            v-for="(item, index) in fakeInfo"// 循环渲染 router-view 组件
10            :key="index"                      // 绑定 key 参数
11            :item="item"                      // 绑定 item 参数
12            :index="index"                    // 绑定 index 参数
13            :type="'item.type'"               // 绑定 type 参数
14            :showPart="['title']"             // 绑定 showPart 参数
15          />
16        </div>
17      </el-card>
18    </div>
19  </template>
20  <script>
21  // 引入 MainListNav 组件
22  import MainListNav from '@/components/MainListNav.vue';
23
24  export default {
25    components: {
26      MainListNav,                            // 声明 MainListNav 组件
27    },
28    data() {
29      return {
30       type: 'main',                          // 默认 MainListNav 展示内容
31       fakeInfo: 模拟数据                      // 上文提到的模拟数据
32      };
33    },
34  };
35  </script>
```

7.1.14 首页列表效果展示

项目首页整体完成效果如图 7.3 所示。

■图 7.3　首页整体完成效果

至此，基本完成首页内容。

首页部分的内容写完后，就可以开发用户登录页了。

7.2　登录注册页面的开发

知乎的登录注册页相对简单，都在一个页面上，单击按钮来切换登录注册状态。

7.2.1　确定登录页背景框架

与首页一样，先来完成登录页面周围的内容，如背景图、页脚的展示，在 /src/views 文件夹下新建 SignUp.vue。

```
01    <template>
02      <div class="signup">
03        Here is SignUp page
04      </div>
05    </template>
```

之后修改路由的配置文件，修改 router.js。

```
01    之前的内容
02    import SignUp from './views/SignUp.vue';              // 引入 SignUp 组件
03
04    Vue.use(Router);
05
```

```
06  export default new Router({
07    mode: 'history',
08    routes: [
09      首页配置
10      {
11        path: '/signup',                    // 定义登录页路由路径
12        name: 'signup',                     // 命名登录页路由
13        component: SignUp,                  // 调用登录页组件
14      }
15    ],
16  });
```

此时本次访问以下地址。

```
http://localhost:8080/signup
```

会看到图 7.4 所示内容（地址栏默认省略“http://”）：

localhost:8080/signup

Here is SignUp page

■ 图 7.4　登录注册页初始化效果

页面只有一行字，这证明页面渲染成功，之后只需在 SignUp.vue 文件的基础上进行开发即可。

与首页一样，先开发主体内容之外的内容，修改 SignUp.vue 文件。

```
01  <template>
02    <div class="signup">
03      <footer class="signup-footer">          // 使用 <footer> 标签包裹
04        <div class="ZhihuLinks">
05          <a target="_blank" rel="noopener noreferrer" href="#">
            // <a> 标签展示链接
06            知乎专栏                            // 链接内容
07          </a>
08          重复内容
09        </div>
10        重复内容
11      </footer>
12    </div>
13  </template>
```

由于重复内容较多，在此省去了大部分内容，只留下一个作为例子进行展示，具体内容可以直接从源代码中复制。

7.2.2 登录页静态内容

由于登录部分的内容比较复杂，可以将其单独拿出来作为一个组件，在 /src/components/ 文件夹下新建 SignUpCore.vue 文件。

```
01  <template>
02    <el-card class="signup-content">                      // 使用 card 组件包裹
03      <img src="./../assets/imgs/logo.png" alt="">    // 插入一个图标
04      <p class="slogen">FakeZhihu Project</p>         // 加上项目标题
05      <div class="register" v-show="nowStatus === 'register'">     // 注册表单
06        // 调用 element 的 form 组件
07        <el-form
08          :model="registerForm"                         // 给 form 绑定数据
09          :rules="registerRules"                        // 给 form 增加 rule
10          ref="registerForm"                            // 增加 ref 属性
11          label-width="0px"                             // 隐藏左侧 label
12        >
13          <el-form-item prop='name' class="no-label">       // 表单子元素组件
14            // input 组件，输入用户名
15              <el-input placeholder=" 请 输 入 用 户 名 " v-model="registerForm.
name" />
16          </el-form-item>
17          <el-form-item prop='email' class="no-label">
18            // input 组件，输入邮箱
19            <el-input placeholder=" 请输入邮箱 " v-model="registerForm.email" />
20          </el-form-item>
21          <el-form-item prop='password' class="no-label">
22            // input 组件，第一次输入用户密码
23            <el-input type="password" placeholder=" 请输入密码 " v-
24  model="registerForm.password" />
25          </el-form-item>
26          <el-form-item prop='passwordEnsure' class="no-label">
27            // input 组件，第二次输入用户密码
28            <el-input type="password" placeholder=" 请再次输入密码 " v-
29  model="registerForm.passwordEnsure" />
30          </el-form-item>
31          <el-form-item prop='submit'>                  // 注册表单提交组件
32            <el-button                                  // 提交按钮
33              class="submit-btn"                        // 按钮 class
34              type="primary"                            // 按钮类型
35              @click="submitForm('registerForm')"       // 按钮绑定事件
36            >
37              注册
38            </el-button>
39          </el-form-item>
40        </el-form>
```

```
41        <div class="footer register-footer"> // 注册部分的小页脚
42          <span>
43            注册即代表同意
44            <a href="#">《Fake 协议》</a>
45            <a href="#">《隐私保护指引》</a>
46          </span>
47          <a href="#">注册机构号</a>
48        </div>
49      </div>
50      <div class="login" v-show="nowStatus === 'login'">    // 登录表单
51        <el-form
52          :model="loginForm"                              // 同上文 form 组件
53          :rules="loginRules"
54          ref="loginForm"
55       label-width="0px"
56        >
57          <el-form-item prop='username' class="no-label">
58            // input 组件，输入手机号或邮箱
59            <el-input placeholder="手机号或邮箱" v-model="loginForm.username" />
60          </el-form-item>
61          <el-form-item prop='password' class="no-label">
62            // input 组件，输入密码
63            <el-input placeholder="请输入密码" v-model="loginForm.password"
64  type="password" />
65           </el-form-item>
66           <div class="others">                         // 其他功能
67             <span>
68               手机验证码登录
69             </span>
70             <span>
71               忘记密码?
72             </span>
73           </div>
74           <el-form-item prop='submit'>                 // 登录表单提交按钮
75             <el-button                                 // 提交按钮
76               class="submit-btn"                       // 按钮 class
77               type="primary"                           // 按钮类型
78               @click="submitForm('loginForm')          // 按钮绑定事件
79             >登录</el-button>
80           </el-form-item>
81         </el-form>
82         <div class="footer login-footer">              // 页脚部分内容
83           <span>                                       // 其他登录方式
84             <a href="#">二维码登录</a>·                  // 二维码登录
85             <a href="#">海外手机登录</a>·                // 海外手机登录
86             <a href="#">社交账号登录</a>                 // 社交账号登录
87           </span>
```

```
88          </div>
89        </div>
90        <div class="switcher">                        // 切换注册登录部分
91          {{tips[nowStatus].base}}                    // 切换前提示内容
92          <span
93            @click="nowStatus = nowStatus === 'register' ? 'login' : 'register'"
94          >                                           // 切换表单按钮
95            {{tips[nowStatus].link}}                  // 切换按钮文字展示
96          </span>
97        </div>
98      </el-card>
99    </template>
```

整体布局比较简单，首先是图标（Logo）和标题。接下来是两个表单，一个注册，一个登录，两个表单只能展示一个，通过下面的一个按钮进行切换。根据 nowStatus 变量来控制表单的展示，如值为 register，则展示注册表单；值为 login 则展示登录表单。单击“切换”按钮，使用三元运算符来赋予变量不同的值。逻辑比较简单，但表单的验证比较复杂。

7.2.3 登录页表单验证等相关内容

下面开发表单验证等相关方法。

```
01    <script>
02      export default {
03        data() {
04          const validatePass = (rule, value, callback) => {     // 注册初次密码验证
05            if(value === '') {
06              callback(new Error('请输入密码'));
07            } else if (!this.pwdReg.test(value)) {
08               callback(new Error('用户密码需由数字 / 大写字母 / 小写字母 / 标点符号组成，
8 位以上'));
09            } else {
10              if (this.registerForm.passwordEnsure !== '') {
11                this.$refs.registerForm.validateField('passwordEnsure');
12              }
13              callback();
14            }
15          };
16          const validatePassEnsure = (rule, value, callback) => { // 注册二次密码验证
17            if (value === '') {
18              callback(new Error('请再次输入密码'));
19            } else if (value !== this.registerForm.password) {
20              callback(new Error('两次输入密码不一致!'));
21            } else {
22              callback();
```

```
23        }
24      };
25      return {
26        nowStatus: 'login',                   // 当前展示表单
27        tips: {                               // 切换按钮提示
28          register: {
29            base: '已有账号? ',
30            link: '登录',
31          },
32          login: {
33            base: '没有账号? ',
34            link: '注册',
35          },
36        },
37        registerForm: {                       // 注册表单数据
38          email: '',                          // 用户邮箱
39          password: '',                       // 初次输入密码
40          passwordEnsure: '',                 // 二次密码确认
41        },
42        registerRules: {                      // 注册表单规则
43          email: [                            // email 规则
44            { required: true, message: '请输入邮箱', trigger: 'blur' },
45            { type: 'email', message: '请输入正确的邮箱地址', trigger: ['blur',
'change'] },
46          ],
47          password: [                         // 初次密码规则
48            { required: true, message: '请输入密码', trigger: 'blur' },
49            { validator: validatePass, trigger: 'blur' },
50          ],
51          passwordEnsure: [                   // 二次密码规则
52            { required: true, message: '请输入密码', trigger: 'blur' },
53            { validator: validatePassEnsure, trigger: 'blur' },
54          ],
55        },
56        loginForm: {                          // 登录表单数据
57          username: '',                       // 用户名
58          password: '',                       // 密码
59        },
60        loginRules: {                         // 登录表单规则
61          username: [                         // 用户名规则
62            { required: true, message: '请输入用户名或邮箱', trigger: 'blur' },
63          ],
64          password: [                         // 密码规则
65            { required: true, message: '请输入密码', trigger: 'blur' },
66          ],
67        },
68      };
```

```
69      },
70      methods: {
71        submitForm(formName) {                                  // 提交按钮触发事件
72          this.$refs[formName].validate((valid) => {            // 是否通过验证
73            if (valid) {                                        // 通过验证
74              if (this.nowStatus === 'register') {              // 判断当前表单类型
75                console.log('触发注册方法');                      // 输出结果
76              } else {
77                console.log('触发登录方法');                      // 输出结果
78              }
79            } else {
80              this.$Message.error('error submit!!!');           // 校验未通过
81              return false;
82            }
83            return '';
84          });
85        },
86      },
87    };
88    </script>
```

表单使用 element 提供的验证方法：一种是通过配置文件来验证；另一种是通过自定义函数来验证。先说第一种，它是 elemenet 自带的验证方法，通过定义指定格式的验证规则，之后绑定在表单上，那么在填写表单时会自动验证。例如下面这条验证规则。

```
01    email: [
02      // 是否必填及触发方法
03      { required: true, message: '请输入邮箱', trigger: 'blur' },
04      // 数据类型验证及触发方法
05      { type: 'email', message: '请输入正确的邮箱地址', trigger: ['blur', 'change'] },
06    ],
```

email 验证规则首先规定了 email 项是否为必填项目，message 是错误提示信息，trigger 是触发校验的情况。接下来规定了 email 的数据类型，element 提供了一些基本的数据类型，可以满足日常使用，接下来 message 和 trigger 与上面一样，是错误提示信息和触发情况。

上面说到 element 自己定义了一些基础的数据类型，可是有些数据类型比较复杂，只能自定义函数来校验，也就是第二种验证方法。data 属性中定义了 validatePass 和 validatePassEnsure 两个方法。从名字可以看出，validatePass 用来校验首次输入的密码，validatePassEnsure 用来校验二次输入的密码。调用方法如下。

```
01    password: [
02      // 是否必填及触发方法
03      { required: true, message: '请输入密码', trigger: 'blur' },
04      // 自定义校验方法
05      { validator: validatePass, trigger: 'blur' },
06    ],
```

在 validator 字段中规定方法名即可，在触发时会直接调用。这里使用正则来进行校验，必须包含数字、大写字母、小写字母、标点符号 4 种类型，同时长度必须超过 8 位，若是觉得太麻烦，可以适当修改，直接去掉也行。

tips 变量用来动态切换按钮和提示语，就是切换表单按钮文字提示。最后在提交表单时使用元素的 ref 属性找到相应的表单，调用 validate 方法来进行验证。validate 方法默认有一个参数，此参数是一个布尔值，若通过验证为 true，未通过为 false，据此可以判断出表单内容的校验情况，给出不同的提示。

7.2.4 登录页信息提示及整体效果

当验证失败时，提示使用 element 的 Message 组件，由于 Message 是一个全局组件，所以需要在 Vue.js 的 prototype 中进行定义，修改 /src/plugins 文件夹下的 element.js 文件。

```
01  import Vue from 'vue';                                // 引入 vue
02  import Element from 'element-ui';                     // 引入 element
03  import 'element-ui/lib/theme-chalk/index.css';        // 引入样式表
04
05  const { Message } = Element;                          // 解构赋值，取出 Message
06  Vue.prototype.$Message = Message;                     // 注册 $Message 方法
07
08  Vue.use(Element);                                     // 调用 element
```

此文件在新建项目的时候已经被生成，需要做的就是添加第 5 行、第 6 行两行。修改之后即可在项目的任何地方调用 Message 方法。Message 的使用方法很简单，其有 4 种 type，分别是 success、warning、info 和 error，只需在后面加上需要展示的内容即可。

SignUpCore 组件开发完成之后，可在 SignUp 组件中引用。

```
01  <template>
02    <div class="signup">
03      <div class="signup-wrapper">
04        <sign-up-core />                               // 调用 SignUpCore 组件
05          <el-button class="download" type="primary"> 下载 Fake 知乎 App</el-
button>
06      </div>
07      其余内容
08    </div>
09  </template>
10  <script>
11    import SignUpCore from './../components/SignUpCore';    // 引入 SignUpCore
组件
12
13    export default {
14      components: {
15        SignUpCore,                              // 注册 SignUpCore 组件
```

```
16          },
17          data() {
18            return {
19            };
20          },
21        };
22    </script>
```

登录注册页效果如图 7.5 所示。

单击“注册”按钮，页面如图 7.6 所示。

■ 图 7.5　登录注册页效果

■ 图 7.6　登录注册页注册效果

至此，完成登录注册页主要内容的开发，内容不多，比较复杂的是文件的配置，实在看不懂可以去 element 官网查找资料，官网上有很多例子，可以帮助大家理解。

7.3　注册登录功能实现

注册登录功能涉及后端服务，后端服务在第 5 章讲得很详细，直接使用即可，这里使用的端口号为 8081。本节的内容主要分为 3 部分：首先是数据表的配置；之后是注册功能实现；最后是实现登录功能。

7.3.1　数据表的确定

在数据库中新建 users 表，新增一堆字段，如图 7.7 所示。

Field	Type	Length	Unsigned	Zerofill	Binary	Allow Null	Key	Default	Extra	Encoding	Collation	Com...
id	INT	11	☑	☐	☐	☐	PRI		auto_in...			
name	CHAR	15	☐	☐	☐	☐			None	UTF-8	utf8_unic	
pwd	CHAR	32	☐	☐	☐	☐			None	UTF-8	utf8_unic	
email	CHAR	30	☐	☐	☐	☐			None	UTF-8	utf8_unic	
createdAt	TIMESTA...		☐	☐	☐	☐		CURRE...	on upda...			
updatedAt	TIMESTA...		☐	☐	☐	☐		0000-...	None			
avatarUrl	TEXT		☐	☐	☐	☑			None	UTF-8	utf8_unic	
headline	CHAR	100	☐	☐	☐	☑		NULL	None	UTF-8	utf8_unic	

■图 7.7 用户表的确定

如果不熟悉SQL语句，可以直接使用相应的软件，不用写代码，单击鼠标，填写数据即可。

由于使用 Sequelize 连接数据库，所以需要一个相应的配置来解析相应字段，Sequelize 会根据这些配置去寻找相应的字段。在 /src/models 文件夹下新建 users.js 文件。

```
01  module.exports = (sequelize, DataTypes) => {
02    const User = sequelize.define('users', {          // 使用 sequelize 定义模型
03      id: {                                             // id 字段
04        type: DataTypes.INTEGER.UNSIGNED,               // 类型为 int
05        primaryKey: true,                               // 是否为主键（是）
06        autoIncrement: true,                            // 是否自增（是）
07      },
08      name: {                                           // name 字段
09        type: DataTypes.CHAR,                           // 类型为 char
10      },
11      pwd: {                                            // pwd 字段
12        type: DataTypes.CHAR,                           // 类型为 char
13      },
14      email: {                                          // email 字段
15        type: DataTypes.CHAR,                           // 类型为 char
16      },
17      avatarUrl: {                                      // avatarUrl 字段
18        type: DataTypes.TEXT,                           // 类型为 text
19      },
20      headline: {                                       // headline 字段
21        type: DataTypes.CHAR,                           // 类型为 char
22      },
23      createdAt: {                                      // createdAt 字段
24        type: DataTypes.DATE,                           // 类型为 date
25      },
26      updatedAt: {                                      // updatedAt 字段
27        type: DataTypes.DATE,                           // 类型为 date
28      },
29    });
30    return User;                                        // 返回 User 模型
31  };
```

这个配置文件很简单，字段不多，类型不复杂，数据库的配置到此完成，下面写一个接口

进行测试。

在 /src/routes 文件夹下新建 users.js 文件。

```
01  const model = require('../models');                 // 引入 model
02  const { users:User } = model;                       // 解构赋值出 User
03
04  const catchError = (ctx, err) => {                  // 捕获错误方法
05    console.log(err);                                 // 打印错误信息
06    ctx.resError = err;                               // 返回错位信息
07  }
08
09  const list = async (ctx, next) => {                 // list 方法 (async)
10    try {                                             // try…catch 语法
11      const list = await User.findAll();              // 查询语句
12      ctx.response.status = 200;                      // 返回 status 字段
13      ctx.response.body = list;                       // 返回主体内容
14    } catch (error) {                                 // catch 错误
15      catchError(error);                              // 捕获错误
16    }
17  }
18
19  module.exports = {
20    'GET /users/list' : list,                         // 暴露 list 方法
21  }
```

首先引入 models，之后从 models 中取出 users 模型，这时就可以随意调用它。catchError 方法用来捕获运行错误，在开发环境可以直接 console 出错误，如是生产环境，删掉即可。后面的 list 方法是查询方法，使用 async…await 语法之后，方法会自动变成同步状态，不会出现上面语句没执行完，直接执行下一条语句的情况。User.findAll() 是 Sequelize 自带的查询方法，会查询到当前模型下的所有数据，list 就是查询之后的结果。

查询到之后，再将结果返回给 ctx.response.body。为了看上去更加清晰，可以分开写，也可以直接给 response 赋值。

```
01  ctx.response = {
02      status: 200,                                    // 给 status 赋值
03      body: list                                      // 给 body 赋值
04  };
```

最后将此方法和路由绑定在一起，暴露出去。请求 /users/list 接口时，就会自动触发 list 方法。

下面随便插入一条数据，在浏览器中访问以下地址。

```
http://localhost:8081/users/list
```

用户接口查询测试结果如图 7.8 所示。

接口调用成功，可以进行下一步开发。

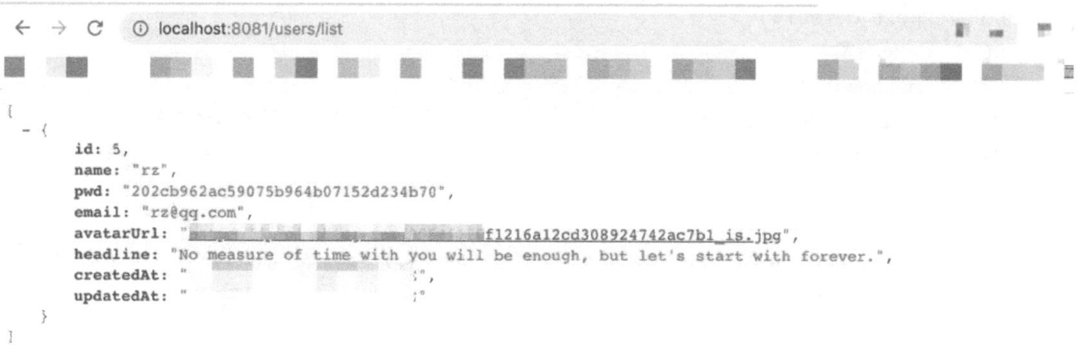

```
[
  - {
      id: 5,
      name: "rz",
      pwd: "202cb962ac59075b964b07152d234b70",
      email: "rz@qq.com",
      avatarUrl: "[illegible]f1216a12cd308924742ac7b1_is.jpg",
      headline: "No measure of time with you will be enough, but let's start with forever.",
      createdAt: "[illegible]",
      updatedAt: "[illegible]"
    }
]
```


图 7.8　用户接口查询测试结果

7.3.2　用户注册功能实现

用户注册是一个基础功能，每个网站基本上都会有这个功能（个人博客除外），要做好这个功能其实很简单，就是前端获取数据之后，发送 post 请求给后端，后端接收后，写入数据库即可。

首先修改下前端，因为前后端服务都在本地启动，所以要是前端直接访问后端服务会有跨域问题。解决跨域有很多种办法，如 nginx、Jsonp 等。但最方便的莫过于 Vue.js 自带的跨域配置。由于使用的脚手架工具是 3.0 版本，没有 vue.config.js，所以只能手动增加，在前端项目的根文件夹下增加 vue.config.js 文件。

```
01  module.exports = {
02    devServer: {                                    // devServer 选项的配置
03      proxy: {                                      // proxy 就是跨域配置
04        '/users': {                                 // 新请求地址
05          target: 'http://127.0.0.1:8081',          // 跳转地址
06        },
07      },
08    },
09  };
```

如此修改 Vue.js 默认配置中的 devServer 选项下的 proxy 项，proxy 项的格式很简单，将新请求地址作为 key，将目标地址作为对象赋值即可。

现在可以在前端页面写请求了，首先安装 md5 组件。

```
npm i md5 -S
```

在 SignUpCore 组件中引入第 5 章中说过的 service 组件，并调用。

```
01  <script>
02  import request from '@/service';                  // 引入请求组件
03  import md5 from 'md5';                             // 引入 md5 插件
04
```

```
05   export default {
06     其他内容
07     methods: {
08       async register() {                               // 用户注册方法
09         await request.post('/users/create', {          // post 请求 /users/create
地址
10           name: this.registerForm.name,                // name 参数
11           pwd: md5(this.registerForm.password),        // pwd 参数（使用 md5 加密）
12           email: this.registerForm.email,              // email 参数
13         }).then((res) => {
14           if (res.status === 201) {                    // 返回状态为 201
15             this.$Message.success('注册成功');          // 注册成功提示
16             this.$router.push({ name: 'home' });       // 跳转到首页
17           } else {
18             this.$Message.error(res.data.msg);         // 注册失败提示
19           }
20         });
21       },
22       submitForm(formName) {                           // 提交按钮触发方法
23         this.$refs[formName].validate((valid) => {     // 表单数据验证
24           if (valid) {                                 // 通过验证
25             if (this.nowStatus === 'register') {       // 当前是注册表单
26               this.register();                         // 调用 register 方法
27             } else {
28               console.log('触发登录方法');              // 登录状态
29             }
30           } else {
31             this.$Message.error('error submit!!!');// 校验失败提示
32             return false;
33           }
34           return '';
35         });
36       },
37   }
```

引入 md5 插件的目的是给密码加密，这样操作后，除用户本人之外，没人知道密码，而 md5 的破解基本上是不可能的，很好地保障了用户密码的安全。submitForm 方法之前有说到过，单击“提交”按钮会触发此方法，目的是校验表单数据，校验完成后，判断当前表单类型，若是注册表单，则调用 register 方法。

在 register 方法中，直接调用之前封装的 service 组件，使其向 /users/create 地址发送 post 数据，参数是当前页面上的用户名、密码和邮箱。由于 service 组件主体内容还是 axios 插件，其返回的数据是一个 promise，所以可以直接在后面接 then 方法来获取返回的数据。拿到数据之后，判断是否返回成功，若是成功，则弹出提示信息，并返回首页，失败则弹出提示信息。Async…await 语法在上文提过，在方法前加上 async，在其内部即可使用 await，使用 await 之后，该方法会一直等待 await 后的语句执行完成，再执行下一步，成功同步。

这里完成之后用户注册的前端部分就完成了，现在只需给后端服务加上 /users/create 接口

就大功告成，那么现在进入后端服务，编辑 /src/routes 文件夹下的 users.js 文件。

```
01  其他内容
02  const createUser = async (ctx, next) => {          // createUser 方法
03    const { name, pwd, email, } = ctx.request.body; // 获取请求参数
04    try {                                            // try…catch 语法
05      const infoList = await User.findAll({          // 获取所有用户数据
06        attributes: ['name','email'],                // 只需用户名和邮箱字段
07      });
08      const nameList = _.map(infoList, item => item.dataValues.name); // 获取
所有的用户名
09      if (_.includes(nameList, name)) {              // 用户名重复性校验
10        ctx.response.status = 203;                   // 返回状态
11        ctx.response.body = {                        // 返回错误信息
12          msg: '用户名重复，请更换用户名'
13        };
14        return ;
15      }
16      // 获取所有邮箱
17      const uniquedEmailList = _.map(infoList, item => item.dataValues.email);
18      if (_.includes(uniquedEmailList, email)) {     // 邮箱重复性校验
19        ctx.response.status = 203;                   // 返回状态
20        ctx.response.body = {                        // 返回错误信息
21          msg: '邮箱已存在，请更换邮箱或者直接登录'
22        };
23        return ;
24      }
25      await User.create({                            // 新增用户操作
26        name, pwd, email                             // 字段赋值
27      }).then((res) => {                             // 新增完成
28        ctx.response.status = 201;                   // 返回状态
29        ctx.response.body = res;                     // 返回信息
30      })
31    } catch (error) {                                // 新增失败
32      catchError(ctx, error);                        // 捕获错误
33    }
34  }
35  其他内容
36
37  module.exports = {
38    其他内容
39    'POST /users/create': createUser,                // 暴露接口
40  }
```

上面就是后端服务中新增用户的方法，校验方法有两步：先是校验用户名是否重复；之后校验 email 是否重复。校验前首先获取所有用户的用户名和 email，之后单独获取所有的用户名和 email 进行校验。校验完成之后，使用 Sequelize 的 create 方法新增数据，参数为请求传递

过来的 name、pwd 和 email。因为参数名和 users 表字段名完全一致，所以直接传递即可。新增完成后得到新增用户信息，再返回给前端。

现在完成用户注册的前后端操作，在注册界面直接注册测试即可。若有问题，根据 Sequelize 返回的信息仔细判断，若还是不懂上谷歌网站，90% 的问题都有解决办法。

7.3.3 用户登录登出与信息存储

用户登录和用户注册的操作相似，都是前端请求后端接口，后端查找数据库进行判断，前端按以下方法修改 /src/components 文件夹下的 SignUpCore.vue 文件。

```
01   async login() {                                          // async…await
02     await request.post('/users/login', {                   // 请求 /users/login
03       name: this.loginForm.username,                       // name 参数
04       pwd: md5(this.loginForm.password),                   // pwd 参数
05     }).then((res) => {
06       if (res.status === 200) {                            // 返回 200
07         this.$Message.success('登录成功');                 // 提示登录成功
08         this.$router.push({ name: 'home' });               // 跳转到首页
09       } else {
10         this.$Message.error(res.data.msg);                 // 提示错误信息
11       }
12     });
13   },
```

写完这个方法后，别忘了修改 submitForm 方法，否则 login 方法不会被调用。

后端相比起来就稍微复杂点，因为不仅涉及用户信息的正确与否，还涉及用户信息的临时存储，这里将用户信息放在 Cookies 中，默认时长为 24 小时。因为涉及 Cookies 的存储，可以将处理 Cookies 的方法提取出来，做成一个 utils，顺便还可以将 catchError 方法放进去以供调用。在 /src 文件夹下新建 lib 文件夹，在 lib 文件夹中新建 utils.js 文件。

```
01   const _ = require('lodash');                      // 引入 lodash
02
03   exports.setCookies = (ctx, info) => {             // 写入 Cookies 方法
04     if (!_.isObject(info)) {                        // 判断参数类型是否为 object
05       return false;                                 // 不是 object 直接返回
06     }
07     _.forIn(info, (value, key) => {                 // 循环 info 参数
08       ctx.cookies.set(key,  encodeURIComponent(value), {  // koa 自带的设置
Cookies 方法
09         domain:'localhost',                         // 写 Cookies 所在的域名
10         path:'/',                                   // 写 Cookies 所在的路径
11         maxAge: 24*60*60*1000,                      // Cookies 有效时长
12         httpOnly:false,                             // 是否只用于 HTTP 请求中获取
13         overwrite:false                             // 是否允许重写
```

```
14      });
15    });
16  }
17
18  exports.destoryCookies = (ctx, info) => {  // 删除 Cookies 方法
19    if (!_.isObject(info)) {                  // 判断参数类型是否为 object
20      return false;                           // 不是 object 直接返回
21    }
22    _.forIn(info, (value, key) => {           // 循环 info 参数
23      ctx.cookies.set(key, value, {           // koa 自带的设置 Cookies 方法
24        maxAge: -1,                           // 有效时长设为负数则删掉 Cookies
25      });
26    });
27  }
28
29  exports.catchError = (ctx, err) => {        // 捕获错误方法
30    console.log(err);                         // 打印错误信息
31    ctx.resError = err;                       // 返回错位信息
32  }
```

utils 文件主要包含 3 个方法：增、删 Cookies 和错误捕获方法。增和删 Cookies 方法逻辑相同，显示判断参数类型是否为对象，不是对象直接返回。对象类型正确后，循环对象，根据 key 和 value 值依次写入或者删除 Cookies。Cookies 的相关操作使用 koa 自带的 Cookies 操作方法。各种参数在上文的代码中都有详细的注释，需要注意 maxAge 字段，此字段代表着 Cookies 存在时长，单位为毫秒，若是想删除，将其设为负数即可。

完成后再加上登录的接口，修改后端服务中 /src/routes 文件夹的 users.js 文件。

```
01  const utils = require('../lib/utils');             // 引入 utils
02
03  其他内容
04  let loginUser = async (ctx, next) => {             // 登录方法
05    const { name, pwd } = ctx.request.body;          // 获取请求参数
06    const where = {                                  // 定义查询条件
07      name,
08      pwd,
09    };
10    const attributes = ['name', 'id', 'email'];      // 定义查询字段
11    try {
12      await User.findOne({                           // 查询 users 表
13        where, attributes                            // 查询参数
14      }).then((res) => {
15        if (res === null) {                          // 查询结果为空
16          ctx.response.status = 206;                 // 返回 206
17          ctx.response.body = {                      // 返回提示信息
18            msg: '用户名或者密码不对，请修改后重新登录',
19          };
```

```
20            return ;
21          } else {                                         // 查询结果不为空
22            utils.setCookies(ctx, res.dataValues);        // 设置 Cookies
23            ctx.response.status = 200;                    // 返回 200
24            ctx.response.body = res;                      // 返回提示信息
25          }
26        })
27      }
28      catch (error) {                                      // 查询出错
29        utils.catchError(error);                           // 捕获错误
30      }
31    }
32
33    module.exports = {
34      其他内容
35      'POST /users/login': loginUser,                      // 暴露接口
36    }
```

查询数据库时，定义了两个参数，where 是查询条件，此处是 name 和 pwd。也就是查询 name 和 pwd 符合的数据，attributes 是查询结果中包含的字段，这里只需要用到 name、id 和 email 字段。查询参数定义好之后，只需在查询时放进去即可，返回的结果就是符合条件的数据。拿到数据后可以根据结果判断状态，返回不同的状态，最后将接口暴露就完成了。

此时在登录页登录之后，打开控制台的 Application 栏，在左侧单击 Cookies 选项，Cookies 展示页面如图 7.9 所示。

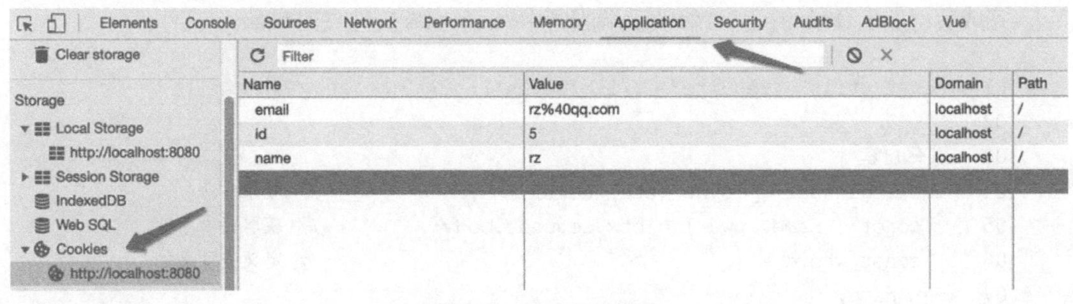

■ 图 7.9 Cookies 展示

此时成功写入 Cookies，可以增加登出和检查登录的功能，增加之后就不用每次重新打开项目都要登录了。修改前端项目中 MainHeader 组件。

```
01    <template>
02      <header class="main-header">
03        <div class="userInfo" v-if="!isLogin">          // 根据 isLogin 展示隐藏
04          <router-link :to="{ name: 'signup'}">登录</router-link>
05        </div>
06        <div class="userInfo" v-if="isLogin">           // 根据 isLogin 展示隐藏
07          <el-dropdown placement="bottom" trigger="click" class="hand-click">
```

```
08            <span>
09              {{this.name}}                    // 展示当前用户的 name
10            </span>
11            <el-dropdown-menu slot="dropdown">
12              其他内容
13              <el-dropdown-item divided>
14                <div @click="logout">          // 绑定登出事件
15                  <span class="el el-icon-fakezhihu-poweroff"></span>
                                                 // 登出 ICON
16                  退出                         // 登出文字
17                </div>
18              </el-dropdown-item>
19            </el-dropdown-menu>
20          </el-dropdown>
21        </div>
22      </header>
23    </template>
24    <script>
25    import request from '@/service';            // 引入 service 组件
26
27    export default {
28      data() {
29        return {
30          其他内容
31          name: '',                              // 定义 name 变量
32        };
33      },
34      mounted() {                                // 页面渲染时的钩子函数
35        this.checkLogin();                       // 调用 checkLogin 方法
36      },
37      methods: {
38        async checkLogin() {                     // 检查是否登录方法
39          await request.get('/users/checkLogin')        // 请求 /users/checkLogin
40            .then((res) => {                     // 得到返回值
41              if (res.status === 200) {          // 状态为 200
42                this.name = res.data.name;       // 给 name 变量赋值
43                this.isLogin = true;             // 修改登录状态
44              } else {
45                this.$router.push({ name: 'signup' });    // 未登录跳转到登录页
46                this.isLogin = false;            // 修改登录状态
47              }
48            });
49        },
50        async logout() {                         // 登出方法
51          await request.post('/users/logout')  // 请求 /users/logout
52            .then((res) => {                     // 得到返回值
53              if (res.status === 200) {          // 状态为 200
```

```
54              this.$Message.success(' 注销成功 ');               // 文字提示
55              this.name = '';                                    // 置空 name 变量
56              this.$router.push({ name: 'signup' });             // 跳转到登录页
57            } else {
58              this.$Message.error(' 注销失败，请稍后再试 ');     // 注销失败提示
59            }
60          });
61      },
62      其他内容
63    },
64  };
65  </script>
```

这里新增一个 name 变量，根据返回的用户信息二次赋值，如此页面右上角就能显示当前用户名了。logout 方法无须任何参数，直接 post 请求 /users/logout 接口，后端即会删掉当前 Cookies，同时跳转到登录页。checkLogin 方法用来检测当前用户是否登录，post 请求 /users/checkLogin 接口，也是无须任何参数，后端会返回当前登录的用户名，前端拿到之后更新 name 变量，同时修改 isLogin 变量，展示当前用户名。

在第 2 章讲过调用 checkLogin 的钩子函数，使用钩子函数的好处就是每次页面渲染时会自动调用，因此只要打开首页，就能判断当前用户是否登录，展示不同的状态。

前端部分到此为止，下面在后端增加两个接口来满足前端需求，修改后端项目中 /src/routes/users.js 文件。

```
01  其他内容
02  const checkLogin = async (ctx, next) => {  // checkLogin 方法
03    try {
04      if(ctx.cookies.get('id')) {            // 若当前 Cookies 中 id 字段是否存在
05        ctx.response.status = 200;           // 返回 200 状态
06        ctx.response.body = {                // 从 Cookies 中取出 name 字段并返回
07          name: decodeURIComponent(ctx.cookies.get('name')),
08        };
09      } else {
10        ctx.response.status = 202;           // 未登录返回 202
11      }
12    }
13    catch (error) {                          // 操作出错
14      utils.catchError(ctx, error);          // 捕获错误
15    }
16  }
17
18  const logout = async (ctx, next) => {      // logout 方法
19    const cookies = {                        // 获取 Cookies 中所有字段内容
20      id: ctx.cookies.get('id'),
21      name: ctx.cookies.get('name'),
22      email: ctx.cookies.get('email'),
23    }
```

```
24      try {
25        utils.destoryCookies(ctx, cookies);            // 摧毁 Cookies
26        ctx.response.status = 200;                     // 返回 200
27      }
28      catch (error) {                                  // 操作出错
29        catchError(ctx, error);                        // 捕获错误
30      }
31    }
32
33    module.exports = {
34      其他内容
35      'GET /users/checkLogin': checkLogin,             // 暴露 checkLogin 接口
36      'POST /users/logout': logout                     // 暴露 logout 接口
37    }
```

后端新增两个方法，logout 方法简单粗暴，直接摧毁之前存储的 Cookies；checkLogin 方法判断当前 Cookies 中 id 字段是否存在，如果存在，则拿到 Cookies 中的 name 字段返回给前端。逻辑比较简单，用在实际项目上是不可能的，有兴趣的同学可以研究 token 来判断用户状态。

现在就完成了登录相关功能，主要有注册、登出、登录和信息存储，可以很流畅地进行以上操作，关掉网页再打开，也不会出现需要重新登录的情况。

7.4 小结

本章内容较多，涉及主页的构建和用户登录。需要掌握的东西不少。很多都是 element 组件的使用，从组件的调用上来说，Vue.js 还是比 React 简单，但要说定制化还是 React 好操作些。组件的使用都是一些固定的内容，学会一个基本上就都差不多了，重点是请求的发送与返回。

前端请求经过封装，与原生的 Axios 已经不一样了，但是基本的操作方法还是类似的，在第 5 章讲过，读者也可以进行深入研究，很多东西值得学习。Async…await 语法用起来感觉比 promise 方便不少，对于新手来说也比较友好，这里还是挺推荐的。

后端的内容重点在 Sequelize 的操作上，这一章节主要学习了 findAll 和 findOne 方法，同时了解了 where 和 attributes 参数的使用。这两个参数的使用率在以后会非常高，务必熟练掌握。关于 Sequelize 的操作，在后面的项目中会逐渐学习，读者也可以通过官方文档大体了解。后端路由的配置也是通过统一的配置格式循环生成，第 5 章有对应介绍。

如果对 ES6 代码不熟悉，就要好好看看第 4 章，对于前端来说，ES6 的使用也是很重要的一点，不管是要找工作还是日常开发，都是大有裨益的。

总而言之，从本章开始进入真正开发阶段，不仅内容多，而且都是对之前讲过内容的使用，一定要牢牢掌握，若是一知半解，后面的学习可能会越来越难，学习效果也不会很好。

第8章 文章和问题的日常操作

完成基础的登录登出功能之后，就可以开发项目中最重要的部分——文章和问题的增、删、改、查了。这些功能是项目存在的主要支撑点，使用这个项目的主要原因就是浏览文章、问题和答案。因为增、删、改、查在逻辑层面差别不大，可以举一反三，所以放在一起讲解。

本章主要涉及的知识点如下。

- ❑ 图片上传处理
- ❑ 富文本功能实现
- ❑ 文章的增、删、改、查
- ❑ 问题的增、改

8.1 图片和富文本的处理

文章、问题和答案的存储都涉及富文本和图片操作，首先来看图片和富文本，这两者是相辅相成的，富文本中的图片也需要图片服务的处理，否则图片只能以Base64的形式存储在数据库，必然会造成数据库过于庞大，也不利于内容的查找和修改。

8.1.1 富文本插件的使用

富文本（Rich Text Format，RTF）是由微软开发的跨平台文档格式。前端的富文本就是用标签处理不同样式、格式的所有文字，完全可以用CSS处理，还可以插入图片，图片可以以Base64形式存在，但体积会变得很大。用<img>标签也是一种存储图片的方式，减少了文本内容，但需要文件存储服务来处理文件，而且图片的展示也依存于文件服务，如果文件服务出现故障，则图片不能展示。

对于Vue.js来说，富文本插件种类众多，这里选择了一款定制化比较高的富文本插件——Quill，上层的toolbar可以随意定制，API十分丰富，处理图片不会太麻烦，下面先从文章的编辑开始。

文章的编辑主要分为3部分：封面图片、文章标题和文章内容。首先安装Quill插件。

```
npm i vue-quill-editor -S                    // 安装 Quill 插件
```

安装完成后在 /src/components 文件夹下新建 RichTextEditor.view 文件。

```
01  <template>
02    <div>
03      <quill-editor                          // 调用 Quill 插件
04        class="rich-text-editor"             // 增加 class
05        v-model="value"                      // 绑定数据
06        ref="myQuillEditor"                  // 增加 ref 属性
07        :options= "options"                  // 绑定 options 属性
08        @change="updateRichText($event)"     // 绑定 change 方法
09      >
10      </quill-editor>
11    </div>
12  </template>
13  <script>
14  import { quillEditor } from 'vue-quill-editor';    // 引入 Quill 插件
15
16  export default {
17    props: ['content', 'placeHolder'],       // 传入参数
18    components: {
19      quillEditor,                           // 注册 Quill 插件
20    },
21    data() {
22      return {
23        value: '',                           // Quill 内容变量
24        options: {                           // Quill 配置
25          modules: {                         // Quill 调用模块
26            toolbar: [                       // Quill 上层菜单选项配置
27              ['bold', 'italic'],            // 加粗和倾斜按钮
28              // 二级标题、引入、代码库等按钮
29              [{ header: 2 }, 'blockquote', 'code-block', { list: 'ordered' },
{ list: 'bullet' }],
30              ['link', 'image'],             // 插入链接和图片
31              ['clean'],                     // 清除选中内容样式按钮
32            ],
33            history: {                       // 编辑配置
34              delay: 1000,                   // 触发 change 事件的时长
35              maxStack: 50,                  // delay 时内容最大长度
36              userOnly: false,               // 用户模式
37            },
38          },
39        },
40      };
41    },
42    mounted() {
43      // 更新 placeholder 内容
44       this.$refs.myQuillEditor.quill.root.dataset.placeholder = this.
```

```
placeHolder;
    45      },
    46      methods: {
    47        updateConetent(content) {                // 更新内容方法
    48          // 父组件调用此方法来修改 content 内容
    49          this.$refs.myQuillEditor.quill.root.innerHTML = content;
    50        },
    51        updateRichText(content) {                // 内容修改方法
    52          // 调用父组件的 updateContent 方法，更新父组件内容
    53          this.$emit('updateConetent', content.html, content.text);
    54        },
    55      },
    56    };
    57    </script>
```

上述代码为 Quill 插件封装了一个组件，组件接收两个参数：content 和 placeHolder。content 代表当前富文本输入框内容；placeHolder 代表富文本输入框的 placeholder。两个参数的调用方法并不一致，因为 placeholder 在组件初始化时可以被传递过来，但 content 有可能在组件初始化之后再次发生修改，所以需要有一个单独的方法进行修改，也就是 updateConetent 方法，可调用 Quill 本身的 API 来修改。

有人可能会问，为什么不把 placeholder 和 content 放在 options 变量中，之后修改即可。不幸的是，options 中的配置只会在组件渲染时使用一次，其余时间不管怎么修改，都是没有效果的，只能通过原生 API 来修改。绑定在 change 上的 updateRichText 方法是用来更新父组件内容的，传过去 HTML 格式的内容和 text 格式的内容，HTML 格式就是需要的富文本格式，而 text 格式就是正常的文本内容，裁剪后可作为简介内容。

Quill 的配置比较复杂，而且文档是英文的，目前没有一个系统的翻译，只能根据各类博客来参考。这里推荐官方文档，毕竟更加精确。各类博客且不说翻译的准确性，时效性就是一个问题。文档的英文逻辑并不复杂，细心看完全可以理解。

8.1.2 文章编辑页 header 组件开发

接来下写一个编辑页面的 header，从知乎上看，编辑页面的 header 和常规页面下的 header 是不一样的，在 /src/components 文件夹下新建 EditorHeader.vue 文件。

```
    01    <template>
    02      <header class="editor-header">
    03        <router-link class="m-r-20 logo-wrapper" :to="{name: 'home'}">
    04            <img class="logo" src="./../assets/imgs/logo.png" alt="">   // 项目
ICON
    05        </router-link>
    06        <div class="header-content">
    07          <span class="title">写文章</span>              // 页面标题
    08        </div>
```

```
09        <div class="functions">
10          <el-dropdown class="publish m-r-25" placement="bottom">
11                // 触发父组件的 relaseArtilces 方法
12            <el-button type="primary" plain size='small' @click="$emit('releaseA
rticles')">
13              发布 <i class="el-icon-arrow-down el-icon--right"></i>  // 发布按钮
14            </el-button>
15            <el-dropdown-menu slot="dropdown">
16              <el-dropdown-item> 测试内容 </el-dropdown-item>     // 装饰性下拉菜单
17            </el-dropdown-menu>
18          </el-dropdown>
19          <el-dropdown class="more m-r-25" placement="bottom-end">// 更多选项
20              <i class="el-icon-more-outline"></i>
21            <el-dropdown-menu slot="dropdown"> // 装饰性下拉菜单
22              <el-dropdown-item> 草稿 </el-dropdown-item>
23              <el-dropdown-item> 我的文章 </el-dropdown-item>
24              <el-dropdown-item> 专栏 · 发现 </el-dropdown-item>
25            </el-dropdown-menu>
26          </el-dropdown>
27        </div>
28      </header>
29    </template>
30    <script>
31    import request from '@/service';                    // 引入 request 方法
32
33    export default {
34      data() {
35        return {
36          name: '',                                     // 用户名
37          isLogin: false,                               // 是否登录
38        }
39      },
40      mounted() {
41        this.checkLogin();                              // 检查是否登录
42      },
43      methods: {
44        async checkLogin() {                            // 检查是否登录方法
45          方法与 MainHeader 组件中 checkLogin 相同
46        },
47      },
48    }
49    </script>
```

很简单的一个 header，主要就是一个发布按钮，用来触发父组件的发布文章方法。checkLogin 方法和 MainHeader 组件中的内容一样，就是用来检查用户是否登录。

8.1.3 文章编辑页主组件开发

下面就可以调用这两个组件了，在 /src/view 文件夹下新建 Editor.vue 文件。

```
01  <template>
02    <div class="editor">
03      <editor-header                          // 调用 EditorHeader 组件
04        @relaseArticles=relaseArticles        // 绑定发布文章方法
05      />
06      <div class="content m-t-50">
07        <el-input                             // 调用 element 中 input 组件
08          v-model="title"                     // 绑定数据
09          class="m-b-15"                      // 绑定 class
10          size="medium"                       // 选择 size
11          placeholder="请输入标题（最多 50 个字）"      // 定义 placeholder 内容
12        />
13        <rich-text-editor                     // 调用 RichTextEditor 组件
14          ref='textEditor'                    // 绑定 ref 属性
15          :content='content'                  // 绑定 content 内容
16          :placeHolder="placeHolder"          // 绑定 placeholder
17          @updateConetent=updateConetent      // 绑定 updateContent 方法
18        />
19      </div>
20    </div>
21  </template>
22  // 引入 EditorHeader 组件
23  import EditorHeader from '@/components/EditorHeader.vue';
24  // 引入 RichTextEditor 组件
25  import RichTextEditor from '@/components/RichTextEditor.vue';
26
27  export default {
28    components: {
29       EditorHeader,                          // 注册 EditorHeader 组件
30      RichTextEditor,                         // 注册 RichTextEditor 组件
31    },
32    data() {
33      return {
34        title: '',                            // 文章标题
35        content: '',                          // 文章内容
36        contentText: '',                      // 文章简介
37        placeHolder: '请输入正文',               // 输入框 placeholder
38      };
39    },
40    methods: {
41      updateConetent(content, contentText) { // 更新文章内容与简介
42        this.content = content;               // 更新内容
```

```
43          this.contentText = contentText;                // 更新简介
44        },
45        relaseArticles() {
46          发布文章方法
47        },
48      },
49    };
50    </script>
```

editor 页面主要调用了两个组件：EditorHeader 和 RichTextEditor。调用部分绑定相应的参数即可。在文章的标题输入方面，使用 element 的 input 组件，没有定制化的修改。

8.1.4 文章编辑页路由注册与效果展示

现在去路由中注册一下这个页面，修改 /src/router.js 文件。

```
01    其他内容
02    import Editor from './views/Editor.vue';             // 引入 Editor 页面
03
04    export default new Router({
05      mode: 'history',
06      routes: [
07        其他内容
08        {
09          path: '/editor/:articleId',                    // 定义编辑页面的 path
10          name: 'editor',                                // 定义编辑页面的 name
11          component: Editor,                             // 定义编辑页面的页面
12        }
13        其他内容
14      ]
15    });
```

如此访问以下地址。

```
http://localhost:8080/editor/0                             // 文章编辑页面
```

编辑页面初步效果如图 8.1 所示。

图 8.1 编辑页面初步效果图

很简单的一个富文本编辑器，为了看上去更清晰，这里添加的功能并不多。Quill 的功能十分丰富，读者也可以自行去官网查看。至此，展示部分的内容基本上完成，下面介绍发布文章的方法。

8.1.5 文章编辑页发布文章方法

修改 Editor.vue 文件。

```
01  <script>
02  其他内容
03  import request from '@/service';                    // 引入 request 方法
04  import { getCookies } from '@/lib/utils';           // 引入 getCookies 方法
05
06  export default {
07    其他内容
08    methods: {
09      relaseArticles() {                               // 发布文章方法
10        // 判断当前路由参数的 articleId 是否为 0，为 0 则新建文章，不为 0 则修改文章
11        if (parseFloat(this.$route.params.articleId) !== 0) {
12          修改文章方法
13        } else {
14          this.createArticle();                        // 调用新建文章方法
15        }
16      },
17      async createArticle() {                          // 新建文章方法
18        await request.post('/articles', {              // post 请求 /articles 接口
19          content: this.content,                       // 传入文章内容
20          // 文章内容长于 100 字符则取前 100 字符，否则取全部内容作为简介
21          excerpt: this.contentText.length > 100 ? this.contentText.slice(0,
100) :
22  this.contentText,
23          title: this.title,                           // 文章标题
24          userId: getCookies('id'),                    // 作者 id
25        }).then((res) => {
26          if (res.data.status === 201) {               // 返回状态为 201 则新建成功
27            this.$Message.success('文章新建成功！'); // 成功后提示
28          } else {
29            this.$Message.error(res.error);            // 错误信息提示
30          }
31        });
32      },
33    },
34  };
</script>
```

创建文章时，使用 request 方法 post 了 /articles 接口，所带参数为文章内容、文章简介、文章标题和作者 id。写完请求之后，还需要对 /articles 接口进行跨域处理，修改根文件夹下的 vue.config.js 文件，在 proxy 选项下添加以下内容。

```
01   '/articles': {
02     target: 'http://127.0.0.1:8081', // 请求 /articles 接口跳转到目标地址
03   },
```

先在编辑下面填写上测试内容，之后单击右上角的“发布”按钮，在浏览器控制台的 Network 栏找到请求，可以看到传递的参数，如图 8.2 所示。

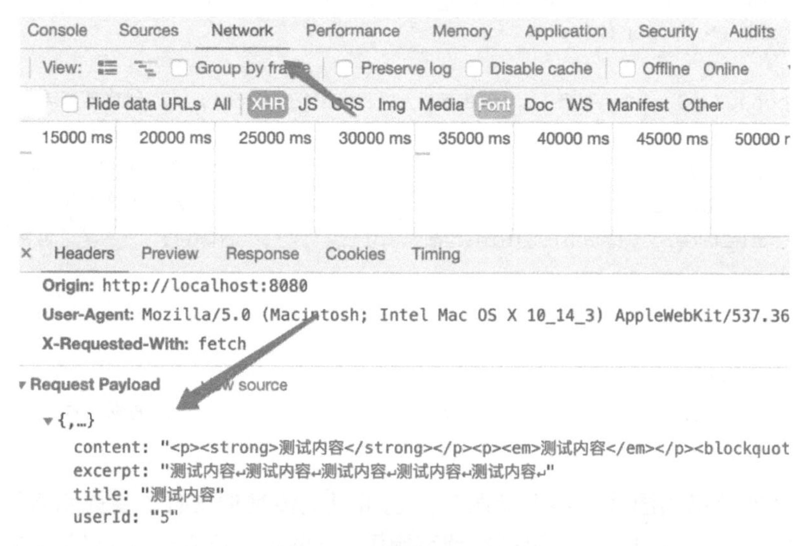

图 8.2　创建文章请求参数

参数与代码里写的一样，证明请求成功，现在富文本的内容暂时告一段落，下面开发图片的上传与存储服务。

8.1.6　图片的上传接口开发

图片上传是此次项目中无法避免的问题，可以选择商用的图片服务器，每次上传图片到服务器上，返回文件名和文件地址。这样做的稳定性还是比较高的，缺点可能就是需要付费。或者也可以自己写一个小型的图片存储系统，满足自己使用即可。

这里写了一个文件上传系统，因为篇幅问题，写得比较简单，满足日常的使用是没有问题的。首先在后端服务中安装 crypto-js 插件，此插件用来为文件生成唯一的 hash 值，确保其唯一性。

```
npm i crypto-js -S
```

安装完成后在 /src/routes 路径下新建 imgs.js。

```
01   const fs = require('fs');            // 引入 fs 插件（系统自带，无须安装）
```

```
02  const path = require('path');                        // 引入当前路径
03  const CryptoJS = require('crypto-js');               // 引入 crypto-js 插件
04  const moment = require('moment');                    // 引入 moment 插件
05
06  const upload = async (ctx, next) => {                // 上传文件方法
07    const file = ctx.request.files.file;               // 获取上传文件
08    // 利用时间和文件获取唯一的 hash 值
09    const hash = hash = CryptoJS.MD5('${file.path}_${moment()}');
10    const reader = fs.createReadStream(file.path);     // 创建可读流
11    // 创建文件路径
12     let filePath = path.join(__dirname, '../../public/imgs') + '/${hash}.
${file.name.split('.').pop()}';
13
14    const upStream = fs.createWriteStream(filePath); // 创建可写流
15    reader.pipe(upStream);                             // 可读流通过管道写入可写流
16    ctx.body = {                                       // 图片写入成功后返回值
17      status: 201,                                     // 返回状态
18      fileName: '${hash}.${file.name.split('.').pop()}',      // 返回图片名
19    };
20  };
21
22  module.exports = {
23    'POST /imgs/upload' : upload,                      // 暴露接口
24  }
```

这是一个很简单的图片上传存储服务，也可以上传其他文件。首先引入了 fs、path 和 CryptoJS 这 3 个插件。fs 用来对文件进行读写操作；path 用来获取当前文件的绝对路径，保证图片的存储位置；CryptoJS 用来给图片命名，保证不会出现重名图片相互覆盖的问题。

上传过程中，第一步会获取文件的二进制流，前端上传图片给服务器都是这种形式。之后通过 CryptoJS 获取此文件唯一的 hash 值，再使用 fs 创建文件可读流。利用 hash 值和 path 创建文件存储位置之后，即可创建文件可写流，这里将图片存储在后端服务根文件夹下的 public 文件夹下。之后通过 pipe 方法将可读流写入可写流，完成文件的存储。

文件存储完成后，返回文件地址即可。存储在本地，会有一个绝对地址；存储在服务器上，则会有一个线上地址。若想防止服务器地址突然变化，可以只返回一个文件名，前端拼接文件地址后才可访问，这里偷懒直接返回了地址。

写完上传方法之后，还需要对后端服务进行一些配置，否则后端无法正常接收图片，首先安装 koaBody。

```
npm i koaBody -S
```

安装完成后，修改根文件夹下的 app.js 文件，将原本的 bodyparser 替换成 koaBody。

```
01  // 替换前内容
02  app.use(bodyparser({                      // 使用 bodyparser 获取请求体内容
03    enableTypes:['json', 'form', 'text']
04  }))
```

```
05  // 替换后内容
06  app.use(koaBody({                      // 使用 koaBody 获取请求体内容
07    multipart: true,                     // 多类型支持
08    strict   : false,                    // 如果为 true，不解析 get,head,delete 请求
09    formidable: {
10        // 设置上传文件大小最大限制，默认 2MB，修改为 20MB
11        maxFileSize: 20*1024*1024
12    }
13  }));
```

这样做的目的是增加后端服务对请求体类型的支持，原本的 bodyparser 不支持二进制流的图片，而 koaBody 不仅支持，还能限制大小。至此后端服务部分的内容就完成了，可以用前端来测试一下。

8.1.7 图片上传前端开发

回到前端项目，编辑 /src/views 文件夹下的 Editor.vue 文件。

```
01  <template>
02    <div class="editor">
03      其他内容
04      <div class="content m-t-50">
05        <el-upload                                        // element 上传图片插件
06          v-if="imgUrl === ''"                            // 已有图片则不展示
07          class="img-upload m-b-15"                       // 绑定 class
08          drag                                            // 可拖动文件到此处
09          action="/imgs/upload"                           // 上传接口
10          :on-success=uploadSuc                           // 上传成功触发事件
11          accept=".jpg,.jpeg,.JPG,.JPEG,.png,.PNG"        // 上传文件类型
12        >
13          <i class="el-icon-upload"></i>                  // 展示 ICON
14          <div>添加题图</div>                             // 展示文字
15        </el-upload>
16        <img                                              // 图片展示
17          v-if="imgUrl !== ''"                            // 有地址则展示
18          class="oldImg m-b-15"                           // 绑定 class
19          :src=imgUrl                                     // 图片 url
20          @click="$refs.hiddenUpload.click()"             // 单击可再次上传
21        >
22        其他内容
23      </div>
24    </div>
25  </template>
26  <script>
27  import { imgDec } from '@/lib/config.js';               // 引入图片前缀
28
```

```
29  export default {
30    data() {
31      return {
32        其他内容
33        imgUrl: '',                                          // 图片地址
34      };
35    },
36    methods: {
37      uploadSuc(response) {                                 // 上传成功方法
38        this.imgUrl = '${imgDec}${response.fileName}';      // 修改 imgUrl 值
39      },
40    },
41  }
42  </script>
```

使用 element 上传文件组件可以省去自己开发的时间，绑定相应的参数即可。主要问题是上传效果的展示，element 自带的上传文件组件无法直接展示上传后的图片内容，所以需要自己写一个。这里使用 imgUrl 变量存储图片链接，可以通过判断 imgUrl 是否为空来判断当前是否有图片存在。若无图片，则展示上传图片组件；若有，则展示图片，隐藏组件。imgUrl 是由返回的图片名称加上签注组成的。单击图片会触发上传组件的 click 事件，再次上传，上传成功后，修改 imgUrl 变量，图片会再次展示。

上面代码中引入了 config.js 文件中的 imgDec 变量，这里定义一下。在 /src/lib 文件夹下新建 config.js 文件。

```
export const imgDec = 'http:// 服务器 IP 地址 /';
```

图片前缀就是部署项目的服务器的 IP 地址，上传到服务器后，可以通过 nginx 配置来展示图片，由于本地没有配置 nginx，所以暂时无法展示，没关系，等待项目部署即可。

不要以为到这里就完成了，还需要对 /imgs 接口进行跨域处理，在根文件夹下的 vue.config.js 文件中增加以下内容。

```
01  '/imgs': {
02    target: 'http://127.0.0.1:8081', // 请求 /imgs 接口跳转到目标地址
03  },
```

此时重启项目就完成了，可以在编辑页面上传文件做下测试，需要注意的是，因为在本地运行后端项目，返回的文件地址是本地的绝对路径，这在 Vue.js 上是无法识别的，所以会什么都不显示。看到返回值就好了，等项目部署到服务器上就可以顺利运行，无须担心。

8.1.8 富文本组件中的图片上传

完成富文本组件的封装和图片上传服务，就可以将这两者结合起来，将富文本中的图片上传到图片服务。修改富文本组件——/src/components 文件夹下的 RichTextEditor.vue 文件。

```
01   <template>
02     <div>
03       其他内容
04       <el-upload                                    // element 图片上传组件
05         class="hidden"                              // 默认隐藏
06         action="/imgs/upload"                       // 上传接口
07         :on-success=uploadSuc                       // 上传成功方法
08         accept=".jpg,.jpeg,.JPG,.JPEG,.png,.PNG"    // 上传图片类型
09       >
10         <div ref="hiddenUpload"></div>              // 上传文件触发器
11       </el-upload>
12     </div>
13   </template>
14   <script>
15   import { imgDec } from '@/lib/config.js';          // 引入图片前缀
16   其他内容
17
18   export default {
19     其他内容
20     mounted() {
21        // 将富文本的默认图片上传方法改为 imgHandler
22       this.$refs.myQuillEditor.quill.getModule('toolbar').addHandler('image',
this.imgHandler);
23       其他内容
24     },
25     methods: {
26       imgHandler(image) {                        // 处理图片上传事件
27         if (image) {                             // 如果上传了图片
28           this.$refs.hiddenUpload.click();       // 触发上传图片组件的 click 方法
29         }
30       },
31       其他内容
32       uploadSuc(response) {
33         // 在获取到的路径中增加 http 前缀
34         const url = '${imgDec}${response.fileName}'; // 根据前缀和文件名拼接链接
35         // 此处必须是真实链接，否则无效，本地开发用测试链接代替实际连接
36         const  fake = '一个测试图片的链接';
37         // 在富文本框中插入 <img> 标签
38          this.$refs.myQuillEditor.quill.insertEmbed(this.$refs.myQuillEditor.
quill.getSelection(), 'image', fake);
39       },
40     },
41   };
42   </script>
```

上传文件还是调用了 element 的上传图片组件，一直都是隐藏的，通过富文本组件来触发 click 事件。首先在 mounted 钩子上为富文本插件绑定 imgHandler 事件，因此每次在富文本中

上传图片都会触发上传图片组件的 click 事件。之后就是上传成功的方法，此方法主要就是获取到后端返回的 url 后，在富文本框中插入 <img> 标签。

插入标签使用了 Quill 组件自带的 insertEmbed 方法，该方法在插入 <img> 标签时接收 3 个参数：第一个是当前文本的 index，也就是插入的位置，通过 Quill 自带的 getSelection 方法可以得到当前光标停留位置的 index，传入即可；第二个是插入标签的类型，这里是 image；第三个是 <img> 标签的 url，应该使用前面处理后的 url 变量，但还是那个问题，本地开发的图片地址为本地的绝对路径，无法展示，所以此处使用一个 fake 链接来代替 url 变量。

至此完成富文本插件中图片上传的自定义方法，主要调用了 Quill 组件的几个原生 API，如果对此不理解，可以上官网查看，官网上解释得十分详细。

8.2 文章的增、删、改、查

完成富文本和图片上传功能后，就可以进行文章增、删、改、查操作了。

8.2.1 文章新增页面的跳转

前端的新建文章页面已经开发完成，只需要增加一个连接即可，修改 /src/components 文件夹下的 IconButtons.vue 文件。

```
01  <template>
02    <div class="wrapper">
03      <div
04        class="icon-item normal-btn"                          // 外层包裹
05        v-if="exists.indexOf('article') >= 0"                 // 判断是否隐藏
06      >
07        // 跳转到文章编辑页面
08        <router-link :to="{name: 'editor', params: {articleId: 0}}">
09          <i class="el-icon-edit-outline big-icon"></i>      // ICON
10          <p> 写文章 </p>                                     // 文字提示
11        </router-link>
12      </div>
13      其他内容
14    </div>
15  </template>
```

在首页单击“写文章”按钮，系统就会跳转到文章编辑页面，也就是 Editor.vue 文件。

8.2.2 文章相关数据表配置

前端部分先暂时告一段落，下面开始后端开发。首先新建数据库，由于文章有自己的状态，所以需要新建两个表，表结构可以查看第6章的详细讲解。新建结果如图8.3和图8.4所示。

Field	Type	Length	Unsigned	Zerofill	Binary	Allow Null	Key	Default	Extra	Encoding	Collation	Comment
id	INT	11	✓				PRI		auto_incre...			
title	CHAR	20							None	UTF-8	utf8_unicode_	
content	TEXT								None	UTF-8	utf8_unicode_	
excerpt	VARCHAR	150							None	UTF-8	utf8_unicode_	
creatorId	INT	11							None			
createdAt	TIMESTAMP							CURRENT_...	None			
updatedAt	TIMESTAMP							0000-00-...	None			
type	INT	11							None			
cover	VARCHAR	300							None	UTF-8	utf8_unicode_	

■ 图 8.3 artilces 表结构图

Field	Type	Length	Unsigned	Zerofill	Binary	Allow Null	Key	Default	Extra	Encoding	Collation	Comment
id	INT	11	✓				PRI		auto_incre...			
voteUp	TEXT								None	UTF-8	utf8_unicode_	
voteDown	TEXT								None	UTF-8	utf8_unicode_	
favorite	TEXT								None	UTF-8	utf8_unicode_	
thanks	TEXT								None	UTF-8	utf8_unicode_	
targetId	INT	11							None			
createdAt	TIMESTAMP							CURRENT_...	None			
updatedAt	TIMESTAMP							0000-00-...	None			
targetType	INT	11							None			

■ 图 8.4 status 表结构图

新建完成后，需要在后端服务中创建相应的模型，在 /src/models 文件夹内新建 articles.js 文件。

```
01  module.exports = (sequelize, DataTypes) => {
02    const Article = sequelize.define('articles', {      // 定义表名与模型名
03      id: {                                              // 字段名
04        type: DataTypes.INTEGER.UNSIGNED,                // 字段类型
05        primaryKey: true,                                // 是否为主键
06        autoIncrement: true,                             // 是否自增
07      },
08      title: {                                           // 字段名
09        type: DataTypes.CHAR,                            // 字段类型
10      },
11      content: {                                         // 字段名
12        type: DataTypes.TEXT,                            // 字段类型
13      },
14      excerpt: {                                         // 字段名
15        type: DataTypes.CHAR,                            // 字段类型
16      },
17      creatorId: {                                       // 字段名
18        type: DataTypes.INTEGER,                         // 字段类型
19      },
20      type: {                                            // 字段名
21        type: DataTypes.INTEGER,                         // 字段类型
22      },
23      cover: {                                           // 字段名
24        type: DataTypes.CHAR,                            // 字段类型
```

```
25        },
26        createdAt: {                                        // 字段名
27          type: DataTypes.DATE,                             // 字段类型
28        },
29        updatedAt: {                                        // 字段名
30          type: DataTypes.DATE,                             // 字段类型
31        },
32      });
33      Article.associate = (models) => {
34        // 关联 articles 表与 users 表，方便联表查询
35        Article.belongsTo(models.users, { foreignKey: 'creatorId', as: 'author' });
36        // 关联 articles 表与 status 表，方便联表查询
37        Article.hasOne(models.status, { foreignKey: 'targetId', as: 'status' });
38      }
39      return Article;                                       // 暴露对象名
40    };
```

此处的关联是 articles 表的联表查询，查询 articles 表时，如果需要，可以通过相关字段查询 users 表、status 表中的相关内容，belongsTo 和 hasOne 都是一对一关联，区别是关联字段的归属问题。例如，这里的 users 表，artilces 表与其关联，是因为 articles 表中的 craetor 字段是 users 表中的 id 字段，所以使用 belongsTo。status 表中的 targetId 是 articles 表中的 id 字段，所以使用 hasOne 关联。

简单来说，如果 id 字段在当前表上，就使用 hasOne；反之，不在，则使用 belongsTo 字段。foreignKey 是相互关联的字段名，所以在 users 表中就是 creatorId 字段，在 status 表中就是 targetId 字段。as 是一个别名，代表着联表查询结果的字段名。此处提前定义联表查询。若是查询，用直接配置即可；用不到，也不会触发联表查询。

新建 status.js。

```
01  module.exports = (sequelize, DataTypes) => {
02    const Status = sequelize.define('status', {       // 定义表名与模型名
03      id: {                                           // 字段名
04        type: DataTypes.INTEGER.UNSIGNED,             // 字段类型
05        primaryKey: true,                             // 是否为主键
06        autoIncrement: true,                          // 是否自增
07      },
08      voteUp: {                                       // 字段名
09        type: DataTypes.TEXT,                         // 字段类型
10      },
11      thanks: {                                       // 字段名
12        type: DataTypes.TEXT,                         // 字段类型
13      },
14      voteDown: {                                     // 字段名
15        type: DataTypes.TEXT,                         // 字段类型
16      },
17      favorite: {                                     // 字段名
```

```
18          type: DataTypes.TEXT,                   // 字段类型
19        },
20        targetId: {                               // 字段名
21          type: DataTypes.INTEGER,                // 字段类型
22        },
23        targetType: {                             // 字段名
24          type: DataTypes.INTEGER,                // 字段类型
25        },
26        createdAt: {                              // 字段名
27          type: DataTypes.DATE,                   // 字段类型
28        },
29        updatedAt: {                              // 字段名
30          type: DataTypes.DATE,                   // 字段类型
31        },
32      });
33      return Status;                              // 暴露对象名
34    };
```

8.2.3 文章增加删除接口的开发

创建完模型之后，就可以新建文章接口，在 /src/routes 文件夹下新建 articles.js 文件。

```
01  const model = require('../models');         // 引入 model
02  const { articles:Article, status:Status } = model;  // 提取出 Article 和 Status
模型
03  const _ = require('lodash');                // 引入 lodash
04  const utils = require('../lib/utils');      // 引入 utils 组件
05  const {
06    userAttributes,
07    articleAttributes,
08  } = require('../config/default')            // 提取出默认 attributes 配置
09
10  const articleInclude = [{                   // 增加通用 include 配置
11    model: model.users,                       // 包含 users 表
12    attributes: userAttributes,               // 需要的字段
13    as: 'author'                              // 重命名为 author 字段
14  }, {
15    model: model.status,                      // 包含 status 表
16    as: 'status',                             // 重命名为 status
17    where: {
18      targetType: 0,                          // 目标类型为 0 为文章
19    },
20  }];
21  const creatArticles = async (ctx, next) => {  // 创建文章方法
```

```
22    // 从请求中提取出 content、excerpt、title、imgUrl 和 userId 变量
23    const { content, excerpt, title, imgUrl, userId } = ctx.request.body;
24    try {
25      await Article.create({                    // 创建文章
26        content,                                // content 字段
27        excerpt,                                // excerpt 字段
28        title,                                  // title 字段
29        cover: imgUrl,                          // cover 字段
30        creatorId: userId,                      // creatorId 字段
31        type: 0                                 // 类型 0 为文章
32      }).then((res) => {
33        return Status.create({                  // 创建 Status
34          voteUp: '[]',                         // 支持字段
35          voteDown: '[]',                       // 反对字段
36          favorite: '[]',                       // 收藏字段
37          thanks: '[]',                         // 感谢字段
38          targetId: res.dataValues.id,          // 目标 ID
39          targetType: 0,                        // 目标类型
40        }).then((res) => {
41          ctx.response.body = {
42            status: 201,                        // 返回状态
43            msg: '创建成功',                     // 返回信息
44          }
45        })
46      });
47    } catch (error) {
48      utils.catchError(error);                  // 捕获错误
49    }
50  }
51
52  const deleteArticles = async (ctx, next) => {     // 删除文章方法
53    // 提取 articlesId 和 userId 参数
54    const { articleId, userId } = ctx.request.body;
55    const where = {                             // 创建 where 条件
56      id: articleId,                            // id 为 articleId
57      creatorId: userId                         // 作者为传入的 userId 参数
58    };
59    try {
60      // 先判断文章是否存在，如果存在再进行删除操作
61      const articleExist = await Article.findOne({where});
62      if (articleExist) {                       // 文章确实存在
63        await Article.destroy({                 // 删除文章
64          where
65        }).then((res) => {
66          return Status.destroy({               // 删除状态
67            where: {                            // 确定 staus 唯一性
68              targetId: articleId,
```

```
69                targetType: 0,
70              }
71            }).then((response) => {
72              ctx.response.body = {
73                status: 202,                           // 返回状态
74                msg: '删除成功',                        // 返回信息
75              };
76            });
77          });
78        } else {
79          ctx.response.body = {
80            status: 2001,                              // 文章不存在的状态
81            msg: '文章不存在或者没有权限',               // 文章不存在的信息
82          }
83        }
84      } catch (error) {
85        utils.catchError(error);                       // 捕获错误
86      }
87    }
88
89    module.exports = {
90      'POST /articles': creatArticles,                 // 创建文章接口
91      'DELETE /articles': deleteArticles,              // 删除文章接口
92    }
```

声明：对于公用的各种 attributes 参数，这里提前放到 /config/default.js 文件中了，配置如下。

```
01    const config = {
02      其他内容
03      "userAttributes": ['name', 'email', 'avatarUrl', 'headline'],
04      "commentAttributes": ['creatorId', 'content', 'targetId', 'createdAt'],
05      "articleAttributes": ['id', 'title', 'excerpt', 'content', 'cover',
'creatorId', 'type', 'updatedAt'],
06      "questionAttributes": ['id', 'title', 'excerpt', 'discription',
'updatedAt'],
07      "answerAttributes": ['id', 'content', 'excerpt', 'creatorId', 'type',
'targetId', 'updatedAt'],
08    }
```

上面是各类模型的 attributes 字段，这里做了统一配置，需要时直接提取即可，省去多余字段，减少了资源浪费。

artiles.js 文件中，首先提取出之前配置好的公用配置，之后自定义查询参数中的 include 字段，这里需要查询到 users 表和 status 表两个表，目前没有用到，为的是后期查询接口。之后就是新建文章的方法，首先使用 article 模型中 create 方法创建新的数据，字段内容在其中都有配置，与数据库相同即可。创建文章成功后，紧接着使用 status 模型创建新的状态。sequelize

模型支持链式调用也是十分方便。status 创建完成后，就可以返回给前端信息，前端会根据信息进行不同的操作。

这里要说明 status 和 articles 表之间的关系，status 代表着当前个体的状态，例如支持、返回、感谢等。不仅文章需要这个状态，还有回答也需要，所以单独拿出来做成一张表。表中的字段基本上都是 Text 类型，因为里面存的是一个 JSON.strinfiy 之后的数组，每次有人点赞之后，都会在数组中增加用户 id，暨此来判断用户与当前内容的关系，也方便对文章的热度进行排序与查找。type 类型是为了区分文章、问题和答案。文章为 0，问题为 1，答案为 2。如此就可以确定每个 status 的唯一性，不会出现文章和问题共用一个 status 的情况。

每个文章还有自己的作者，也就是 artilces 表和 users 表关联的原因，只需根据 creatorId 字段进行查找即可，无须其他多余字段，此处不再赘述。

介绍完创建文章的方法，下面再讲一下删除文章的方法，请求类型是 delete，据此可判断出触发哪个方法。这时不用把接口改成 /articles/create 和 /articles/delete，前端操作也会更清晰明了。sequelize 中使用 destory 方法进行删除操作，里面填上与需要删除数据相匹配的参数即可。同新建操作一样，删除完文章后，还需删除相应的状态，避免数据库的冗余。

8.2.4 文章查询更新接口开发

文章的新建与删除已经完成，此时前端再进行增加文章操作，即可在数据库中写入正常的数据。接下来开发前端文章查询接口，继续修改 articles.js 文件。

```
01  其他内容
02  const getArticle = async (ctx, next) => {              // 获取单个文章方法
03    const { articleId } = ctx.query;                      // 获取文章 id
04    const where = {                                       // 定义 where 查询参数
05      id: articleId
06    };
07    try {
08      await Article.findOne({                             // 调用 findOne 方法查找
09        where,                                            // where 参数
10        include: articleInclude,                          // include 参数
11        attributes: articleAttributes,                    // attributes 参数
12      }).then((res) => {
13        ctx.response.body = {
14          status: 200,                                    // 返回状态码
15          content: res,                                   // 返回结果
16        }
17      })
18    } catch (error) {                                     // 捕获错误
19      utils.catchError(error);
20    }
21  }
22
23  const getArticleList = async (ctx, next) => {          // 获取文章列表方法
```

```
24     try {
25       const order = [                                      // 定义查询顺序
26         ['id', 'DESC'],                                    // 以 id 倒序查询
27       ];
28       const limit = 10;                                    // 查询个数为 10 个
29       const articleList = await Article.findAll({          // 调用 findAll 方法查询
30         order,                                             // 查询顺序
31         limit,                                             // 查询个数
32         include: articleInclude,                           // 包含参数
33         attributes: articleAttributes,                     // 查询参数
34       });
35       ctx.response.body = {
36         status: 200,                                       // 返回状态码
37         list: articleList,                                 // 返回结果
38       }
39     } catch (error) {                                      // 捕获错误
40       utils.catchError(ctx, error);
41     }
42   }
43
44   const updateArticles = async (ctx, next) => {            // 修改文章方法
45     const {                                                // 获取各类参数
46       articleId,                                           // 修改文章 id
47       content,                                             // 修改后内容
48       excerpt,                                             // 修改后简介
49       title,                                               // 修改后标题
50       imgUrl,                                              // 修改后封面
51       userId                                               // 修改用户 id
52     } = ctx.request.body;
53     const where = {                                        // 定义查询参数
54       id: articleId,
55       creatorId: userId
56     };
57     try {
58       // 先根据作者 id 和文章 id 判断文章是否存在
59       const articleExist = await Article.findOne({where});
60       if (!articleExist) {                                 // 若是文章不存在
61         ctx.response.body = {
62           status: 2001,                                    // 返回状态码
63           msg: '文章不存在或者没有权限'                    // 返回信息
64         };
65       } else {                                             // 若文章存在
66         await Article.update({                             // 调用 update 方法更新
67           content,                                         // 修改后内容
68           excerpt,                                         // 修改后简介
69           title,                                           // 修改后标题
70           cover: imgUrl                                    // 修改后封面
```

```
71          }, {
72            where                                        // 修改哪篇文章
73          }).then((res) => {
74            ctx.response.body = {
75              status: 201,                               // 返回状态码
76              msg: '文章修改成功'                         // 返回信息
77            };
78          });
79        }
80      } catch (error) {                                  // 捕获错误
81        utils.catchError(error);
82      }
83    }
84
85    module.exports = {
86      其他内容
87      'GET /articles': getArticle,                       // 暴露查询单个文章接口
88      'GET /articles/list': getArticleList,              // 暴露查询文章列表接口
89      'PUT /articles': updateArticles                    // 暴露修改文章接口
90    }
```

上面代码实现了单个文章查询、文章列表查询和修改文章 3 个功能：单个文章查询是为文章详情页提供的接口；文章列表查询为首页推荐提供了接口；修改文章是为了修改文章使用的接口。

单个文章查询比较简单，从请求的 query 中拿到文章 id，使用 Sequelize 中的 findOne 方法进行查询，查询条件之前都有定义过，查询字段使用引入的 articleAttributes 变量，include 也是使用之前定义好的变量，查询完成后，将内容返回即可。列表查询使用了 Sequelize 的 findAll 方法，相比单个文章查询多了：order 和 limit 两个参数。order 是查询的顺序，此处根据 id 来进行倒序查询，默认是正序，无须修改。limit 为查询个数，此处定义为 10，每次查询最多只会查询 10 条数据。

文章修改使用了 Sequelize 的 update 方法，此方法主要接收两个参数：第一个是要修改的数据；第二个是用来确定将要被修改的那条数据，此处使用 creatorId 和 articleId 来保证唯一性。当然，查询之前会先判断文章是否存在，若是不存在，则直接返回。

8.2.5 文章列表开发

后端关于文章部分的内容基本完成，下面继续开发前端内容。首先要实现的就是文章列表功能，修改前端项目的 /src/components/MainListWrapper.vue 文件。

```
01    其他内容
02    export default {
03      其他内容
04      watch: {
```

```
05      $route: 'fetchDate',                        // 路由变化重新获取数据
06    },
07    mounted() {
08      this.fetchDate();                           // 页面渲染时获取数据
09    },
10    methods: {
11      fetchDate() {                               // 获取数据方法
12        this.loading = true;                      // 打开 loading
13        if (this.$route.name === 'home') {        // 如果当前是主页
14          this.getNormalList();                   // 触发 getNormalList 方法
15          this.loading = false;                   // 关闭 loading
16        } else if (this.$route.name === 'hot') {  // 如果当前是热榜页
17          其他内容                                 // 获取热榜内容的方法
18        } else {                                  // 如果是其他情况
19          this.getNormalList();                   // 触发 getNormalList 方法
20          this.loading = false;                   // 关闭 Loading
21        }
22      },
23      其他内容
24      async getNormalList() {                     // 获取普通列表方法
25        // 请求文章列表接口
26        await request.get('/articles/list').then((res) => {
27          if (res.data.status === 200) {          // 请求成功
28            this.fakeInfo = res.data.list;        // 将数据赋值到 fakeInfo 上
29          }
30        });
31      },
32    },
33  };
34  </script>
```

此处仅是简单地将之前准备好的 fake 数据去掉，改成请求数据。fetchDate 方法会根据当前路由的不同来获取不同的数据。若是首页，则获取文章列表；若是热榜，则会调用其方法。需要注意的是前面的两个钩子函数，watch 用来在路由变化时修改获取数据，mounted 用来在页面初次渲染时获取数据，两个缺一不可。

此时通过查看首页，就可以看到文章列表，如图 8.5 所示。

因为还没有写评论相关内容，所以评论的数据无法显示，感谢和赞同应该不会如图正常显示，因为还没有修改 /src/components/ListItem.vue 文件。

```
01  <template>                                      // 外层框架
02    <div class="answer-main">
03      <list-item-actions                          // 调用 action 组件
04        v-bind="$attrs"                           // 获取顶级组件参数
05        v-on="$listeners"                         // 获取顶级组件事件
06        :type="type"                              // 元素类型
07        :itemId="item.id"                         // 元素 id
```

```
08          :thanks_count="JSON.parse(item.status.thanks).length"      // 感谢个数
09          :comment_count="item.commentCount"                         // 评论个数
10          :voteup_count="JSON.parse(item.status.voteUp).length"      // 支持个数
11          :relationship="33"                                // 与当前用户关系
12          :showActionItems="showActionItems"                         // 展示内容
13        />
14      </div>
15    </template>
```

v-bind="attrs" 和 v-on="listeners" 是用来监听顶级组件的内容，前一个可以获取父级组件以上的 prop 值，后一个可以获取父级组件以上的方法。这两个属性是 Vue.js 2.4 中新增的，使用时请注意版本。thanks_count 变量原本是绑定的固定数字，这里变成 status 中 thank 属性的长度。因为 thanks 属性本身是被 JSON.stringfiy 的，所以这里需要使用 JSON.parse 转化后才能获取的 length 属性，voteup_count 同理。comment_count 这里还没有添加，可以先写上，后期填补上 coment_count 参数就可以直接使用。

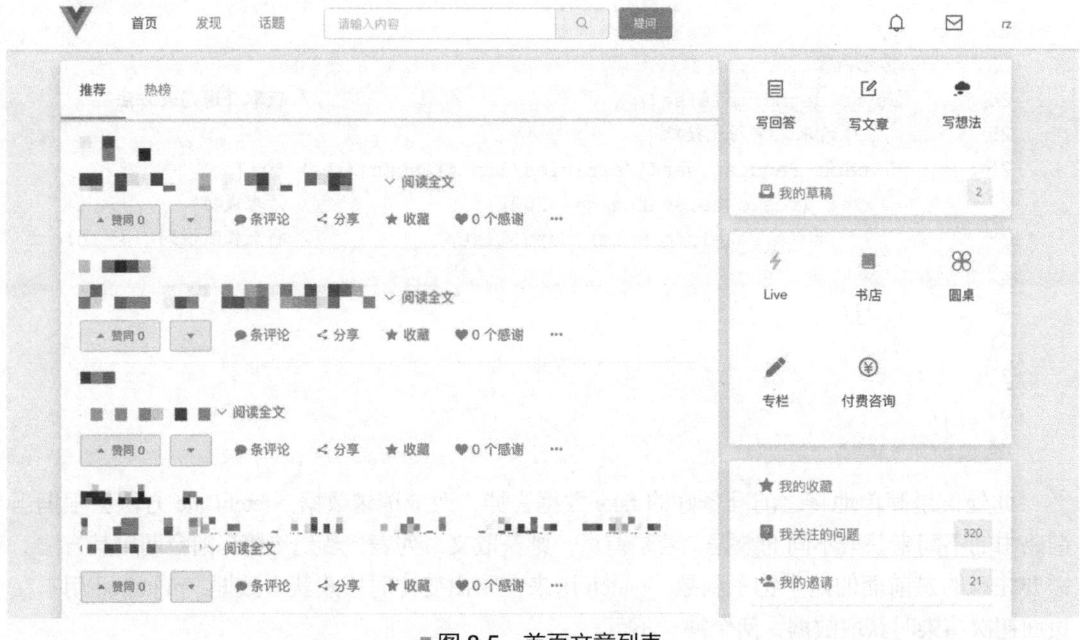

图 8.5 首页文章列表

8.2.6 文章详情页面开发

完成以上内容后，感谢和支持数据即可正常展示，下面开发文章详情页，在 /src/views 文件夹下新建 DetailsArtilce.vue 文件。

```
01    <template>
02      <div class="article-details" v-loading="loading">        // 最外层 loading
03        <div class="article-wrapper">
```

```
04          <div class="cover">
05            <img :src="articleData.cover" alt="">              // 文章封面
06          </div>
07          <h1 class="title">{{articleData.title}}</h1>        // 文章标题
08          <div class="author-info" v-if="articleData.author">  // 作者信息
09            <div class="avatar">                               // 作者头像
10              <img :src="articleData.author.avatarUrl || ''" alt="">
11            </div>
12            <div class="userinfo">
13              <p class="username">
14                {{articleData.author.name}}                    // 作者用户名
15              </p>
16              <p class="headline">
17                {{articleData.author.headline}}                // 作者座右铭
18              </p>
19            </div>
20          </div>
21          // 文章主体内容
22          <div class="content" v-html="articleData.content"></div>
23          // 文章状态，绑定各类内容，类似 ListItem 中的参数绑定
24          <list-item-actions
25            v-if="articleData.status"
26            :itemId="articleData.id"
27            :thanks_count="JSON.parse(articleData.status.thanks).length"
28            :comment_count="articleData.comment.length"
29            :voteup_count="JSON.parse(articleData.status.voteUp).length"
30            :relationship="33"
31            :showActionItems="showActionItems"
32          />
33        </div>
34      </div>
35    </template>
36    <script>
37    // 引入 ListItemActions 组件
38    import ListItemActions from '@/components/ListItemActions.vue';
39    // 引入 requet 方法
40    import request from '@/service';
41
42    export default {
43      data() {
44        return {
45          // ListItemActions 组件展示内容
46          showActionItems: ['vote', 'thanks', 'comment', 'share', 'favorite', '
more'],
47          loading: true,                               // 页面 loading
48          articleData: {},                             // 文章详情
49        };
```

```
50    },
51    components: {
52      ListItemActions,                                    // 注册 ListItemActions 组件
53    },
54    mounted() {
55      this.getArticle();                                  // 渲染完成后获取文章内容
56    },
57    methods: {
58      async getArticle() {                                // 获取文章内容方法
59        await request.get('/articles', {                  // get 请求 /articles 接口
60          articleId: this.$route.params.id,               // 从路由获取文章 id
61        }).then((res) => {
62          if (res.data.status === 200) {                  // 若请求状态为 200
63            this.articleData = res.data.content;          // 赋值数据
64            this.loading = false;                         // 关闭 loading
65          } else {                                        // 若请求状态不是 200
66            this.$Message.error('获取文章失败，请稍后再试'); // 请求失败信息提示
67            this.$router.go(-1);                          // 返回上一页
68          }
69        });
70      },
71    },
72  };
73  </script>
```

这是结构十分简单的一个页面，文章展示部分并不多，内容、标题、封面和作者。展示完成后调用 ListItemAction 组件展示当前文章状态，参数绑定内容与 ListItem 组件中十分相似，在此不再赘述。此页面只有一个方法——getArticle。此方法将当前路由中的 articleId 作为参数传递给 /articles 接口，后端收到后进行查询，然后返回给前端，前端再将数据赋值给 articleDate 变量，进行数据展示。若是请求失败，提示信息后，系统自动跳转到上一页。

页面创建完后，需要在路由中注册一下，否则页面不会跳转，修改 /src/router.js 文件。

```
01  其他内容
02  import DetailsArticles from './views/DetailsArticle.vue';// 引入文章详情组件
03
04  export default new Router({
05    mode: 'history',
06    routes: [
07      其他内容
08      {
09        path: '/article/:id',                           // 定义路由路径
10        name: 'detailsArticles',                        // 定义路由名称
11        component: DetailsArticles,                     // 定义路由组件
12      }
13    ],
```

```
14  });
```

简单定义一下即可，定义完成后，可访问下面的地址来进行测试。

```
http://localhost:8080/article/1
```

8.2.7 文章跳转链接修改

article 后面的 1 代表着文章 id，若是 id 为 1 的文章不存在，可查找数据库获取相应文章 id。文章详情展示成功后，就需要从文章列表中跳转了，每次查看文章都得手动输入路由有点不太合适。修改 /src/components/ListItem.vue 文件。

```
01  <template>
02    <div class="answer-main">
03      <div class="title" v-if="showPart.indexOf('title') >= 0"> // 文章标题展
示部分
04        <h2>
05              // 使用 <router-link> 标签跳转路由，根据 type 字段判断跳转到什么路由
06          <router-link :to="{name: type === 0 ? 'detailsArticles' :
'detailsQuestions', params: {id:
07  item.id}}">
08            {{transtedInfo.title}}
09          </router-link>
10        </h2>
11      </div>
12    </div>
13  </template>
```

上述代码中，给内容标题增加一个 <router-link> 标签用来挑战，首先用三元表达式判断当前类型是否为 0。若为 0，则跳转到名为 detailsArticles 的路由；若不是，则跳转到 detailsQuestions 路由。detailsQuestions 路由还没有定义，没关系，下一小节就会定义，这里先这么写。params 字段给提供了参数，也就是当前元素的 id。

如此，每次单击文章标题时，系统都会跳转到文章详情页，页面会根据路由中文章 id 来进行请求操作。文章修改删除的前端部分目前无法操作，因为其涉及用户主页部分的内容，而用户主页部分的内容在第 10 章才会讲到，所以不要着急，慢慢看下去就好。

8.3 问题的增、改

在进行问题相关操作前，需要明白一件事情，按照知乎的逻辑来说，问题创建后，若有人回答是无法删除的，只能修改。因为问题被人回答过后就不属于作者了，而是一个公用的问题，所以本次项目中直接去掉了问题的删除选项，只能进行修改操作。

8.3.1 问题增加更新前端模块开发

问题的增加和文章的增加后端逻辑相同，先增加 question 内容，再增加 status 内容。前端页面会有一些简化，无须新增页面来创建问题，单击“提问”按钮后，会弹出提示框进行操作，那么首先新建新增问题的提示框，在 /src/components 文件夹下新建 AskModel.vue 文件。

```
01  <template>
02    <div class="ask-model">
03      // 问题标题输入框
04      <el-input type="text" v-model="title" placeholder="写下你的问题，准确地描述问题更容易得到解答"/>
05      <rich-text-editor                                   // 调用富文本插件
06        class="with-border m-t-10"                        // 绑定样式
07        ref="richtext"                                    // 增加 ref 属性
08        :content="discription"                            // 绑定内容
09        :placeHolder="placeHolder"                        // 绑定 placeHolder
10        @updateConetent="updateConetent"                  // 绑定更新内容方法
11      />
12      <div class="footer m-t-10">
13        // 取消按钮，提示框隐藏
14        <el-button @click="$emit('changeAskModelVisiable', false)">取 消</el-button>
15        // 确定按钮，报错更改
16        <el-button type="primary" @click="relaseQuestion">确 定</el-button>
17      </div>
18    </div>
19  </template>
20  <script>
21  import RichTextEditor from './RichTextEditor.vue';    // 引入富文本组件
22  import request from '@/service';                       // 引入 request 方法
23  import { getCookies } from '@/lib/utils';              // 引入 getCookies 方法
24  import _ from 'lodash';                                // 引入 lodash
25
26  export default {
27    props: ['oldItem'],                                  // 传入旧问题内容
28    components: {
29      RichTextEditor,                                    // 注册富文本组件
30    },
31    data() {
32      return {
33        title: '',                                       // 问题标题变量
34        discription: '',                                 // 问题描述变量
35        excerpt: '',                                     // 问题简介变量
36        placeHolder: '输入问题背景、条件等详细信息（选填）'  // 问题placeHolder
37      };
38    },
```

```
39      mounted() {
40        // 首先判断当前是修改还是新建问题
41        if (!_.isEmpty(this.oldItem)) {                    // 若是修改问题
42          this.title = this.oldItem.title;                 // 给 title 赋值
43          this.discription = this.oldItem.discription;  // 给 discription 赋值
44          this.$refs.richtext.updateConetent(this.discription); // 更新富文本组
件内容
45        }
46      },
47      methods: {
48        updateConetent(content, contentText) {          // 富文本组件更新内容
49          this.discription = content;                   // 更新内容
50          // 更新描述
51          this.excerpt = contentText.length > 100 ? contentText.slice(0, 100) :
contentText;
52        },
53        relaseQuestion() {                               // 发布问题方法
54          if (!_.isEmpty(this.oldItem)) {                // 如果是修改问题
55            this.updateQuestion();                       // 触发修改问题方法
56          } else {                                       // 如果是新增问题
57            this.createQuestion();                       // 触发创建问题方法
58          }
59        },
60        async createQuestion() {                         // 创建问题方法
61          await request.post('/questions', {             // post 请求 /question 接口
62            title: this.title,                           // 传入标题
63            excerpt: this.excerpt,                       // 传入简介
64            discription: this.discription,               // 传入描述
65            userId: getCookies('id'),                    // 传入作者 id
66          }).then((res) => {
67            if (res.data.status === 201) {               // 问题创建成功
68              this.$Message.success('问题创建成功');     // 提示信息
69              this.$emit('changeAskModelVisiable', false);    // 提问层隐藏
70            } else {                                          // 问题创建失败
71              this.$Message.error('问题创建失败，请稍后再试'); // 提示信息
72            }
73          })
74        },
75        async updateQuestion() {                         // 更新问题方法
76          await request.put('/questions', {              // put 请求 /questions 接口
77            questionId: this.oldItem.id,                 // 传入问题 id
78            title: this.title,                           // 传入问题标题
79            excerpt: this.excerpt,                       // 传入问题简介
80            discription: this.discription,               // 传入问题描述
81            userId: getCookies('id'),                    // 传入当前用户 id
82          }).then((res) => {
83            if (res.data.status === 202) {               // 问题修改成功
```

```
84            this.$Message.success('问题修改成功');          // 提示信息
85            this.$emit('changeAskModelVisiable', false);  // 提问层隐藏
86            this.$emit('updateQuestion')                  // 更新父组件内容
87          } else {                                        // 问题修改失败
88            this.$Message.error('问题修改失败，请稍后再试'); // 提示信息
89          }
90        })
91      }
92    }
93  }
94  </script>
```

页面布局部分比较简单，一个 <input> 标签，之后调用富文本组件，最后是保存和取消两个按钮。下面重点介绍绑定的一些方法：首先是“取消”按钮触发的方法，此方法是父组件中控制弹出框隐藏和展示的方法，单击“取消”按钮会隐藏当前弹出框。之后是 mounted 钩子中调用了富文本组件中更新内容的方法，会将当前已有的内容传递给富文本组件，此功能在创建富文本组件中讲过。

单击“确定”按钮会触发 relaseQuestion 方法，该方法首先会判断当前是否有旧的问题内容传递进来。如果没有，则是新建；若有，则为修改。新建时会触发 createQuestion 方法。和创建文章时的请求类似，post 请求 /questions 接口，传入问题相应参数，得到返回值再进行相应判断即可。若是修改，则会触发 updateQuestion 方法，put 请求 /questions 接口，传入相应的参数，后端会进行作者身份校验，校验通过则进行修改，否则返回错误信息。

8.3.2 问题增加修改与 header 部分修改

修改 /src/components 文件夹下的 MainHeader 组件。

```
01  <template>
02    <header class="main-header">
03      <el-dialog                        // 提问弹出层，element 的 dialog 组件
04        title="新的问题"                 // 绑定弹出标题
05        :visible.sync="askModelVisiable"     // 弹出层隐藏展示
06        :modal-append-to-body='false'        // 内容是否绑定在 body 上
07      >
08        // 调用 AskModel 组件，绑定 changeAskModelVisiable 方法
09        <ask-model @changeAskModelVisiable=changeAskModelVisiable />
10      </el-dialog>
11      其他内容
12    </header>
13  </template>
14  <script>
15  其他内容
16  import AskModel from './AskModel.vue';     // 引入 AskModel 组件
17
```

```
18  export default {
19    data() {
20      return {
21        其他内容
22        askModelVisiable: false,              // dialog 隐藏展示变量
23      };
24    },
25    components: {
26      AskModel,                               // 注册 AskModel 组件
27    },
28    methods: {
29      其他内容
30      changeAskModelVisiable(status) {        // 修改 dialog 隐藏展示
31        this.askModelVisiable = status;       // 修改 askModelVisiable 内容
32      },
33    },
34  };
35  </script>
```

利用 element 的 dialog 组件实现了提问弹窗的展示和隐藏，通过 askModelVisiable 变量实现状态切换。默认是隐藏的，可以通过 changeAskModelVisiable 方法修改 askModelVisiable 的值。在问题弹窗中，“取消”按钮也是通过触发父组件的方法来实现隐藏效果。关于dialog组件，需要注意 modal-append-to-body 属性，默认状态是 true，也就是说，dialog 组件中的内容会被绑定在 body 上。但绑定在 body 上，若背景层比内容层级高，内容层会被覆盖掉，这不是我们希望看到的，所以把 modal-append-to-body 置为 false，因此弹出框中的内容就会绑定在 header 中，不会出现被覆盖的情况。

最后还需要修改根文件夹下的 vue.config.js 文件，增加一个配置。

```
01  /questions': {
02    target: 'http://127.0.0.1:8081', // 请求 /question 接口跳转到目标地址
03  }
```

前端部分内容到这里就完成了，单击 header 中提问按钮后的效果如图 8.6 所示。

■图 8.6　提问弹窗效果

8.3.3 问题数据表新建

前端部分的内容暂时告一段落，下面开始后端开发，新建 questions 表，结果如图 8.7 所示。

Field	Type	Length	Unsigned	Zerofill	Binary	Allow Null	Key	Default	Extra	Encoding	Collation	Comment
id	INT	11	☑	☐	☐	☐	PRI		auto_incre...			
title	CHAR	20	☐	☐	☐	☐			None	UTF-8	utf8_unicode_	
discription	TEXT		☐	☐	☐	☐			None	UTF-8	utf8_unicode_	
creatorId	INT	11	☐	☐	☐	☐			None			
createdAt	TIMESTAMP		☐	☐	☐	☐		CURRENT_...	on update...			
updatedAt	TIMESTAMP		☐	☐	☐	☐		0000-00-...	None			
type	INT	11	☐	☐	☐	☐			None			
excerpt	VARCHAR	150	☐	☐	☐	☐			None	UTF-8	utf8_unicode_	
answerCount	INT	11	☐	☐	☐	☑		NULL	None			

■ 图 8.7　questions 表结构图

在后端项目中 /src/models 文件夹下新建 questions.js 文件。

```
01  module.exports = (sequelize, DataTypes) => {
02    const Question = sequelize.define('questions', {            // 定义表名与模型名
03      id: {                                                     // 字段名
04        type: DataTypes.INTEGER.UNSIGNED,                       // 字段类型
05        primaryKey: true,                                       // 是否为主键
06        autoIncrement: true,                                    // 是否自增
07      },
08      title: {                                                  // 字段名
09        type: DataTypes.CHAR,                                   // 字段类型
10      },
11      excerpt: {                                                // 字段名
12        type: DataTypes.CHAR,                                   // 字段类型
13      },
14      discription: {                                            // 字段名
15        type: DataTypes.TEXT,                                   // 字段类型
16      },
17      creatorId: {                                              // 字段名
18        type: DataTypes.INTEGER,                                // 字段类型
19      },
20      type: {                                                   // 字段名
21        type: DataTypes.INTEGER,                                // 字段类型
22      },
23      createdAt: {                                              // 字段名
24        type: DataTypes.DATE,                                   // 字段类型
25      },
26      updatedAt: {                                              // 字段名
27        type: DataTypes.DATE,                                   // 字段类型
28      },
29    });
30    Question.associate = (models) => {
31      // 关联 questions 表与 users 表，方便联表查询
32      Question.belongsTo(models.users, { foreignKey: 'creatorId', as: 'author' });
```

```
33    }
34    return Question;                              // 暴露对象名
35  };
```

与 articles 表相同，questons 表也用到联表查询，关联 users 表作为 author 信息。

8.3.4 问题增加更新接口开发

完成模型的新建后，即可开发接口内容，在 /src/routes 文件夹下新建 questions.js 文件。

```
01  const model = require('../models');             // 引入 model
02  const { questions:Question } = model;           // 从 model 中引入 Question 模型
03  const utils = require('../lib/utils');          // 引入 utils
04  const {
05    userAttributes,
06    questionAttributes,
07  } = require('../config/default');                        // 获取 attributes 变量
08
09  const createQuestions = async (ctx, next) => {       // 创建文章方法
10    const {
11      discription,
12      excerpt,
13      title,
14      userId
15    } = ctx.request.body;                         // 获取问题信息
16    try {
17      await Question.create({                     // 创建一条数据
18        discription,                              // 问题描述
19        excerpt,                                  // 问题简介
20        title,                                    // 问题标题
21        creatorId: userId,                        // 作者 id
22        type: 1                                   // 类型
23      }).then((res) => {
24        ctx.response.body = {                     // 创建成功
25          status: 201,                            // 返回状态
26          msg: '创建成功'                          // 返回信息
27        }
28      });
29    } catch (error) {
30      utils.catchError(error);                    // 捕获错误
31    }
32  }
33
34  const updateQuestions = async (ctx, next) => {       // 修改文章方法
35    const {
36      questionId,
```

```
37        content,
38        excerpt,
39        title,
40        userId
41      } = ctx.request.body;                        // 获取修改后问题信息
42      const where = {                              // 确定待修改问题唯一性
43        id: questionId,                            // 问题 id
44        creatorId: userId                          // 作者 id
45      };
46      try {
47        // 先判断待修改问题是否存在
48        const questionExist = await Question.findOne({where});
49        if (!questionExist) {                      // 问题不存在
50          ctx.response.body = {
51            status: 2001,                          // 返回状态
52            msg: '问题不存在或者没有权限'           // 返回信息
53          };
54        } else {
55          await Question.update({                  // 更新问题
56            discription: content,                  // 问题描述
57            excerpt,                               // 问题简介
58            title,                                 // 问题标题
59          }, {
60            where                                  // 查询参数
61          }).then((res) => {
62            ctx.response.body = {                  // 修改成功
63              status: 202,                         // 返回状态
64              msg: '问题修改成功'                   // 返回信息
65            };
66          });
67        }
68      } catch (error) {
69        utils.catchError(error);                   // 捕获错误
70      }
71    }
72
73    module.exports = {
74      'POST /questions': createQuestions,          // 暴露创建问题接口
75      'PUT /questions': updateQuestions            // 暴露更新问题接口
76    }
```

此处增加了两个接口：新增问题和修改问题。它们与文章的新建修改几乎一模一样，并且问题的新建不需要新建 status，因为从知乎的逻辑上来说，问题是无法被点赞和支持反对的，只能评论，所以省去一些工作。

由于内容限制，目前问题部分只能做到这里，等完成答案和评论部分的内容，才能更加细化操作。

8.4 小结

本章主要就是增、删、改、查的介绍，熟悉 Sequelize 的使用。前端部分请求比较简单，只有正常的几个请求类型，需要注意参数的位置。后端不同类型请求的参数位置也不同，这与前端类似。

请求类型主要有 get、post、put 和 delete 这 4 种：get 请求是正常地获取内容请求，不会对数据有任何影响；post 请求用在新增数据上，当然也可以用在数据的修改或删除上，只是这样会造成接口内容的冗余，例如使用 post 删除，接口名就得改成 /articles/delete；put 请求用来修改数据，其实有更细分的 patch 请求来修改数据，只是 koa-router 不支持此种类型的请求，只能作罢；delete 请求不言而喻——删除请求。

前端发送不同类型的请求，后端定义好类似的接口，完全可以根据类型的不同进行不同的操作，不仅省时省力，看上去也更加清晰明了。

数据的修改和删除就不再赘述，内容很少，主要就是数据的联表查询，include 的使用是比较重要的，如果不是很清楚，就需要仔细看看。基本上就是先在 model 中定义好表与表之间的关系，实际查询时增加 include 参数即可。可以根据需求选取内容，不必每次查询都涉及所有关联内容。include 参数之所以不像 attributes 参数那样放在 config 中，是因为其引入 model，在 config 中引用会失效。而且其内容也是固定的，所以每次使用新建即可，无须在 config 中定义。

本章重点是熟练掌握好 Sequelize 的操作和不同请求的配置，下面的章节将开发剩余的答案、评论、状态的增、删、改、查，会出现新的操作方法。

第9章 评论、回答和状态的操作

第 8 章完成了问题和文章的大部分操作，逻辑并不复杂。但下面内容的逻辑就相对比较复杂，尤其是评论的部分，涉及组件的循环调用。状态的相关操作也不能使用之前的更新方法，会用新的方法来进行内容更新。不用担心，这章之后的内容比较简单，项目的难点主要在本章。

本章主要涉及的知识点如下。

- 回答的相关操作
- 组件的循环调用
- 内容状态的修改更新

9.1 问题回答的相关操作

问题的回答还是增、删、改、查操作，当然，不能是简单的 input 输入框，需要用到富文本组件。

9.1.1 问题详情前端页面开发

如果是新建答案，首先要有问题详情页面，在前端项目中 /src/views 文件夹下新建 DetailsQuestion.vue 文件。

```
01    <template>
02    <div class="question-details" v-loading="loading">         // 页面主 loading
03        <div class="question-header">
04          // 修改问题的 dialog 组件
05           <el-dialog title=" 修改问题 " :visible.sync="askModelVisiable" :modal-
append-to-
06    body='false'>
07             <ask-model                                         // 调用 AskModel 组件
08               @changeAskModelVisiable="changeAskModelVisiable"        // 绑定事件
09               @updateQuestion="getQuestion"                    // 绑定事件
10               :oldItem="questionData"                          // 绑定参数
```

```
11          />
12        </el-dialog>
13        <div class="question-header-content">        // 页面 header 内容
14          <div class="question-header-main">
15            <h1 class="question-header-title">
16              {{questionData.title}}                 // 展示问题标题
17              <el-button                             // 编辑按钮
18                type="text"
19                class="m-l-25 gray"
20                @click="askModelVisiable = true"     // 展示编辑弹窗
21              >
22                <i class="el-icon-edit el-icon--left"></i> // ICON
23                编辑                                 // 按钮文字提示
24              </el-button>
25            </h1>
26            <div                                     // 问题描述简介展示
27              class="question-header-details"
28              v-show="showType === 'experct'"        // 展示和隐藏
29              v-if="questionData.excerpt"            // 防止初次渲染报错
30            >
31              <span>{{questionData.excerpt}}</span> // 问题描述简介
32              <el-button                             // 展开简介按钮
33                class="btn-no-padding m-l-10"
34                type="text"
35                icon="el-icon-arrow-down"
36                @click="showType = 'all'"            // 修改 showType 变量
37              >
38                阅读全文                             // 按钮文字提示
39              </el-button>
40            </div>
41            <div                                     // 问题描述详情展示
42              class="question-header-details"
43              v-show="showType === 'all'"            // 展示和隐藏
44              v-if="questionData.excerpt"            // 防止初次渲染报错
45            >
46              <div v-html="questionData.discription"></div>  // 问题描述详情
47              <el-button                             // 收起详情按钮
48                class="btn-no-padding"
49                type="text"
50                icon="el-icon-arrow-up"
51                @click="showType = 'experct'"        // 修改 showType 变量
52              >
53                收起                                 // 文字提示
54              </el-button>
55            </div>
56          </div>
57          静态展示部分
```

```
58          </div>
59          <div class="question-header-footer">          // 问题相关操作按钮
60            <div class="question-header-footer-inner">
61              <div class="question-header-footer-main">
62                <div class="question-header-btnGroup">
63                  <el-button type="primary">关注问题</el-button> // 关注问题按钮
64                  <el-button                            // 新建答案按钮
65                    type="primary"
66                    plain
67                    icon="el-icon-edit"
68                    @click="showAnswerPart()"           // 展示新建问题输入框
69                    :disabled="!currentAnswerEmpty"   // 按钮置灰
70                  >写回答</el-button>
71                </div>
72                <div class="question-header-actions">
73                  <el-button class="button" type="info" plain>  // 邀请回答按钮
74                    <span class="el el-icon-fakezhihu-add-person-fill"></span>
75                    邀请回答
76                  </el-button>
77                  <list-item-actions                    // 调用ListItemActions组件
78                    class="actions"
79                    :itemId="questionData.id"           // 绑定id
80                    :type=1                              // 绑定类型
81                                                         // 绑定展示元素
82                    :showActionItems="['comment', 'share', 'more']"
83                  />
84                </div>
85              </div>
86            </div>
87          </div>
88        </div>
```

代码过长，此处分割一下。

```
01        <div class="question-main">
02          <div class="question-main-clo">
03            // 回答展示框，绑定用户信息 loading
04            <el-card class="m-b-15" v-loading="authorLoading" v-show="answer
Visiable">
05              <div class="author-info m-t-25">
06                <div class="avatar">
07                  <img :src="authorInfo.avatarUrl || ''" alt="">  // 用户头像
展示
08                </div>
09                <div class="userinfo">
10                  <p class="username">
11                    {{authorInfo.name}}                  // 用户名展示
```

```
12                  </p>
13                  <p class="headline">
14                    {{authorInfo.headline}}              // 座右铭展示
15                  </p>
16                </div>
17                <rich-text-editor                        // 调用富文本组件
18                  class="with-border m-t-25 m-b-15"
19                  ref="richtext"
20                  :content="answerContent"               // 绑定内容
21                  :placeHolder="placeHolder"             // 绑定 placeHolder
22                  @updateContent="updateContent"         // 绑定更新内容方法
23                />
24                <div class="m-b-25">
25                  // 取消按钮，回答框隐藏
26                   <el-button type="default" @click="answerVisiable = false">取
消 </el-button>
27                  // 创建问题按钮
28                  <el-button type="primary" @click="createAnswer">提交回答 </el-
button>
29                </div>
30              </div>
31            </el-card>
32             回答展示
33          </div>
34          <div class="question-main-sidebar">
35            静态侧边栏展示内容
36            <sidebar-footer />                           // 展示侧边栏 footer
37          </div>
38        </div>
39      </div>
40    </template>
```

上面是 HTML 部分内容，主要分为问题展示、回答展示和侧边栏三大块。问题展示包括问题标题、简介和状态。标题和简介比较简单；状态是问题相关的评论，包含编写回答的弹出组件。虽然提问者的信息不用展示，但仍需获取作者信息后对问题进行修改。侧边栏完全由静态内容构成，最下方引用了之前写好的 SidebarFooter 组件。

9.1.2 问题详情前端逻辑开发

下面是 DetailsQuestion.vue 文件的 js 部分。

```
01    <script>
02    // 引入 ListItemActions 组件
03    import ListItemActions from '@/components/ListItemActions.vue';
04    // 引入侧边栏组件
```

```
05  import SidebarFooter from '@/components/SidebarFooter.vue';
06  // 引入提问组件
07  import AskModel from '@/components/AskModel.vue';
08  // 引入富文本组件
09  import RichTextEditor from '@/components/RichTextEditor.vue';
10  // 引入请求方法
11  import request from '@/service';
12  // 引入获取 cookies 方法
13  import { getCookies } from '@/lib/utils';
14
15  export default {
16    components: {
17      ListItemActions,                           // 注册 ListItemActions 组件
18      SidebarFooter,                             // 注册侧边栏组件
19      AskModel,                                  // 注册提问组件
20      RichTextEditor,                            // 注册富文本组件
21    },
22    data() {
23      return {
24        questionData: {},                        // 问题详情变量
25        loading: true,                           // 页面 loading
26        authorLoading: false,                    // 用户 loading
27        answerVisiable: false,                   // 回答框是否可见
28        commentShowType: 'all',                  // 评论展示状态
29        showType: 'experct',                     // 问题详情展示状态
30        askModelVisiable: false,                 // 修改问题框是否可见
31        answerContent: '',                       // 回答内容
32        answerExperct: '',                       // 回答内容简介
33        placeHolder: '写回答',                   // 回答输入 placeholder
34        authorInfo: {},                          // 作者信息
35        currentAnswer: {},                       // 当前作者回答
36      };
37    },
38    mounted() {                                  // 页面初始化钩子
39      this.getQuestion();                        // 获取问题数据
40    },
41    methods: {
42      async getQuestion() {                      // 获取问题数据方法
43        this.loading = true;                     // 打开页面 loading
44        await request.get('/questions', {        // get 请求 /questions 接口
45          questionId: this.$route.params.id,     // 传入当前问题 id 作为参数
46        }).then((res) => {
47          this.questionData = res.data.content;// 返回内容写入 questionData 变量
48          this.loading = false;                  // 关闭 Loading
49        });
50      },
51      async getAuthorInfo() {                    // 获取作者信息
```

```
52          this.authorLoading = true;          // 打开作者 loading
53          await request.get('/users', {       // get 请求 /users 接口
54            userId: getCookies('id'),         // 传入当前用户 id 作为参数
55          }).then((res) => {
56            if (res.data.status === 200) {
57              this.authorInfo = res.data.content;// 返回内容写入 authorInfo 变量
58              this.authorLoading = false;     // 关闭作者 Loading
59            }
60          });
61        },
62        async createAnswer() {                // 创建回答方法
63          this.authorLoading = true;          // 开启作者 loading
64          await request.post('/answers', {    // post 请求 /answers 接口
65            creatorId: getCookies('id'),      // 传入作者 id
66            content: this.answerContent,      // 传入回答内容
67            excerpt: this.answerExperct,      // 传入回答简介
68            targetId: this.questionData.id,   // 传入当前问题 id
69          }).then((res) => {
70            if (res.data.status === 201) {
71              this.$Message.success('回答成功');// 回答成功
72              this.authorLoading = false;     // 关闭作者 loading
73              this.answerVisiable = false;    // 关闭回答框
74              this.getQuestion();             // 再次获取问题详情
75            } else {
76              this.$Message.error('回答失败，请稍后再试');     // 回答失败提示
77            }
78          });
79        },
80        changeAskModelVisiable(status) {      // 修改回答框状态
81          this.askModelVisiable = status;
82        },
83        updateContent(content, contentText) { // 更新回答内容方法
84          this.answerContent = content;       // 更新回答内容
85          // 更新回答简介内容
86          this.answerExperct = contentText.length > 100 ? contentText.slice
(0, 100) : contentText;
87        },
88        showAnswerPart() {                    // 展示回答框方法
89          this.answerVisiable = true;         // 回答框可见
90          this.getAuthorInfo();               // 获取用户信息
91        },
92      },
93    };
94    </script>
```

上面的代码主要包含以下几个方法。

1. 获取作者信息，用于新建回答时展示作者信息。

2. 获取问题详情，用户页面展示。

3. 新建回答，用户创建新的回答。

4. 改变回答框状态，用户回答框组件取消回答时隐藏回答框。

5. 更新当前回答内容，用户创建新回答时富文本组件实时更新回答内容和简介。

6. 展示回答框，使回答框可见的同时获取作者信息，开启回答框 loading。

以上方法主要实现的功能是，问题详情的展示、回答的新建和问题修改框的展示。问题修改的方法放在 AskModel 组件中。问题详情的展示也是可以隐藏的，原理同回答的展示隐藏。新建回答时，首先要单击“写回答”按钮，系统展示出新建回答的组件，此时回答组件进入加载状态，因为要加载当前用户信息。加载完成后，用户即可创建回答，创建成功后，回答组件隐藏，页面重新进入加载状态，更新问题数据。

前端部分到此为止，下面开发后端部分内容。

9.1.3 新建回答数据表

首先新建数据表，结果如图 9.1 所示。

Field	Type	Length	Unsigned	Zerofill	Binary	Allow Null	Key	Default	Extra	Encoding	Collation	Comment
id	INT	11	☑	☐	☐	☐	PRI		auto_incre...			
content	TEXT		☐	☐	☐	☐			None	UTF-8	utf8_unicode_	
excerpt	VARCHAR	150	☐	☐	☐	☐			None	UTF-8	utf8_unicode_	
creatorId	INT	11	☐	☐	☐	☐			None			
createdAt	TIMESTAMP		☐	☐	☐	☐		CURRENT_...	on update...			
updatedAt	TIMESTAMP		☐	☐	☐	☐		0000-00-...	None			
type	INT	11	☐	☐	☐	☐		2	None			
targetId	INT	11	☐	☐	☐	☐			None			

■图 9.1　answers 表结构图

新建完成后在后端项目中 /src/models 文件夹下新建 answers.js 文件。

```
01  module.exports = (sequelize, DataTypes) => {
02    const Answer = sequelize.define('answers', {      // 定义表名与模型名
03      id: {                                           // 字段名
04        type: DataTypes.INTEGER.UNSIGNED,             // 字段类型
05        primaryKey: true,                             // 是否为主键
06        autoIncrement: true,                          // 是否自增
07      },
08      creatorId: {                                    // 字段名
09        type: DataTypes.INTEGER,                      // 字段类型
10      },
11      content: {                                      // 字段名
12        type: DataTypes.TEXT,                         // 字段类型
13      },
14      excerpt: {                                      // 字段名
15        type: DataTypes.CHAR,                         // 字段类型
16      },
17      type: {                                         // 字段名
```

```
18          type: DataTypes.INTEGER,                    // 字段类型
19        },
20        targetId: {                                   // 字段名
21          type: DataTypes.INTEGER,                    // 字段类型
22        },
23        createdAt: {                                  // 字段名
24          type: DataTypes.DATE,                       // 字段类型
25        },
26        updatedAt: {                                  // 字段名
27          type: DataTypes.DATE,                       // 字段类型
28        },
29      });
30      Answer.associate = (models) => {
31        // 关联answers表与users表，方便联表查询
32         Answer.belongsTo(models.users, { foreignKey: 'creatorId', as: 'author'
});
33        // 关联answers表与questions表，方便联表查询
34        Answer.belongsTo(models.questions, { foreignKey: 'targetId', as: 'quest
ion' });
35        // 关联answers表与status表，方便联表查询
36        Answer.hasOne(models.status, { foreignKey: 'targetId', as: 'status' );
37      }
38      return Answer;
39    };
```

创建完模型之后，就可以新建答案接口。

9.1.4 回答查找、删除和更新接口

在/src/routes文件夹下新建answers.js文件。

```
01    const model = require('../models');              // 引入models
02    const { answers:Answer, status:Status } = model;  // 获取Answer和Staus模型
03    const { answerAttributes } = require('../config/default')
                                                        // 获取answerAttributes变量
04    const _ = require('lodash');                      // 引入lodash
05
06    const createAnswer = async (ctx, next) => {       // 创建回答方法
07      // 引入作者id、问题id、回答内容和回答简介参数
08      const { creatorId, targetId, content, excerpt } = ctx.request.body;
09      try {
10        await Answer.create({                         // sequelize创建方法
11          creatorId,                                  // 作者id
12          targetId,                                   // 问题id
13          content,                                    // 回答内容
14          excerpt,                                    // 回答简介
```

```
15          type: 2,                                          // 当前元素类型
16          }).then((res) => {                                // 创建成功后
17          return Status.create({                            // 创建 status
18              voteUp: '[]',                                 // 支出数量
19              voteDown: '[]',                               // 反对数量
20              favorite: '[]',                               // 收藏数量
21              thanks: '[]',                                 // 感谢数量
22              targetId: res.dataValues.id,                  // 回答 id
23              targetType: 2,                                // 目标元素类型
24          }).then((res) => {
25              ctx.response.body = {                         // 创建成功
26              status: 201,                                  // 返回状态
27              msg: '创建成功'                                // 返回信息
28              }
29          })
30          });
31      } catch (error) {
32        utils.catchError(error);                            // 捕获错误
33      }
34    }
35
36    const deleteAnswers = async (ctx, next) => {            // 删除回答方法
37      // 获取回答 id 和用户 id 参数
38      const { answerId, userId } = ctx.request.body;
39      const where = {                                       // 创建 where 参数
40        id: answerId,                                       // 回答 id
41        creatorId: userId                                   // 作者 id
42      };
43      try {
44        // 首先查询是否存在
45        const answerExist = await Answer.findOne({where});
46        if (answerExist) {                                  // 若是存在
47          await Answer.destroy({                            // sequelize 的删除方法
48            where                                           // 删除条件
49          }).then((res) => {                                // 删除成功后
50            return Status.destroy({                         // 删除 status
51              where: {                                      // 删除条件
52                targetId: answerId,                         // 目标 id
53                targetType: 2,                              // 目标类型
54              }
55            }).then((response) => {                         // 删除成功后
56              ctx.response.body = {                         // 返回内容
57                status: 202,                                // 返回状态
58                msg: '删除成功',                             // 返回信息
59              };
60            });
61          });
```

```
62        } else {                                        // 若是不存在
63          ctx.response.body = {                         // 返回内容
64            status: 2001,                               // 返回状态
65            msg: '答案不存在或者没有权限',                // 返回信息
66          }
67        }
68      } catch (error) {
69        utils.catchError(error);                        // 捕获错误
70      }
71    }
72
73    const updateAnswer = async (ctx, next) => {         // 更新回答方法
74      // 获取作者id、回答id、回答内容和回答简介参数
75      const { creatorId, answerId, content, excerpt } = ctx.request.body;
76      const where = {                                   // 创建更新条件
77        creatorId,                                      // 作者id
78        id: answerId,                                   // 回答id
79      }
```

代码过长，此处分割一下。

```
01      try {
02        // 首先查询是否存在
03        const answerExist = await Answer.findOne({ where });
04          if (answerExist) {                            // 若是存在
05            await Answer.update({                       // Sequelize的更新方法
06              content,                                  // 更新回答内容
07              excerpt,                                  // 更新回答简介
08            }, {
09              where                                     // 更新条件
10            }).then((res) => {                          // 更新成功后
11              ctx.response.body = {                     // 返回内容
12                status: 201,                            // 返回状态
13                msg: '答案修改成功'                      // 返回信息
14              };
15            });
16          } else {                                      // 若是不存在
17              ctx.response.body = {                     // 返回内容
18              status: 2001,                             // 返回状态
19              msg: '答案不存在或者没有权限'               // 返回信息
20            };
21          }
22      } catch (error) {
23        utils.catchError(error);                        // 捕获错误
24      }
25    }
26
```

```
27  module.exports = {
28    'POST /answers': createAnswer,                    // 暴露创建回答接口
29    'DELETE /answers': deleteAnswers,                 // 暴露删除回答接口
30    'PUT /answers': updateAnswer,                     // 暴露更新回答接口
31  }
```

为了方便，这里一次把增、删、改 3 个操作都写了，操作上和文章问题差别不大，使用 Sequelize 的常规方法，现在可以在前端界面写下第一个回答了，界面如图 9.2 所示。

■ 图 9.2　新建回答界面

富文本输入框上面是当前用户的信息，也就是之前请求的用户信息，用户信息在加载时整个输入框会进入 loading 状态，用户信息获取到之后可以新建回答，新建完成后可以在数据库中看到新建的数据，但页面上依然不可见，下面开始开发回答展示部分内容。

9.1.5　问题答案的查询接口

回答的展示比较简单，首先需要在问题详情接口上增加回答信息，修改后端项目中 /src/routes 文件夹下的 questions.js 文件。

```
01  其他内容
02  const getQuestion = async (ctx, next) => {          // 查询问题详情方法
03    const { questionId } = ctx.query;                 // 获取参数中的问题 id
04    // 第一种方法，分开查询
05    const questionWhere = {                           // 问题查询条件
06      id: questionId                                  // 查找 id 相符的问题
07    };
08    const questionInclude = [{                        // 问题关联内容
09      model: model.users,                             // 关联 users 表
10      attributes: userAttributes,                     // users 表指定字段
11      as: 'author'                                    // 查询结果重命名
```

```
12      }];
13      const answerWhere = {                      // 答案查询条件
14        targetId: questionId                     // 查找目标 id 相符的回答
15      };
16      const answerInclude = [{                   // 答案关联内容
17        model: model.users,                      // 关联 users 表
18        attributes: userAttributes,              // users 表指定字段
19        as: 'author'                             // 查询结果重命名
20      }, {
21        model: model.status,                     // 关联 status 表
22        as: 'status',                            // 查询结果重命名
23        where: {                                 // status 查询类型
24          targetType: 0,                         // 目标类型为 0 的 status
25        },
26      }];
27      // 第二种方法，直接用 questions 表关联， 查询所有内容
28      const include = [{                         // 定义 questions 表的关联关系
29        model: model.users,                      // 关联 users 表
30        attributes: userAttributes,              // users 表指定字段
31        as: 'author'                             // 查询结果重命名
32      }, {
33        model: model.answers,                    // 关联 answers 表
34        as: 'answer',                            // 查询结果重命名
35        // 查询结果可以为空值，否则会互相过滤导致没有值返回
36        required: false,
37        attributes: answerAttributes,            // answers 表指定字段
38        include: [{                              // answers 表再次关联
39          model: model.status,                   // 关联 status 表
40          as: 'status',                          // 查询结果重命名
41          where: {                               // status 查询类型
42            targetType: 2,                       // 目标类型为 2 的 status
43          },
44        },{
45          model: model.users,                    // 关联 users 表
46          attributes: userAttributes,            // users 表指定字段
47          as: 'author',                          // 查询结果重命名
48        }]
49      }];
50      // 准备进行查询操作，用 try…catch 语法捕获错误
51      try {
52         // 第一种查询方法，分开查询，最后合成结果
53         // 先查询问题内容
54        const questionContent1 = await Question.findOne({
55          where: questionWhere,                  // 查询条件
56          attributes: questionAttributes,        // 查询字段
57        });
58        // 再查询回答内容
```

```
59        const answerList = await Answer.findAndCountAll({
60          where: answerWhere,                              // 查询条件
61          include: answerInclude,                          // 关联内容
62          attributes: answerAttributes,                    // 查询字段
63        });
64
65        const finalData = questionContent1;                // 获取问题内容
66        // 将答案查询结果放到问题查询结果中，即得到最终结果
67        finalData.dataValues.answer = answerList.rows;
68        // 第二种查询方法，直接使用 questions 表关联所有内容进行查询
69        const questionContent2 = await Question.findOne({
70          where: questionWhere,                            // 查询条件
71          include: include,                                // 关联内容
72          attributes: questionAttributes,                  // 查询字段
73        });
74        ctx.response.body = {                              // 返回结果
75          status: 200,                                     // 返回状态
76          content: finalData,    // 返回内容（选择第一种方法则为 questionContent2)
77        }
78      } catch (error) {
79        utils.catchError(error);                           // 捕获错误
80      }
81    }
82    其他内容
```

这里使用两种方法解决问题查询：第一种是分开查询，先查询问题，再查询该问题下的答案，最后将两者合二为一返回；第二种是直接使用问题作为目标进行复杂的关联查询，一步到位。两种方法各有各的优点：第一种将查询分开，代码结构更加清晰，理解、修改起来更加方便。第二种是一次性操作，不用查询两次，但是代码结构较为复杂，最后生成的SQL语句很长。这里推荐第一种方法，主要是为了后期的维护和代码可读性。

9.1.6 问题回答的前端展示

问题查询修改之后，就可以在前端进行展示，修改前端项目中 /src/views 文件夹下的 DetailsQuestion.vue 文件。

```
01    <template>
02      <div class="question-details" v-loading="loading">       // 页面框架
03        其他内容
04        <div class="question-main">                            // 页面框架
05            <div class="question-main-clo">                    // 页面框架
06                其他内容
07                <el-card v-show="!currentAnswerEmpty" class="m-b-25">
                                                                 // 当前用户的回答
08            <list-item                                         // 单个回答展示
```

```
09                class="without-border no-padding"               // 添加样式
10                :item="currentAnswer"                           // 绑定 item
11                :showPart="['creator', 'votes']"                // 展示内容
12                :type="2"                                       // 元素类型
13              />
14            </el-card>
15            <el-card v-show="allAnswerLength === 0">            // 问题没有回答展示
16              <div class="no-answer m-t-25 m-b-25">
17                当前问题没有回答                                // 没有回答提示
18              </div>
19            </el-card>
20            // 其他回答列表展示，先判断是否有回答，再展示
21            <el-card v-show="questionData.answer ? questionData.answer.length >
0 : false">
22              <div class="list">
23                <div class="list-header">                       // 显示回答个数
24                  <span>{{questionData.answer ? questionData.answer.length : 0}}
个回答
25    </span>
26                </div>
27                // 循环其他回答，依次展示
28                <div class="list-item" v-for="(answer, index) in
29    questionData.answer" :key="index">
30                  <list-item                                    // 调用 ListItem 组件
31                    :item="answer"                              // 绑定 item
32                    :index="index"                              // 绑定 index
33                    :showPart="['creator', 'votes']"            // 展示部分
34                    :type="2"                                   // 元素类型
35                  />
36                </div>
37              </div>
38            </el-card>
39             </div>
40        </div>
41        其他内容
42      </div>
43    </template>
44    <script>
45    import ListItem from '@/components/ListItem.vue';    // 引入 ListItem 组件
46    其他内容
47
48    export default {
49      components: {
50        ListItem,                                        // 注册 ListItem 组件
51        其他内容
52      },
53      computed: {                                        // 计算属性
```

```
54      currentAnswerEmpty() {                          // 当前用户的回答是否为空
55        return _.isEmpty(this.currentAnswer);
56      },
57      allAnswerLength() {                             // 所有回答个数
58       // 当前问题中回答个数
59       const questionDataAnswerLength = this.questionData.answer ?
60  this.questionData.answer.length : 0;
61      // 返回所有回答个数
62      return this.currentAnswerEmpty ? questionDataAnswerLength :
63  questionDataAnswerLength + 1;
64      },
65    },
66    methods: {
67      async getQuestion() {                           // 获取问题详情方法
68        this.loading = true;                          // 打开 Loading
69        await request.get('/questions', {             // get 请求 /questions 接口
70          questionId: this.$route.params.id,          // 将当前问题 id 作为参数
71        }).then((res) => {
72          this.questionData = res.data.content; // 将返回值赋值给 questionData 变量
73           // 循环当前问题回答，选择当前用户的回答赋值给 currentAnswer 变量，其余的赋
值给 questionData 变量的 answer 属性，先使用 map 循环，遇到 id 相同的赋值给 currentAnswer 变量，
返回 null，其余情况直接返回循环元素，循环完成后使用 lodash 的 compact 方法去掉假值（空、null 或
者 undifined 之类的值）
74          this.questionData.answer = _.compact(_.map(this.questionData.answer,
(item) => {
75            if (item.creatorId === parseFloat(getCookies('id'))) {
76              this.currentAnswer = item;
77              return null;
78            }
79            return item;
80          }));
81          this.loading = false;                       // 关闭 Loading
82        });
83      },
84      其他内容
85    },
86  }
```

回答展示有3种情况：首先是当前用户的回答，会被放在最上面；其次是一条回答都没有的情况，此种情况会给出信息提示；最后是正常的回答列表，正常渲染即可。要做到这种情况的展示，首先在获取数据的时候就要处理，在获取问题详情后，直接循环问题的答案，遇到与当前用户 id 相同作者的回答直接赋值到 currentAnswer 变量，返回 null。其他情况会返回元素。循环有两种结果：一种是没有当前用户的回答，结果是一个没有假值的数组；另一种是有假值的数组。有假值肯定不能直接展示，所以使用 lodash 的 compact 方法去掉数组中不该存在的 null。

当然，也可以不去掉，在展示的时候判断当前回答是不是 null。如果是 null，则不展示。这样做的缺点就是每次渲染之前都要进行判断，增加了一些计算成本。最合理的办法应该是由

后端直接区分当前用户的回答和其他回答，之后返回出来。但在本项目中，后端服务的计算能力有一定限度，所以此处使用前端判断，缓解服务器一定的压力。

两个计算属性是为了判断当前该渲染内容需要展示哪些内容。currentAnswerEmpty 用来判断 currentAnswer 变量是否为空对象，有人可能认为这样有些画蛇添足，直接使用 "===" 判断不就可以吗？其实不然，在 Vue.js 中，给变量赋值 "{}" 后，变量并不是空的，因为其具有 Vue.js 的一些自带属性，所以用全等来判断是不可行的。lodash 中的 isEmpty 方法可以完美地解决这种问题，由于前端项目没有全局引入 lodash，所以无法在 <template> 标签内部使用 lodash 方法，使用计算属性可以说是最合适的解决办法。

allAnswerLength 是当前所有回答的个数，在数据获取之后，因为对数据进行了筛选过滤操作，所以 questionData 中 answer 属性的回答可能不是全部的回答，要先判断 currentAnswerEmpty 是不是真值。如果是真值，则 allAnswerLength 就是 questionData 中 answer 属性长度，若 currentAnswerEmpty 是假值，那么 allAnswerLength 就是 questionData 中 answer 属性长度加 1。

如此一来，回答的展示就很轻松了，对于当前用户的回答是否展示，可以使用 currentAnswerEmpty 来判断。如果为假值，则展示 currentAnswer 变量的内容；如果为真值，则不展示。若 allAnswerLength 等于 0，则展示没有回答的提示；若大于 0，则循环展示回答内容。

至此，回答的展示全部完成，逻辑比较复杂，理清即可，关于回答的编辑和删除内容，由于界面问题，要等到第 10 章才会讲解。

9.2 评论的相关操作

评论部分的操作并不复杂，根据知乎的逻辑，只能增加和删除，无法修改，省去了一部分工作量。但涉及循环展示，此处逻辑需要重点掌握。下面开始评论的新建。

9.2.1 评论新建前端开发

在前端项目中 /src/components 文件夹下新建 CommentList.vue 文件。

```
01  <template>
02    <div class="comment-list p-t-20" v-loading="loading">// 评论部分外层框架
03      <div class="comment-part clearfix">                    // 评论部分内容
04        <el-input class="comment-input" v-model="comment"/>// 评论输入框
05        // 评论发布按钮，单击后发表评论
06        <el-button class="comment-btn" type="primary" @click="createComment()">
发布 </el-07   button>
07      </div>
08    </div>
09  </template>
10  <script>
```

```
11  import request from '@/service';                       // 引入 request 方法
12  import { getCookies } from '@/lib/utils';              // 引入 getCookies 方法
13
14  export default {
15    props: ['targetId', 'targetType'],                   // 父组件传入目标 id 与目标类型
16    data() {
17      return {
18      };
19    },
20    methods: {
21      async createComment() {                            // 新建评论方法
22        await request.post('/comments', {                // post 请求 /comments 接口
23          targetId: this.targetId,                       // 传入目标 id 参数
24          targetType: this.targetType,                   // 传入目标类型参数
25          content: this.comment,                         // 传入评论内容参数
26          creatorId: getCookies('id'),                   // 传入作者 id 参数
27        }).then((res) => {
28          if (res.data.status === 201) {                 // 评论成功
29            this.$Message.success('评论成功');            // 信息提示
30          }
31        })
32      }
33    }
34  }
35  </script>
```

新建评论的内容比较简单，前端提供 input 输入框输入评论内容，单击“发布”按钮触发 createComment 方法，在该方法下使用 post 请求 /comments 接口，传入目标 id、目标类型、评论内容和作者 id 这 4 个参数。请求成功后，会有提示信息。之后在 ListItemActions 组件中调用 CommentList 组件，修改 ListItemActions.vue 文件。

```
01  <template>
02    <div>
03       <div class="actions">
04         <el-button                                          // 评论按钮
05           v-if="showActionItems.indexOf('comment') >= 0"   // 评论按钮的展示隐藏
06           class="btn-text-gray m-l-25"                      // 绑定样式
07           size="medium"                                     // 确定大小
08           type="text"                                       // 按钮类型
09           @click="dispalyComments()"                        // 单击事件
10         >
11           <span class="el el-icon-fakezhihu-comment"></span>        // ICON
12           评论                                               // 文字提示
13         </el-button>
14         其他内容
15       </div>
16       <el-card class="comment" v-if="commentListShow">      // 评论列表正常展示
```

```
17          <comment-list                                  // 调用评论列表组件
18            :targetId="itemId"                           // 绑定目标 id
19            :targetType="type"                           // 绑定目标类型
20          />
21          <hr class="hr m-b-15 m-t-15" color=#dcdfe6 size=1 />       // 分割线
22          // 收起评论按钮
23          <el-button class="block-center m-b-15" type="info" size="mini" plain
24    @click="commentListShow = false">收起评论</el-button>
25        </el-card>
26          // 评论列表弹出框展示，使用 element 的 dialog 组件
27          <el-dialog  class="no-title-dialog" title="" :visible.sync="commentDi
alogShow" :modal-
28    append-to-body='false'>
29          <comment-list                                  // 调用评论列表组件
30            :targetId="itemId"                           // 绑定目标 id
31            :targetType="type"                           // 绑定目标类型
32          />
33        </el-dialog>
34      </div>
35    </template>
36    <script>
37    import CommentList from '@/components/CommentList.vue';   // 引入 CommentList
组件
38    其他内容
39
40    export default {
41        props: [
42        'commentShowType',                               // 传入评论展示类型变量
43        其他内容
44      ],
45      data() {
46        return {
47          commentListShow: false,                        // 评论列表展示
48          commentDialogShow: false,                      // 评论弹窗展示
49          其他内容
50        };
51      },
52      components: {
53        CommentList,                                     // 注册 CommentList 组件
54      },
55      methods: {
56        dispalyComments() {                              // 展示评论方法
57          if (this.commentShowType === 'experct') {      // 若当前展示类型为简介
58            this.commentListShow = true;                 // 展示评论列表
59          } else {                                       // 若当前展示类型为全部
60            this.commentDialogShow = true;               // 展示评论弹窗
61          }
```

```
62   },
63     其他内容
64   }
65  };
66  </script>
```

评论的展示主要有两种类型：一种是列表式；另一种是弹窗式。具体选择哪种类型，需要根据当前元素的展示状态确定，若当前元素显示为简介，则将评论以列表形式展示出来；若当前元素显示全部内容，则以弹窗的形式展示评论列表。这个状态就是 commentListShow 变了，由 ListItem 组件传递过来，也就是 ListItem 组件中的 showType 变量，换汤不换药。

那么现在修改 ListItem 组件的内容，修改 /src/components 文件夹下的 ListItem.vue 文件。

```
01  <template>
02    其他内容
03    <div class="answer-main">
04      <list-item-actions                          // 调用 ListItemActions 组件
05        :commentShowType="showType"               // 绑定评论展示类型属性
06        其他内容
07      />
08    </div>
09  </template>
10  其他内容
```

绑定上 commentShowType 属性的值即可。到目前为止，前端工作还有最后一步——增加 /comments 接口的跨域配置，修改根文件夹下的 vue.config.js 文件，增加以下配置。

```
01  '/comments': {                                  // 接口地址
02      target: 'http://127.0.0.1:8081',            // 目标跳转地址
03  },
```

至此，前端部分的内容完成，下面开始后端内容的开发。

9.2.2 新建评论数据表

新建 comments 表，表结构如图 9.3 所示。

Field	Type	Length	Unsigned	Zerofill	Binary	Allow Null	Key	Default	Extra	Encoding	Collation	Comment
id	INT	11	☑	☐	☐	☐	PRI		auto_incre...			
targetType	INT	11	☐	☐	☐	☐			None			
creatorId	INT	11	☐	☐	☐	☐			None			
content	TEXT		☐	☐	☐	☐			None	UTF-8	utf8_unicode_	
targetId	INT	11	☐	☐	☐	☐			None			
createdAt	TIMESTAMP		☐	☐	☐	☐		CURRENT_...	on update...			
updatedAt	TIMESTAMP		☐	☐	☐	☐		0000-00-...	None			
type	INT	11	☐	☐	☐	☐		3	None			

■ 图 9.3　comments 表结构图

在后端项目的 /src/models 文件夹下新建 comments.js 文件。

```
01  module.exports = (sequelize, DataTypes) => {
02    const Comment = sequelize.define('comments', {          // 定义表名与模型名
03      id: {                                                  // 字段名
04        type: DataTypes.INTEGER.UNSIGNED,                    // 字段类型
05        primaryKey: true,                                    // 是否为主键
06        autoIncrement: true,                                 // 是否自增
07      },
08      creatorId: {                                           // 字段名
09        type: DataTypes.INTEGER,                             // 字段类型
10      },
11      content: {                                             // 字段名
12        type: DataTypes.TEXT,                                // 字段类型
13      },
14      targetId: {                                            // 字段名
15        type: DataTypes.INTEGER,                             // 字段类型
16      },
17      targetType: {                                          // 字段名
18        type: DataTypes.INTEGER,                             // 字段类型
19      },
20      createdAt: {                                           // 字段名
21        type: DataTypes.DATE,                                // 字段类型
22      },
23      updatedAt: {                                           // 字段名
24        type: DataTypes.DATE,                                // 字段类型
25      },
26    });
27    Comment.associate = (models) => {
28      // 关联 comments 表与 users 表，方便联表查询
29      Comment.belongsTo(models.users, { foreignKey: 'creatorId', as: 'author' });
30      // 关联 comments 表与 comments 表，方便联表查询
31      Comment.hasMany(models.comments, { foreignKey: 'targetId', as: 'comment' });
32    }
33    return Comment;
34  };
```

可能有人会疑惑，为什么 comments 表本身还要关联 comments 表，原因很简单，因为评论本身也可以被评论，所以如此操作，可以查找到该评论下的所有评论。

9.2.3 评论新建查找删除接口开发

模型新建完成后，就可以开发接口，在 /src/routes 文件夹下新建 comments.js 文件。

```
01  const model = require('../models');                   // 引入 models
02  const { comments:Comment, status:Status } = model;// 提取 Comment 和 Status 模型
03  const utils = require('../lib/utils');                 // 引入 utils 插件
```

```
04  const {
05    userAttributes,                                    // 引入 users 表指定字段
06    commentAttributes,                                 // 引入 comments 表指定字段
07  } = require('../config/default')
08
09  const commentInclude = [{                            // 定义 comment 关联变量
10    model: model.users,                                // 关联 users 表
11    as: 'author',                                      // 查询结果重命名
12    attributes: userAttributes,                        // 指定查询字段
13  }, {
14    model: model.status,                               // 关联 status 表
15    as: 'status',                                      // 查询结果重命名
16    where: {                                           // 查询条件
17      targetType: 3,                                   // 目标类型为 3
18    },
19  }, {
20    model: model.comments,                             // 关联 comments 表
21    as: 'comment',                                     // 查询结果重命名
22    required: false,                                   // 非必要结果
23    where: {                                           // 查询条件
24      targetType: 3,                                   // 目标类型为 3
25    }
26  }];
27
28  const getComments = async (ctx, next) => {           // 获取评论方法
29    // 从请求中提取目标 id 和目标类型参数
30    const { targetId, targetType } = ctx.query;
31    const where = {                                    // 定义查询条件
32      targetId,                                        // 目标 id
33      targetType,                                      // 目标类型
34    }
35    try {
36      await Comment.findAll({                          // sequelieze 的查询方法
37        where,                                         // 查询条件
38        include: commentInclude,                       // 关联信息
39        attributes: commentAttributes,                 // 查询字段
40      }).then((res) => {
41        ctx.response.body = {                          // 返回内容
42          status: 200,                                 // 返回状态
43          list: res,                                   // 返回查询结果
44        };
45      })
46    } catch (error) {
47      utils.catchError(ctx, error);                    // 捕获错误
48    }
49  }
50
```

```
51  const createComment = async (ctx, next) => {        // 创建评论方法
52      // 从请求中获取目标 id、目标类型、作者 id 和评论内容参数
53    const { targetId, targetType, creatorId, content } = ctx.request.body;
54    try {
55      await Comment.create({                           // sequelize 的创建方法
56        creatorId,                                     // 作者 id
57        targetId,                                      // 目标 id
58        content,                                       // 评论内容
59        targetType,                                    // 目标类型
60        type: 3,                                       // 当前类型
61      }).then((res) => {                               // 评论创建成功后
62        return Status.create({                         // 创建对应状态
63          voteUp: '[]',                                // 支持字段
64          voteDown: '[]',                              // 反对字段
65          favorite: '[]',                              // 收藏字段
66          thanks: '[]',                                // 感谢字段
67          targetId: res.dataValues.id,                 // 目标 id
68          targetType: 3,                               // 目标类型
69        }).then((res) => {
70          ctx.response.body = {                        // 返回内容
71            status: 201,                               // 返回状态
72            msg: '创建成功'                            // 返回信息
73          }
74        })
75      })
76    } catch (error) {
77      utils.catchError(ctx, error);                    // 捕获错误
78    }
79  }
```

代码过长，此处分割一下。

```
01  const deleteComment = async (ctx, next) => {        // 删除评论
02    // 从请求中获取评论 id 和作者 id
03    const { id, creatorId } = ctx.request.body;
04    try {
05      await Comment.destroy({                          // sequelize 的删除方法
06        where: {                                       // 删除条件
07          id,                                          // 评论 id
08          creatorId,                                   // 评论作者
09        }
10      }).then((res) => {                               // 删除评论成功后
11        return Status.destroy({                        // 删除状态
12          where: {                                     // 删除条件
13            targetId: id,                              // 目标 id
14            targetType: 3,                             // 目标类型
15          }
```

```
16        }).then((response) => {
17          ctx.response.body = {                          // 返回内容
18            status: 202,                                 // 返回状态
19            msg: '删除成功',                             // 返回信息
20          };
21        });
22      })
23    } catch (error) {
24      utils.catchError(error);                           // 捕获错误
25    }
26  }
27
28  module.exports = {
29    'GET /comments': getComments,                        // 暴露查询评论接口
30    'POST /comments': createComment,                     // 暴露创建评论接口
31    'DELETE /comments': deleteComment,                   // 暴露删除评论接口
32  }
```

和之前一样，一次性完成了增、删、改的操作，使用的语法也都是之前说过的 Sequelize 语法。需要注意的是，评论也可以和评论关联，这一点要理解清楚。还有就是评论也有自己的状态，虽然没有收藏和感谢操作，但是有支持和反对，所以需要用 status 来记录。

9.2.4 新建评论效果展示

后端完成后，就可以在前端新建评论了，在首页中随便找一篇文章，单击下面的“评论”按钮，界面如图 9.4 所示。

■ 图 9.4 评论列表效果

这是在内容折叠时的效果，内容展开后，效果如图 9.5 所示。

一个简单的弹出层，因为还没有展示评论，所以什么都没有，但是没关系，这种情况下就可以新建评论了，新建完成后，在数据库中可以看到新增的数据。

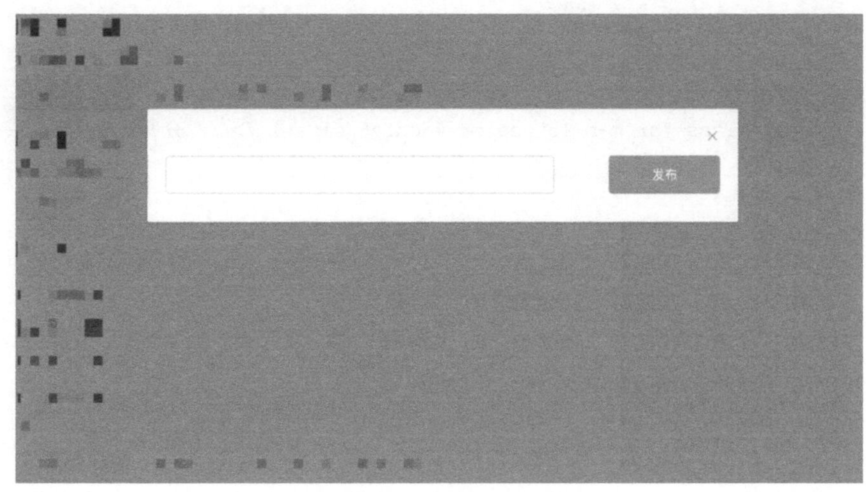

图 9.5 评论弹出框效果

9.2.5 评论展示前端开发

评论的展示涉及 9.2.4 节介绍的评论获取方法，由于接口部分内容已经完成，只需在前端加上数据请求方法即可，在前端项目中 /src/components 文件夹下新建 CommentItem.vue 文件。

```
01  <template>
02    <div>
03      <div class="comment-item">                          // 评论内容的框架
04        <div class="header clearfix">                     // 评论内容头部信息
05          <div class="user-info">                         // 评论信息作者展示
06            <span class="avatar">                         // 作者头像
07              <img :src="item.author.avatarUrl" alt="">  // 头像展示
08            </span>
09            <span class="username">                       // 作者用户名
10              {{item.author.name}}                        // 用户名展示
11            </span>
12          </div>
13          <span class="created-time">                     // 评论创建时间
14            {{item.createdAt | dateFilter}}               // 创建时间展示
15          </span>
16        </div>
17        <span class="content">
18          {{item.content}}                                // 评论内容展示
19        </span>
20      </div>
21      <div>
22        <comment-item-actions                             // 评论状态操作栏
23          :item=item                                      // 绑定当前评论
24          v-bind="$attrs"                                 // 跨组件获取数据
```

```
25            v-on="$listeners"                      // 跨组件调用方法
26          />
27        </div>
28        <hr class="hr m-b-15" color=#dcdfe6 size=1 /> // 分割线
29      </div>
30    </template>
31    <script>
32    import moment from 'moment';                    // 引入 moment 插件
33    // 引入 CommentItemActions 组件
34    import CommentItemActions from '@/components/CommentItemActions'
35
36    export default {
37      props: ['item'],                              // 接收父组件传递的参数
38      components: {
39        CommentItemActions,                         // 注册 CommentItemActons 组件
40      },
41      filters: {                                    // 过滤器
42        dateFilter: (date) => {                     // 日期过滤器
43          moment.locale('zh-cn');                   // moment 获取当前时区
44          // 返回格式化后的时间
45          return moment(date).format('YYYY-MM-DD HH:mm:ss');
46        }
47      },
48    };
49    </script>
```

上面是单个评论展示的组件，包括作者相关信息和评论内容，为了方便创建时间格式化，写了一个 filter。接收时间作为参数，之后使用 moment 插件进行格式化。moment 首先定义当前时区，之后再进行格式化操作。此组件还引入 CommentItemActions 组件，因为评论的状态元素和回答文章的展示元素不同，为了方便区分，减小文件大小，没有使用 ListItemActions 组件，而是新建了一个。

9.2.6 评论功能组件开发

在 /src/components 文件夹下新建 CommentItemActions.vue。

```
01    <template>
02      <div>
03        <div class="comment-actions">                        // 组件外层框架
04          <el-button                                         // 支持按钮
05            class="btn-text-gray"                            // 绑定样式
06            size="medium"                                    // 绑定尺寸
07            type="text"                                      // 展示类型
08          >
09            <span class="el el-icon-fakezhihu-like"></span>  // ICON
```

```
10              {{JSON.parse(activeStatus.voteUp).length}}        // 支持数量
11            </el-button>
12            <el-button                              // 回复按钮
13              class="btn-text-gray hover-hidden"// 绑定样式
14              size="medium"                         // 绑定尺寸
15              type="text"                           // 展示类型
16              @click="replyShow = true"             // 单击后展示回复框
17              v-show="!replyShow"                   // 根据 replyShow 变量隐藏展示
18              v-if="!deleteShow"                    // 当前用户非作者才展示
19            >
20              <span class="el el-icon-fakezhihu-reply"></span>// ICON
21              回复                                  // 文字提示
22            </el-button>
23            <el-button                              // 取消回复按钮
24              class="btn-text-gray"                 // 绑定样式
25              size="medium"                         // 绑定尺寸
26              type="text"                           // 展示类型
27              @click="replyShow = false"            // 单击后隐藏回复框
28              v-show="replyShow"                    // 根据 replyShow 变量隐藏展示
29              v-if="!deleteShow"                    // 当前用户非作者才展示
30            >
31              <span class="el el-icon-fakezhihu-reply"></span>// ICON
32              取消回复                              // 文字提示
33            </el-button>
34            <el-button                              // 删除按钮
35              class="btn-text-gray hover-hidden"// 绑定样式
36              size="medium"                         // 绑定尺寸
37              type="text"                           // 展示类型
38              v-show="deleteShow"                   // 按钮显示时机
39              @click="deleteComment()"              // 单击事件
40            >
41              <i class="el-icon-delete"></i>        // ICON
42              删除                                  // 文字提示
43            </el-button>
44            <el-button                              // 查看回复按钮
45              class="btn-text-gray hover-hidden"// 绑定样式
46              size="medium"                         // 绑定尺寸
47              type="text"                           // 展示类型
48            >
49              <span class="el el-icon-fakezhihu-Chat"></span>  // ICON
50              查看回复                              // 文字提示
51            </el-button>
52            <el-button                              // 反对按钮
53              class="btn-text-gray hover-hidden"// 绑定样式
54              size="medium"                         // 绑定尺寸
55              type="text"                           // 展示类型
56            >
```

```
57              {{JSON.parse(activeStatus.voteDown).length}}             // 反对个数
58              <span class="el el-icon-fakezhihu-dislike"></span>       // ICON
59              踩                                                       // 文字提示
60            </el-button>
61            // 举报按钮，没有实际作用，装饰
62              <el-button class="btn-text-gray  hover-hidden" size="medium"
type="text">
63              <span class="el el-icon-fakezhihu-flag"></span>
64              举报
65            </el-button>
66          </div>
67          <div class="reply" v-show="replyShow">                  // 回复框
68          // 回复评论输入框
69            <el-input class="input" type="text" v-model="replyContent" size="small"/>
70            <el-button                                            // 确认回复按钮
71                type="primary"                                    // 展示类型
72                size="small"                                      // 绑定尺寸
73                class="m-l-25"                                    // 绑定样式
74                @click="createComment()"                          // 单击事件
75            >发布</el-button>
76          </div>
77        </div>
78      </template>
```

代码过长，此处分割一下。

```
01    <script>
02    import { getCookies } from '@/lib/utils';               // 引入getCookies方法
03    import request from '@/service';                        // 引入request方法
04
05    export default {
06      props: ['item'],                                      // 接收传递参数
07      data() {
08        return{
09          replyShow: false,                                 // 回复部分展示与隐藏
10          replyContent: '',                                 // 回复内容
11        };
12      },
13      computed: {
14        deleteShow() {                                      // 删除按钮展示或隐藏
15          return this.item.author ? this.item.author.id === parseFloat(getCookies
('id')) : false;
16        },
17      },
18      methods: {
19        async createComment() {                             // 创建评论方法
20          同CommentList组件中方法
```

```
21        },
22        async deleteComment() {                // 删除评论方法
23          await request.delete('/comments', {  // delete 请求 /comments 接口
24            data: {                            // 请求参数
25              id: this.item.id,                // 当前评论 id
26              creatorId: getCookies('id'),     // 评论作者 id
27            }
28          }).then((res) => {
29            if (res.data.status === 202) {     // 删除成功
30              this.$Message.success(' 删除成功 ');// 信息提示
31              this.$emit('getComments');       // 父组件重新获取评论
32            }
33          })
34        },
35      },
36    };
37    </script>
```

此组件的内容是评论下方的相关状态和操作按钮。支持和反对很简单，“删除”按钮会根据当前用户 id 是否与当前评论的作者 id 一致来决定隐藏或者展示，计算属性中的 deleteShow 做了这项工作。单击“删除”按钮后，会用 delete 请求 /comments 接口，将当前评论 id 和当前用户 id 作为参数传递过去，删除成功后，系统会给予相应提示。

此组件还支持对当前评论再评论的功能，单击“评论”按钮后，replyShow 变量为 true，回复部分得以展示，用户填写评论后，单击“发布”按钮即可。创建评论的方法在上一小结讲过，在此不再赘述。

9.2.7 评论功能组件调用

完成这一组件后，还需修改 CommentList 组件，需通过这个组件去获取评论内容，从而循环展示，并且给子元素赋值。修改 /src/components 文件夹下的 CommentList.vue 文件。

```
01    <template>
02      <div class="comment-list p-t-20" v-loading="loading">// 评论列表展示框架
03        <p v-show="commentList.length === 0"> 当前没有评论 </p>// 没有评论展示文字
提示
04        <p v-show="commentList.length !== 0"> // 有评论时展示评论个数
05          共 {{commentList.length}} 条评论             // 评论个数展示
06        </p>
07        <comment-item                                  // 调用 CommentItem 组件
08          v-for="(comment, index) in commentList"      // 循环评论列表
09          :key="index"                                 // 绑定 key
10          :item="comment"                              // 绑定 item( 单个评论内容 )
11          @getComments="getComments"                   // 绑定获取评论方法
12        />
```

```
13        其他内容
14      </div>
15    </template>
16    <script>
17    import CommentItem from '@/components/CommentItem'; // 引入 CommentItem 组件
18    其他内容
19
20    export default {
21      props: ['targetId', 'targetType'],       // 接收目标 id 和目标类型参数
22      data() {
23        return {
24          loading: true,                       // 页面 loading
25          comment: '',                         // 新建评论内容
26          commentList: [],                     // 已有评论列表
27        };
28      },
29      components: {
30        CommentItem,                           // 注册 CommentItem 组件
31      },
32      mounted() {
33        this.getComments();                    // 调用获取评论方法
34      },
35      methods: {
36        async getComments() {                  // 获取评论方法
37         this.loading = true;                  // 打开 loading
38          await request.get('/comments', {     // get 请求 /comments 接口
39            targetId: this.targetId,           // 传入目标元素 id
40            targetType: this.targetType,       // 传入目标元素类型
41          }).then((res) => {
42            if (res.data.status === 200) {     // 返回成功
43              this.commentList = res.data.list; // 将返回内容赋值给 commentList 变量
44              this.loading = false;            // 关闭 loading
45            } else {                           // 返回失败
46              this.$Message.error(res.error);  // 信息提示
47            }
48          })
49        },
50        其他内容
51      }
52    }
53    </script>
```

在 CommentList 组件中增加了评论内容的两种结果展示：若是当前元素没有评论，展示文字提示；若是有评论，循环调用 CommentItem 组件展示评论。可以根据 commentList 变量长度判断是否存在评论。获取当前元素评论的方法很简单，正常的 get 请求，传入当前元素的 id 和元素类型作为参数，后端查询后返回结果，赋值给 commentList 变量。之后在 mounted 钩子中

调用此方法，如此每次组件开始渲染时都会自动获取评论内容并展示。

9.2.8 一级评论效果展示

至此完成评论部分的展示与删除，列表展示效果如图 9.6 所示。

图 9.6 多条评论列表展示效果

弹窗展示效果如图 9.7 所示。

图 9.7 多条评论列表弹窗展示效果

至此，评论的相关部分还差最后一个部分——评论已有评论。前面讲过在 CommentItemActions 组件中可以对评论进行评论，那么此时的评论如何展示呢？评论的层级理论上来说可能是无限大，如何解决这个问题呢？组件的循环调用就是一个很好的解决办法。

9.2.9 评论列表的循环调用

为了解决评论层级的嵌套问题，必须在 CommentItemActions 组件中再次调用 CommentList 组件，如此便可循环往复地调用，展示出无限层级的评论。

若直接在 CommentItemActions 组件中调用 CommentList 组件，Vue.js 会给出一个报错，告诉你当前组件没有被注册，是一个 undifined，这是为什么呢？原来在 Vue.js 中，组件都是在 Vue.js 实例化之前引入的。若是在 CommentItemActions 中调用 CommentList 组件，那么 CommentList 组件就会去寻找 CommentItemActions 组件中的 CommentList 组件，如此便造成组件调用自己的悖论，违反了 Vue.js 的运行规则，所以会报组件没有被注册的错误提醒。

解决这个问题的办法很简单，那就是将 CommentList 组件作为全局组件注册，如此在项目的任何位置都可以直接调用 CommentList 组件，并且无须注册，自然也就不会报组件没有被注册的错误提醒。修改前端项目中 /src 文件夹下的 main.js 文件。

```
01   import Vue from 'vue';                                  // 引入 vue
02   import './plugins/axios';                               // 引入 axios
03   import App from './App.vue';                            // 引入根组件
04   import router from './router';                          // 引入路由
05   import './plugins/element';                             // 引入 element
06   import './assets/styles/main.scss';                     // 引入样式表
07   import 'quill/dist/quill.core.css';                     // 引入 quill 核心样式
08   import 'quill/dist/quill.snow.css';                     // 引入 quill 定制样式
09   import 'quill/dist/quill.bubble.css';                   // 引入 quill 定制样式
10   import CommentList from '@/components/CommentList.vue';  // 引入 CommentList
组件
11
12   Vue.component('CommentList', CommentList);              // 注册 CommentList 组件
13
14   Vue.config.productionTip = false;                       // 关闭生产环境提示
15
16   new Vue({                                               // 新建 Vue 实例
17     router,                                               // 调用路由
18     render: h => h(App),                                  // 渲染项目
19   }).$mount('#app');                                      // 渲染位置
```

直接在 main.js 文件中注册 CommentList 组件即可实现全局调用，现在可以将 ListItemActions 中引用 CommentList 组件的代码去掉。注册完成后，开始在 CommentItemActions 组件中引入 CommentList 组件，修改 /src/components 文件夹下的 CommentItemActions.vue 文件。

```
01   <template>
02     <div>
```

```
03        其他内容
04        <el-button                                        // 查看回复按钮
05          class="btn-text-gray hover-hidden"              // 绑定样式
06          size="medium"                                   // 绑定尺寸
07          type="text"                                     // 绑定类型
08          v-show="item.comment.length !== 0"              // 没有评论则不展示
09          @click="commentListShow = true"                 // 单击展示评论列表
10        >
11          <span class="el el-icon-fakezhihu-Chat"></span>     // ICON
12          查看回复                                         // 文字提示
13        </el-button>
14        其他内容
15        <el-card class="comment" v-if="commentListShow">     // 次级评论列表框架
16          <comment-list                                   // 调用 CommentList 组件
17            :targetId="item.id"                           // 绑定元素 id
18            :targetType="item.type"                       // 绑定元素类型
19          />
20          <hr class="hr m-b-15 m-t-15" color=#dcdfe6 size=1 />       // 分割线
21          <el-button                                      // 隐藏次级评论按钮
22              class="block-center m-b-15"                 // 绑定样式
23              type="info"                                 // 绑定类型
24              size="mini"                                 // 绑定尺寸
25              plain                                       // 绑定状态
26              @click="commentListShow = false"            // 单击事件
27          > 收起评论 </el-button>
28        </el-card>
29        其他内容
30      </div>
31    </template>
32    <script>
33    其他内容
34    export default {
35      props: ['item'],                                    // 接收父组件的参数
36      data() {
37        return{
38          commentListShow: false,                         // 次级评论展示隐藏变量
39          其他内容
40        };
41      },
42      其他内容
43    };
44    </script>
```

在 CommentItemActions 组件中，先是增加 commentListShow 变量来控制次级评论的隐藏和展示。次级评论展示部分直接调用 CommentList 组件，给其绑定当前评论的 id 和类型，如此在渲染时可据此获取相关评论。收起评论按钮单击后，直接修改 commentListShow 变量，更改为 false 后，次级评论列表会直接隐藏。

9.2.10 多级评论效果展示

循环引用完后，可以尝试一下看看效果，因为前端做了作者不可评论自己评论的限制，所以这里需要两个用户来互相评论，这里举一个三层评论的例子，如图 9.8 所示。

■ 图 9.8 多级评论效果展示

效果看起来似乎没有知乎的好，但功能确实实现了，层级分得也很清晰。

9.2.11 评论个数展示

从图 9.8 中可以看出，ListItemActions 组件可以展示当前内容评论的数量。原理很简单，在查询当前元素时，将其相关的评论联表查询出来，前端根据查询结果的个数来展示相应的数字。下面以文章接口举例，修改后端项目中 /src/routes 文件夹下 articles.js 文件。

```
01  其他内容
02  const articleInclude = [{              // 初始化文章关联查询参数
03    关联用户表的内容
04  }, {
05    关联状态表的内容
06  }, {
07    model: model.comments,               // 关联 comments 表
```

```
08      attributes: commentAttributes,              // 指定查询字段
09      as: 'comment',                              // 查询结果重命名
10      required: false,                            // 非必要内容
11      where: {                                    // 查询条件
12        targetType: 0,                            // 目标类型为 0
13      },
14    }];
15    其他内容
```

在关联查询条件中增加相关配置即可，需要注意的是，where 条件会随着主要内容的不同而变化，如文章是 0，回答是 2，问题是 1 等，同时需要 required：false 配置。否则，没有评论的内容无法被查询出来。剩下的还有回答接口、评论接口和问题接口，根据情况依次配置即可。

后端处理完成之后，再来处理前端内容，修改前端项目中 /src/components 文件夹下的 ListItem.vue 文件。

```
01    <template>
02      <div class="answer-main">                    // 外层框架
03        其他内容
04        <list-item-actions                        // 调用 ListItemActions 组件
05          其他内容
06          // 绑定评论数目变量
07          :commentCount="item.comment ? item.comment.length : 0"
08        />
09      </div>
10    </template>
11    其他内容
```

这里之所以使用三元表达式进行判断，是因为若是不判断，在尚未获取到页面数据时前端有可能会报错“item.comment is undifined”。因为在尚未获取数据时，item 变量是没有 comment 属性的，此时获取的自然是 undifined，用三元表达式先判断一下即可。此时 ListItemActions 组件中就可得到 commentCount 变量。修改 /src/components 文件夹下 ListItemActions.vue 文件。

```
01    <template>
02      <div>
03        <div class="actions">                     // 按钮外层框架
04         <el-button                               // 展示评论按钮
05             其他内容
06           >
07             <span class="el el-icon-fakezhihu-comment"></span>        // ICON
08             {{commentCount}} 条评论               // 展示 commentCount 变量内容
09           </el-button>
10        </div>
11        其他内容
12      </div>
13    </template>
```

```
14  <script>
15  其他内容
16
17  export default {
18    props: [
19       其他内容
20      'commentCount',                    // 接收 commentCount 变量
21    ],
22    其他内容
23  }
```

如此即可将评论个数展示在页面之中。前端组件化的好处此时得以体现，展示内容的组件都是 ListItem 组件，修改这一点即可以在整个项目中生效，省时省力。

9.3 状态的相关操作

对于展示的内容来说，状态是不可获取的一部分，支持、反对、感谢等内容可以很直观地反映出当前内容的受欢迎程度，那么本项目中内容部分有：文章、问题、回答和评论 4 种。其中只有问题是没有状态的，因为问题本身没有好坏之分，问题的答案才能以好坏来区分。针对剩下 3 种内容，下面将开发状态的修改功能。

9.3.1 状态的更新

从之前开发的内容中可以看出，需要状态的内容都会有一个与其相关的状态。根据目标 id 和目标类型来确定唯一的状态，状态的更新或者说修改也会根据这个条件来操作。前面介绍过，新建状态时，所有的相关字段默认值都是 JSON.stringfiy 后的一个空数组，这是为什么呢？因为此处的数据是用来记录用户 id 的，而数据库中没有数组类型的数据格式，这里就将数组转化成字符串，存储类型选择 Text。

说到这里，状态的修改就很简单了。若是增加，则在相关字段的数组中增加用户 id，反之，从数组中去掉用户 id。先开发后端接口，在后端项目中 /src/routes 文件夹下新建 status.js 文件。

```
01  const model = require('../models');                    // 引入 model
02  const { status:Status } = model;                       // 提取 Status 变量
03  const utils = require('../lib/utils');                 // 引入 utils 组件
04  const _ = require('lodash');                           // 引入 lodash 插件
05
06  const updateStatus = async (ctx, next) => {            // 更新状态方法
07    // 从参数中提取出状态 id，修改字段，相关操作和修改值 4 个参数
08    const { statusId, colName, opreation, value } = ctx.request.body;
09    try {
10      const changedOne = await Status.findOne({  // Sequelize 查找到指定 status
```

```
11          where: {
12            id: statusId                                // 根据 id 查找数据
13          }
14        });
15        changedOne[colName] = opreation === 'pull'     // 如果操作是 pull(删除)
16          // 使用 lodash 的 pull 方法去掉修改值
17          ? JSON.stringify(_.pull(JSON.parse(changedOne[colName]), value))
18          // 使用 ES6 解构赋值将修改值添加进原本数组
19          : JSON.stringify([...JSON.parse(changedOne[colName]), value]);
20        changedOne.save();                              // 保存修改
21        ctx.response.body = {                           // 返回内容
22          status: 201,                                  // 返回状态
23          content: changedOne,                          // 返回信息
24        };
25      } catch (error) {
26        utils.catchError(error);                        // 捕获错误
27      }
28    };
29
30    module.exports = {
31      'PUT /status': updateStatus,                      // 暴露状态更新接口
32    };
```

状态的修改与文章问题类的修改并不相同，这是因为此处需要获取 status 的原始数据。文章问题类修改可以直接赋值修改，无须原值。而 status 需在原值的基础上进行修改，使用 Sequelize 的 update 方法显然不合适。

这里先是查询指定的 status，获取内容后，修改字段内容，修改完成后，调用 Sequelize 的 save 方法即可直接保存到数据库。此处的参数共有 4 个：status 的 id，用来确定 status 的唯一性；colName 是字段名称，代表着即将修改的字段；opreation 是当前操作，它有 pull 和 add 两种值，pull 是删除，add 是添加；value 是当前用户的 id，增加或者删除用户 id 即可完成操作。

获取到 status 数据后，可以用三元表达式来判断。若当前操作是删除，则先将字段值使用 JSON.parse 转化成数组，只有使用 lodash 的 pull 方法去掉用户 id，最后再使用 JSON.stringfiy 转化成字符串。添加操作与删除操纵类似，转化成数组后，使用 js 原生的 push 方法添加用户 id，再转化成字符串即可。

操作的复杂之处主要在于字段值的来回转换，否则无法成功保存。保存成功后，将状态返回给前端即可，后端的操作也到此为止，下面开始开发前端内容，修改前端项目中 /src/components 文件夹下 ListItemActions.vue 文件。

```
01    <template>
02      <div>
03        <div class="actions">
04          <el-button
05            其他内容
06            // 若是支持中有当前用户 id，则按钮高亮
07            :plain="JSON.parse(activeStatus.voteUp).indexOf(userId) < 0"
```

```
08            // 单击触发 updateStatus 方法，并传入相关参数
09              @click="updateStatus('voteUp', JSON.parse(activeStatus.voteUp).
indexOf(userId) <
10    0 ? 'add' : 'pull')"
11          >
12            赞同 {{JSON.parse(activeStatus.voteUp).length}}   // 展示支持数量
13          </el-button>
14          <el-button
15            其他内容
16            // 若反对中有当前用户 id，则按钮高亮
17            :plain="JSON.parse(activeStatus.voteDown).indexOf(userId) < 0"
18            // 单击触发 updateStatus 方法，并传入相关参数
19            @click="updateStatus('voteDown',
20    JSON.parse(activeStatus.voteDown).indexOf(userId) < 0 ? 'add' : 'pull')"
21          />
22          其他内容
23          <el-button
24            其他内容
25            // 单击触发 updateStatus 参数，并传入相关参数
26              @click="updateStatus('thanks', JSON.parse(activeStatus.thanks).
indexOf(userId) <
27    0 ? 'add' : 'pull')"
28          >
29            <span class="el el-icon-fakezhihu-heart"></span>
30            // 根据感谢中是否有当前用户 id 来切换按钮文字提示
31            {{JSON.parse(activeStatus.thanks).indexOf(userId) &lt; 0 ?
32    '${JSON.parse(activeStatus.thanks).length} 个感谢' : '取消感谢'}}
33          </el-button>
34          其他内容
35        </div>
36        其他内容
37      </div>
38    </template>
39    <script>
40    其他内容
41
42    export default {
43      props: [
44        'status',                                    // 父组件传递的状态参数
45        其他内容
46      ],
47      inheritAttrs: false,
48      data() {
49        return {
50          其他内容
51          updatedStatus: {},                         // 更新后的状态信息
52          userId: 0,                                 // 当前用户 id
```

```
53        };
54      },
55      mounted() {                                      // 渲染完后钩子
56        this.userId = parseFloat(getCookies('id'));// 获取当前用户 id 赋值给 userId
变量
57      },
58      computed: {
59        activeStatus() {                               // 目前正在使用的状态
60          // 若更新后的状态为空，则取传递过来的状态，否则取更新后的状态
61          return _.isEmpty(this.updatedStatus) ? this.status : this.updatedStatus;
62        },
63      },
64      methods: {
65         其他内容
66        async updateStatus(colName, opreation) {       // 更新状态方法
67          await request.put('/status', {               // put 请求 /status 接口
68            statusId: this.status.id,                  // 传入当前状态 id
69            colName,                                   // 传入修改字段名
70            opreation,                                 // 传入操作类型
71            value: this.userId,                        // 传入当前用户 id
72          }).then((res) => {
73            if (res.data.status === 201) {             // 修改成功
74              this.$Message.success('修改成功');       // 信息提示
75               this.updatedStatus = res.data.content; // 将返回数据赋值给 updateStatus
变量
76            }
77          });
78        },
79      },
80    };
81    </script>
```

在此组件中，首先接收了父组件传递过来的 status 变量，代表着当前元素的 status 状态。后期若是修改了 status，后端会返回全新的 status 内容，此内容会被赋值给 updatedStatus 变量。如此便出现两种 status 状态，需选择正确的状态。activeStatus 这个计算属性就是用来获取正确的 status 状态的。若 updatedStatus 变量为空，证明当前元素的 status 没有被修改，需使用父元素传递的 status 变量；若 updatedStatus 变量不为空，则证明当前元素的 status 被修改了，使用 updatedStatus 即可。

获取合适的 status 后，可以开始展示内容，支持和反对按钮都有高亮状态，证明当前用户已经进行了此操作。可根据当前 status 中对应字段值中有无当前用户 id 判定是否是高亮。若有，则高亮显示，反之亦然。“感谢”按钮没有高亮状态，状态的展示用的是提示文字的切换。当前用户感谢了，内容会显示“取消感谢”文字；未感谢，则显示“感谢”文字。

支持、反对和感谢三者单击事件的逻辑是相同的，updateStatus 方法接收两个参数，首先是要修改的字段名，接下来是修改操作。字段名很好定义，直接输入字符串即可。操作的类型根据当前状态判断字符串中有无当前用户 id。若有，则是 pull；若没有，则是 add。

updateStatus 方法被触发后，会向 /status 接口发送 put 请求，请求参数有 4 个：colName 和 opreation 是方法被触发时传递过来的；statusId 是当前状态的 id，从 status 变量中获取即可；value 即为当前用户 id。请求成功后，会将更新后的 status 赋值给 updatedStatus，此时 activeStatus 也会自动更新，页面展示效果随之改变。

修改完 ListItemActions 组件后，还需修改调用 ListItemActions 的父组件，使其将当前内容的 status 传递过去，下面以 ListItem 组件为例，修改前端项目中 /src/components 文件夹下的 ListItem.vue 文件。

```
01  <template>
02    <div class="answer-main">
03      <list-item-actions
04        其他内容
05        :status="item.status" // 将当前元素的 status 值传递给 ListItemActions 组件
06      />
07    </div>
08  </template>
```

多绑定一个字段即可，类似需要修改的还有 DetailsArticle.vue 文件，在 /src/views 文件夹下。

修改完成后，关于 status 部分的操作也就基本完成，大家可以单击试试，若发现逻辑上的问题，请看下一小节。

9.3.2 状态中特殊情况的处理

有人很快就会发现，在支持和反对操作上存在逻辑悖论，一个人不可能既支持又反对当前内容，这是十分不合理的，支持和反对二者只能选择其一。需要在后端对这种情况进行特殊处理，修改后端项目 /src/routes 文件夹下的 status.js 文件。

```
01  其他内容
02  const updateStatus = async (ctx, next) => {
03    其他内容
04    try {
05      其他内容
06      // 判断当前操作是增加支持或者是增加反对
07      if ((colName === 'voteUp' || colName === 'voteDown') && opreation ===
'add') {
08        if (colName === 'voteUp') {                          // 若是增加支持
09          // 在支持中增加当前用户 id
10          changedOne.voteUp = JSON.stringify([...JSON.parse(changedOne.voteUp),
value]);
11          // 在反对中去掉当前用户 id
12          changedOne.voteDown = JSON.stringify(_.pull(JSON.parse(changedOne.
voteDown), value));
13        } else {                                             // 若是减少支持
```

```
14            // 在支持中去掉当前用户 id
15              changedOne.voteUp = JSON.stringify(_.pull(JSON.parse(changedOne.
voteUp),
16    value));
17            // 在反对中去掉当前用户 id
18            changedOne.voteDown = JSON.stringify([...JSON.parse(changedOne.
voteDown), 20 value]);
19          }
20        } else {
21          // 其他操作按照之前逻辑进行修改
22          changedOne[colName] = opreation === 'pull'
23            ? JSON.stringify(_.pull(JSON.parse(changedOne[colName]), value))
24            : JSON.stringify([...JSON.parse(changedOne[colName]), value]);
25        }
26        changedOne.save();                    // 保存修改
27        其他内容
28      }
29      其他内容
30    };
31    其他内容
```

在修改 status 之前，首先增加一个判断——是否支持或者反对增加操作，因为取消是无须特殊操作的。若符合条件，则进行二次判断——是不是支持添加操作。若是，则在支持字段中添加用户 id，在反对字段中去掉用户 id；若不是，则在支持字段中去掉用户 id，在反对字段中添加用户 id。如此便完成支持和反对的互斥，两者不会同时出现高亮状态。

至此，关于的 status 的内容已经完成，剩余的内容就是在 CommentItem 和 CommentItemActions 中进行同样的操作，在此不再赘述。

9.4 小结

在本章中，我们完成了对评论、回答和状态的相关操作，整体来说并不复杂，增、删、改、查的逻辑与文章和问题十分类似，关键内容有两点。

第一点：评论列表的循环展示，此处涉及组件全局注册以及为何要全局注册才能循环调用的原因。

第二点：状态的更新操作，此处使用新的更新数据方法，同时增加支持与反对的互斥限制。

本章中，在获取数组数量时，很多地方都使用三元表达式。这么做的目的是防止 Vue.js 的 undifined 报错。例如有一个对象 obj，这个对象有一个属性 arr，它是一个数组，代码如下。

```
01    const obj = {
02      arr = [],
03    };
```

在页面的 data 属性中，一般情况下，并不会将 obj 的所有属性都列出来，只会列出 obj 的名字。

```
01  data() {
02    return {
03      obj: {},                                // 初始化 obj 对象
04    };
05  },
```

之后在钩子函数中请求数据，拿到数据后，重新给 obj 赋值，此时的 obj 才会有 arr 属性。那么问题来了，在给 obj 赋值之前，obj 变量是没有任何属性的，若此时在 <template> 模板中调用 obj.arr，Vue.js 就会报错“obj.arr is undifined”。因为此时的 obj 确实没有任何属性，可以使用三元表达式判断 obj 的 arr 属性是否存在。若是存在，则进行下一步操作；不存在则返回其他数据即可。例如

```
01  obj.arr ? obj.arr.length : 0
```

如此便可顺利地解决对象字段 undifned 的问题。

第10章 个人主页的开发

本章是代码开发的最后一章，主要讲解个人主页内容的实现，不仅是修改个人信息，同时也会补上之前的一些“坑”，例如回答的修改与删除，文章的修改与删除等，也是之前内容的整合实现。

本章主要涉及的知识点如下。

- 头像截取组件的使用
- 文章的修改与删除
- 回答的修改与删除

10.1 个人信息的修改

在本项目中，关于个人信息部分的内容比较少，没有知乎全面。若是需要容纳更多的用户信息，可能需要另外一张表来存储这些信息，而其操作也是简单的增、删、改、查，并没有更多值得学习的地方，所以本着不重复学习的原则，个人信息部分只介绍座右铭和头像。

10.1.1 个人信息页面的新建

若想修改个人信息，首先需要个人主页来展示用户信息，在前端项目中 /src/views 文件夹下新建 People.vue 文件。

```
01    <template>
02      <div class="people" v-loading="userLoading">
03        <el-card class="profile">
04          <div class="profile-header-cover">
05            <img src=" 背景图片 URL" alt="">             // 主页背景图，静态展示
06          </div>
07          <div class="profile-header-wrapper">
08            <img :src="userInfo.avatarUrl" alt="">    // 用户头像展示
09            <div class="content">
10              <p class="username">
11                {{userInfo.name}}                     // 用户名展示
```

```
12            </p>
13            <div class="content-header" v-show="!userInfoEditorShow">
14              <p class="introduce">
15                {{userInfo.headline}}                            // 用户座右铭展示
16              </p>
17            </div>
18            <div class="sex" v-if="!detailsShow">                // 静态性别展示
19              <span class="el el-icon-fakezhihu-sexm middle-icon"></span>
20            </div>
21            <div class="details" v-if="detailsShow">
22              个人具体信息静态展示
23            </div>
24            <el-button                                           // 查看详情按钮
25              class="btn-text-gray"                              // 绑定样式
26              icon="el-icon-arrow-down"                          // 绑定 ICON
27              type="text"                                        // 绑定类型
28              v-if="!detailsShow"                                // 何时展示
29              @click="detailsShow = true"                        // 单击事件
30            > 查看详细资料 </el-button>
31            <el-button                                           // 收起详情按钮
32              class="btn-text-gray"                              // 绑定样式
33              icon="el-icon-arrow-up"                            // 绑定 ICON
34              type="text"                                        // 绑定类型
35              v-if="detailsShow"                                 // 何时展示
36              @click="detailsShow = false"                       // 单击事件
37            > 收起详细资料 </el-button>
38            <div class="btn-group">
39              <div class="notActiveUser" v-show="!activeUser">
40                主页用户非当前登录用户展示静态内容
41              </div>
42            </div>
43          </div>
44        </div>
45      </el-card>
46      <div class="profile-main" v-loading="loading">
47        <div class="profile-content">                            // 列表展示
48          列表主要内容（稍后开发）
49        </div>
50        <div class="profile-sidebar">                            // 侧边栏静态内容
51          个人相关信息静态展示 ..
52          <sidebar-footer />                                     // 调用 footer 组件
53        </div>
54      </div>
55    </div>
56  </template>
57  import SidebarFooter from '@/components/SidebarFooter.vue'; // 引入 footer 组件
58  import request from '@/service';                             // 引入 request 方法
```

```
59  import { getCookies } from '@/lib/utils'; // 引入 getCookies 方法
60  export default {
61    components: {
62      SidebarFooter,                                   // 注册 SidebarFooter 组件
63    },
64    mounted() {
65      this.getUser();                                  // 调用获取用户信息方法
66    },
67    computed: {
68      activeUser() {                                   // 是否为当前用户
69       // 根据 Cookies 中用户 id 与页面信息比较得出结果
70        return this.userInfo.id = = = parseFloat(getCookies('id'));
71      },
72    },
73    data() {
74      return {
75        userInfo: {},                                  // 用户信息
76        userLoading: false,                            // 用户信息 loading
77        detailsShow: false,                            // 用户详情是否展示
78      };
79    },
80    methods: {
81      async getUser() {                                // 获取用户信息方法
82        this.userLoading = true;                       // 打开用户信息 loading
83        await request.get('/users', {                  // get 请求 /users
84          userId: getCookies('id'),                    // 传入用户 id 作为参数
85        }).then((res) => {
86          if (res.data.status === 200) {               // 返回成功
87            this.userInfo = res.data.content;  // 将用户信息赋值给 userInfo 变量
88            this.userLoading = false;                  // 关闭 loading
89          } else {                                     // 返回失败
90            this.$Message.error('获取用户信息失败，请稍后再试');      // 信息提示
91            this.$router.push({                        // 跳转到首页
92              name: 'home',
93            });
94          }
95        });
96      },
97    },
98  };
99  </script>
```

用户主页主要包括三部分内容：上方是用户信息的展示；下方左侧是列表信息，列表信息就是当前用户的回答、文章列表等；侧边栏是一些辅助信息，此处为了方便，都做成静态的，读者也可以去 GitHub 上查看源码。

对于个人信息部分，首先是当前用户的背景图，为了方便做成静态图片。接下来是用户

名、座右铭和头像的展示。单击“查看详细资料”按钮，会修改 detailsShow 变量为 true，用户的详细信息会展示出来；收起按钮，则修改 detailsShow 变量为 false，详情随之隐藏。在用户信息展示的右下角，还有两个装饰性的按钮，在下一小节讲到用户信息修改时，会进行二次修改。

页面初次打开时，系统会自动获取路由中的用户 id，之后请求用户信息，使用 get 请求 /users 接口，参数为用户 id，请求成功后将结果赋值给 userInfo 变量，之后关闭 userLoading，前端展示信息。若是请求失败，系统直接跳转回项目首页。计算属性中的 activeUser 是用来判断页面上的用户是不是当前登录的用户。若是，则可以有更多权限；若不是，则只能查看信息。

用户页面创建完成后，修改路由配置文件，使得页面可见，修改 /src 文件夹下 router.js 文件。

```
01  import People from './views/People.vue';          // 引入 People 页面
02  其他内容
03
04  export default new Router({
05    mode: 'history',
06    routes: [{
07          path: '/people/:id',                       // 配置个人主页路径
08          component: People,                         // 配置个人主页组件
09          name: 'people'                             // 配置个人主页名称
10      },
11      其他内容
12    ],
13  });
```

10.1.2 个人信息页面查看修改接口开发

前端开发完成后，需在后端接口来配合，修改后端项目中 /src/routes 文件夹下 users.js 文件。

```
01  其他内容
02
03  const getUserInfo = async (ctx, next) => { // 获取用户信息方法
04    const { userId } = ctx.request.query;    // 获取参数中用户 id
05    try {
06      await User.findOne({                   // sequelize 中 findOne 方法
07        where: {                             // 定义查询参数
08          id: userId,                        // id 必须与参数 id 相同
09        },
10        attributes: userAttributes,          // 定义查询字段
11      }).then((res) => {
12        ctx.response.body = {                // 返回查询结果
13          status: 200,                       // 返回查询状态
```

```
14          content: res,                          // 返回查询内容
15        };
16      });
17    } catch (error) {
18      utils.catchError(error);                       // 捕获错误
19    }
20
21  }
22
23  const updateUserInfo = async (ctx, next) => {      // 更新用户方法
24    // 获取用户 id、修改字段名和修改后值的参数
25    const { id, colName, value } = ctx.request.body;
26    try {
27      await User.update({                            // sequelize 的 update 方法
28        [colName]: value,                            // 更新字段名和内容
29      }, {
30        where: {                                     // 定义查询条件
31          id                                         // id 必须一致
32        }
33      }).then((res) => {
34        ctx.response.body = {                        // 返回查询结果
35          status: 201,                               // 返回查询状态
36          content: res                               // 返回查询内容
37        }
38      });
39    } catch (error) {
40      utils.catchError(error);                       // 捕获错误
41    }
42  }
43
44  module.exports = {
45    'GET /users': getUserInfo,                       // 暴露获取用户信息接口
46    'PUT /users': updateUserInfo,                    // 暴露更新用户信息接口
47    其他内容
48  }
```

上述代码增加了用户信息获取和用户信息更新方法。用户信息获取，根据 id 找到相应的用户信息返回即可。用户信息更新获取了用户 id、修改字段名和修改后字段值 3 个参数，首先根据用户 id 确定用户唯一性，接下来更新指定字段为指定值，使用“[]”是因为将变量作为 key 在正常情况下是无法识别的，只能使用中括号括起来，如此便可修改指定字段内容为指定内容。

10.1.3 个人信息页面的跳转

简单的配置，增加了个人主页的展示。完成配置后，需要通过链接来跳转到用户首页，主

要有两个入口：首先通过 header 上用户头像下拉菜单可以进入个人主页，修改 /src/components 文件夹下的 MainHeader.vue 文件。

```
01  <template>
02    <header class="main-header">
03      <div class="header-content">
04         <div class="userInfo" v-if="isLogin">
05        <el-dropdown placement="bottom" trigger="click" class="hand-click">
06          <span>{{this.name}}</span>
07           <el-dropdown-menu slot="dropdown">
08              // 在我的主页下拉菜单上绑定单击事件，触发 goToPersonalPage 方法
09              <el-dropdown-item @click.native="goToPersonalPage()">
10                <span class="el el-icon-fakezhihu-person"></span>
11                我的主页
12              </el-dropdown-item>
13              其他内容
14               </el-dropdown-menu>
15              </el-dropdown>
16              其他内容
17         </div>
18         其他内容
19      </div>
20      其他内容
21    </header>
22  </template>
23  <script>
24  其他内容
25
26  export default {
27      其他内容
28    methods: {
29      其他内容
30      goToPersonalPage() {                           // 跳转到个人主页方法
31        // 通过路由地址跳转页面
32        this.$router.push('/people/${getCookies('id')}');
33      },
34    },
35  };
36  </script>
```

这里增加了一个跳转事件，因为 getCookies 方法没有全局引入，所以此处只能在方法中调用。单击事件上增加了 native 修饰，这是因为 element 的下拉菜单组件化，若不使用 native 修饰符，无法获取到组件内部的内容，单击也会因此无效。

其次就是在回答或者评论上有用户信息的部分，都需要加上跳转链接，修改 /src/components 文件夹下的 ListItem.vue 文件。

```
01  <template>
```

```
02    <div class="answer-main">
03      // 用户信息部分内容
04      <div class="creator-info clearfix" v-if="showPart.indexOf('creator') >=
0">
05        // 外层包裹 router-link 标签，单击跳转到用户首页
06        <router-link :to="{name: 'people', params: {id: item.author ? item.
author.id : 0}}">
07          // 用户头像展示
08          <img :src="item.author ? item.author.avatarUrl : ''" alt="">
09          <div class="detail">
10              // 用户名展示
11            <p class="username">{{item.author ? item.author.name : ''}}</p>
12            // 用户座右铭展示
13            <p class="introduce">{{item.author ? item.author.headline: ''}}</p>
14          </div>
15        </router-link>
16      </div>
17      其他内容
18      // 展示全文的内容增加用户简短信息
19      <div class="content" v-if="showType === 'all'">
20        // 外层包裹 router-link 标签，单击跳转到用户首页
21        <router-link v-if="!showPart.includes('creator')"  class="mini-
creator-info
22  clearfix" :to="{name: 'people', params: {id: item.author ? item.author.
id : 0}}">
23          // 用户头像展示
24           <img class="avatar" :src="item.author ? item.author.avatarUrl : ''"
alt="">
25          // 用户名展示
26          <p class="username">{{item.author ? item.author.name : ''}}</p>
27        </router-link>
28        // 内容展示
29        <div v-html="item.content"></div>
30        // 收起全文按钮
31        <el-button class="btn-no-padding" type="text" icon="el-icon-arrow-up"
32  @click="showType = 'experct'">收起</el-button>
33      </div>
34    </div>
35  </template>
```

第一个跳转是在当前内容的作者介绍上，使用标签包裹，跳转到指定地址。第二个跳转是在查看当前内容全文时展示的作者信息，也是使用标签包裹。跳转时将当前用户的 id 作为参数传递过去即可。类似的还有评论的作者，修改 /src 文件夹下的 CommentItem.vue 文件即可，也是使用标签包裹作者信息，在此不再赘述。

由于用户详情接口在写问题详情时已经开发完成，所以此处直接请求即可，拿到返回信息直接展示接口。个人主页的基础构建到此完成，最后效果如图 10.1 所示。

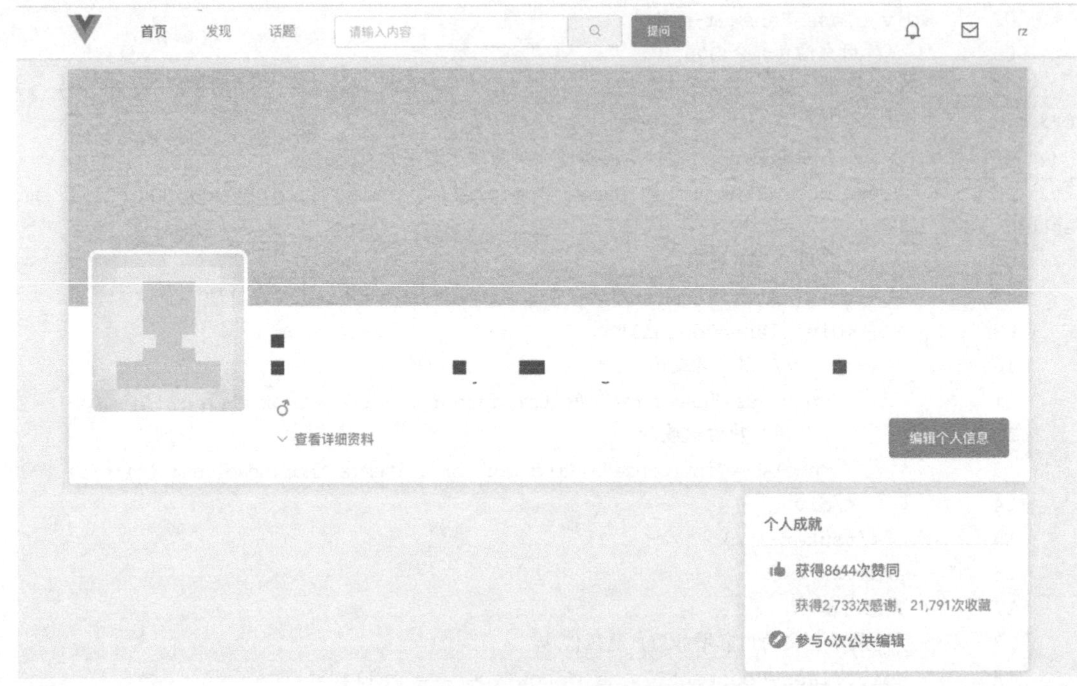

■图 10.1 个人主页效果图

10.1.4 个人座右铭的修改

座右铭修改时，只是在页面上增加一个输入框，这样做的前提是本项目关于个人信息的内容比较少，若是个人信息较多，则需要一个新的页面。

首先修改 /src/views 文件夹下的 People.vue 文件。

```
01  <template>
02    <div class="people" v-loading="userLoading">    // 外层框架
03      <el-card class="profile">
04        <div class="content">
05          用户名和座右铭的展示
06          // 根据 userInfoEditorShow 变量来判断展示与否
07          <ul class="content-edit clearfix" v-show="userInfoEditorShow">
08            <li>
09              <span> 座右铭：</span>
10              // input 输入框，用来编辑用户座右铭
11              <el-input type="text" v-model="newHeadLine" maxlength=150 />
12            </li>
13          </ul>
14          当前用户其他信息
15          <el-button                          // 查看用户详情按钮
16            v-if="!detailsShow"               // detailsShow 为 false 时展示
17            其他内容
```

```
18              > 查看详细资料 </el-button>
19              取消详情展示按钮原理同查看详情按钮
20              <div class="btn-group">
21                当前展示用户非当前登录用户展示的按钮
22                <div                                 // 编辑个人信息按钮包裹层
23                  class="activeUserShow"             // 绑定 class
24                   v-show="activeUser && !userInfoEditorShow">  // 根据两个变量判断
展示与否
25                  <el-button                         // 编辑个人信息按钮
26                    type="primary"                   // 绑定类型
27                    @click="userInfoEditorShow = true"           // 绑定单击事件
28                  > 编辑个人信息 </el-button>        // 文字提示
29                </div>
30                <div                                 // 取消与保存按钮包裹层
31                  class="activeUserEditor"           // 绑定样式
32                  v-show="activeUser && userInfoEditorShow"   // 根据两个变量判断展
示与否
33                >
34                  <el-button                         // 取消编辑按钮
35                    type="default"                   // 绑定类型
36                    @click="userInfoEditorShow = false" // 绑定单击事件
37                  > 取消 </el-button>                // 文字提示
38                  <el-button                         // 保存编辑按钮
39                    type="primary"                   // 绑定类型
40                    // 单击时触发 updateUserInfo 方法
41                    @click="updateUserInfo('headline', userInfo.headline)"
42                  > 保存 </el-button>
43                </div>
44              </div>
45            </div>
46          </el-card>
47        </div>
48      </template>
49
50      <script>
51      其他内容
52
53      export default {
54        data() {
55          return {
56            其他内容
57            newHeadLine: '',
58           // 初始化 newHeadLine 变量
59            userInfoEditorShow: false,              // 初始化 userInfoEditorShow 变量
60          };
61        },
62        其他内容
```

```
63    methods: {
64      其他内容
65      async updateUserInfo(key, value) {              // 更新用户信息方法
66        this.userLoading = true;                      // 打开 loading
67        await request.put('/users', {                 // put 请求 /users 接口
68          id: parseFloat(getCookies('id')),           // 传入当前用户的 id
69          colName: key,                               // 传入修改的字段名
70          value,                                      // 传入修改后的值
71        }).then((res) => {                            // 接收返回值
72          if (res.data.content === [0]) {             // 修改失败
73            this.$Message.error('修改失败，请稍后再试');     // 提示信息
74          } else {                                    // 修改成功
75            this.$Message.success('修改成功');          // 提示信息
76            this.userInfo[key] = value;               // 修改本地数据
77          }
78          this.userInfoEditorShow = false;            // 隐藏修改框
79        });
80        this.userLoading = false;                     // 关闭 loading
81      },
82    },
83  }
84  </script>
```

座右铭的修改较为简单，在用户信息展示部分增加标签作为修改部分的内容，根据 userInfoEditorShow 变量来展示和隐藏。按钮部分增加一种类型，若当前用户页面为当前登录用户，则展示编辑个人信息按钮，单击按钮时会修改 userInfoEditorShow 变量为 ture，标签因此展示，同时展示出“保存”和“取消”按钮。单击“取消”按钮则修改 userInfoEditorShow 变量为 false，标签因此隐藏。单击“保存”按钮，则会触发 updateUserInfo 方法。

updateUserInfo 方法接收两个参数：一是要修改的字段名；二是修改后的值。该方法首先会打开 loading，之后向 /users 接口发送 put 请求。参数有 3 个：当前登录用户的 id、传递过来的字段名和传递过来的修改值。接收回值后，判断数据中 content 字段的值。若为“[0]”，则修改失败；若不为“[0]”，则修改成功。修改成功后，将当前修改的值赋值到 userInfo 变量上，前端展示因此改变。最后关闭 loading，完成请求。

用户座右铭修改整体效果如图 10.2 所示。

10.1.5 用户头像修改

用户头像修改和之前的文章封面并不相同，虽然都是上传图片，但需要对图片进行裁剪、位移等操作，所以这里使用 vue-image-crop-upload 组件处理图片。此组件基于 Vue.js 开发，可提供图片裁剪、移动截取等功能，还提供实时预览功能，用在头像的上传非常适合。

首先在命令行工具中安装组件。

图 10.2 用户座右铭修改效果展示

```
npm install vue-image-crop-upload -S
```

之后修改 /src/views 文件夹下的 People.vue 文件。

```
01  <template>
02    <div class="people" v-loading="userLoading">
03      <el-card class="profile">
04        其他内容
05        <div class="profile-header-wrapper">          // 外层框架
06          <avatar-upload
07            field="file"                               // 上传文件名
08            @crop-upload-success="cropUploadSuccess"// 上传成功事件
09            @crop-upload-fail="cropUploadFail"         // 上传失败事件
10            url="/imgs/upload"                         // 上传地址
11            img-format="png"                           // 上传图片格式
12            v-model="imgUploadShow"                    // 绑定展示隐藏属性
13            :width="300"                               // 裁剪后图片宽度
14            :heght="300"                               // 裁剪后图片高度
15          />
16          <div                                         // 头像展示包裹层
17            class="avatar"                             // 绑定样式
18            // 若当前页面是当前用户，将 imgUploadShow 变量改为 true，否则不做操作
19            @click="activeUser ? imgUploadShow = true : ''"
20            v-show="!imgUploadShow"                    // 上传组件隐藏时展示
21          >
22              <img :src="userInfo.avatarUrl" alt="">       // 用户头像展示
23              // 鼠标放到头像上的 hover 提示，当前页面是当前用户时展示
24            <p class="img-hover-tip hidden" v-if="activeUser">
25              <i class="el-icon-edit" />                 // ICON
26              单击更改图片                               // 文字提示
27            </p>
```

```
28          </div>
29        </div>
30        其他内容
31      </el-card>
32      其他内容
33    </div>
34  </template>
35  <script>
36  其他内容
37  // 引入 vue-image-crop-upload 组件
38  import AvatarUpload from 'vue-image-crop-upload';
39  import { imgDec } from '@/lib/config.js';   // 引入图片前缀
40
41  export default {
42    其他内容
43    components: {
44      其他内容
45      AvatarUpload,                                   // 注册 AvatarUpload 组件
46    },
47    data() {
48      return {
49        其他内容
50        imgUploadShow: false,                         // 图片上传组件展示隐藏变量
51      };
52    },
53    methods: {
54      其他内容
55      cropUploadSuccess(res) {                        // 图片上传成功方法
56       // 触发 updateUserInfo 方法，字段名为 avatarUrl，值是拼接后的图片地址
57        this.updateUserInfo('avatarUrl', '${imgDec}${response.fileName}');
58        this.imgUploadShow = false;                   // 关闭头像上传组件
59      },
60      cropUploadFail() {                              // 图片上传失败方法
61        this.$Message.error(' 上传失败，请稍后再试 '); // 信息提示
62      },
63    },
64  };
65  </script>
```

首先，调用并注册 vue-image-crop-upload 组件为 AvatarUpload 组件，之后在用户头像上调用，调用是绑定指定的参数。field 是上传请求时的文件名，因为后端的原因，此处定义为 file。crop-upload-success 是上传成功触发的方法，crop-upload-fail 是上传失败触发的方法。url 是上传地址，img-format 是上传文件的格式，不管本地文件的格式是什么，上传后统一修改为 png。v-model 绑定的并不是图片地址，而是控制该组件隐藏展示的变量。最后的 height 和 width 是裁剪后文件的尺寸。如此便完成 AvatarUpload 组件的调用。

组件调用完成后，修改用户头像的展示，在头像下面增加 hover 文字提示，并且给用户头

像绑定单击事件，若当前展示的用户为当前登录用户，单击头像则展示头像上传组件，否则什么都不做。之后新建 cropUploadSuccess 和 cropUploadFail 方法。cropUploadSuccess 会接收上传成功后的返回值为参数，这里对返回的 url 进行一些处理，增加文件名的前缀。之后触发 updateUserInfo 方法，修改用户头像。cropUploadFail 方法只会给出信息提示，图片上传组件不会隐藏，方便用户进行二次操作。

因为没有后端工作，完成后即可看到效果，用户头像 hover 效果如图 10.3 所示。

■ 图 10.3　用户头像 hover 效果展示

用户头像修改组件如图 10.4 所示。

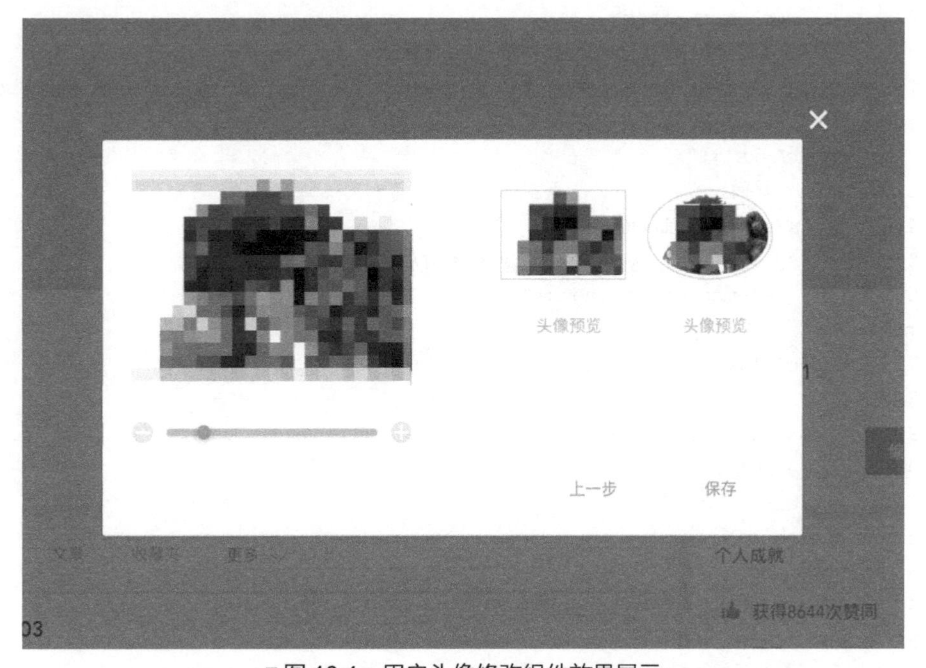

■ 图 10.4　用户头像修改组件效果展示

至此，关于用户信息修改的内容已经全部完成，下面将开始开发个人主页的主体部分——个人列表。

10.2 个人主页列表开发

列表是个人主页中主要展示的内容，负责展示当前用户的回答、提问和文章。由于列表可以展示多种内容，所以需要一个统一的框架来展示列表内容。

10.2.1 列表框架的构建

首先，列表需要一个表头来对多种类型的内容做一个区分。之前在做首页内容的时候开发过一个 MainListNav 组件，此时可以二次调用，但需要新增一些内容。修改 /src/components 文件夹下的 MainListNav.vue 文件。

```
01  <template>
02    <el-card class="list-nav-card">                    // 外层框架
03        <el-menu class="listNav" :default-active="activeIndex" mode="
horizontal">
04        其他内容
05        // 回答表头，type 变量为 people 时展示
06         <el-menu-item index="3" v-if="type = = = 'people'" @click="$router.
push({name:
07  'peopleMain'})">
08            回答
09        </el-menu-item>
10        // 回答表头，type 变量为 people 时展示
11         <el-menu-item index="4" v-if="type = = = 'people'" @click="$router.
push({name:
12  'peopleAsks'})">
13            提问
14        </el-menu-item>
15        // 回答表头，type 变量为 people 时展示
16         <el-menu-item index="5" v-if="type = = = 'people'" @click="$router.
push({name:
17  'peopleArticles'})">
18            文章
19        </el-menu-item>
20        其他内容
21      </el-menu>
22    </el-card>
23  </template>
24  <script>
25  export default {
26    props: ['type'],
27    data() {
28      return {
29        routerNametoIndex: {
```

```
30            其他内容
31            peopleMain: '3',                    // 用户主页 index
32            peopleAsks: '4',                    // 用户提问 index
33            peopleArticles: '5',                // 用户文章 index
34          },
35          activeIndex: '1',                     // 当前活跃 index
36        };
37      },
38      mounted() {
39        this.activeIndex = this.routerNametoIndex[this.$route.name]; // 初始化修
改高亮菜单
40      }
41    };
42    </script>
```

首先，此组件根据传入的type变量来展示不同的内容，每个内容都是一个单独的导航按钮，这里新建个人主页需要用到的3个按钮。还有两个静态按钮，由于没有实际作用，此处不做展示。每次单击按钮后，系统都会跳转到不同的路由，此处的3个列表就是3个不同的路由，它们的名字不同。之后新建3个变量，代表当前路由所对应的按钮index值。在mounted钩子中，可据此判断出当前高亮的按钮。

因为当前路由配置尚不完整，所以展示时可能无法使用，只要不单击就不会有问题。列表导航完成后，可以开始路由的配置。由于在开发ListItem组件时就考虑到高复用的问题，所以此处只要直接调用ListItem组件即可，修改/src文件夹下的router.js文件，增加个人主页路由的配置。

```
01    {
02      path: '/people/:id',                      // 个人主页路由地址
03      component: People,                        // 个人主页组件
04      children: [{                              // 个人主页子路由配置
05        path: '',                               // 个人主页回答列表路由地址
06        name: 'peopleMain',                     // 个人主页回答列表路由名称
07        component: ListItem,                    // 个人主页回答列表路由组件
08      }],
09    }
```

上面的代码在个人主页的路由基础下增加了二级路由的配置，同时更改路由名称为peopleMain，这就需要修改之前跳转到个人主页的连接中的组件名称，也就是ListItem组件和CommentItem组件，替换组件名即可，在此不再赘述。

配置完路由后，就可以开发个人主页的内容，修改/src/views文件夹下的People.vue文件。

```
01    <template>
02      <div class="people" v-loading="userLoading">
03        其他内容
04        // 个人主页列表部分内容，根据 listLoading 判断是否 loading
05        <div class="profile-main" v-loading="listLoading">
06          <div class="profile-content"> // 主页列表外层框架
```

```
07          <main-list-nav                                  // 调用 MainListNav 组件
08            :type= "'people'"                             // 绑定 type 为 "people"
09          />
10          <el-card v-show="listInfo.length > 0">          // 列表不为空展示列表
11            <router-view                                  // 展示路由配置的组件
12              v-for="(item, index) in listInfo"           // 循环 listInfo 中内容
13              :key="index"                                // 绑定循环元素 index
14              :item="item"                                // 绑定循环元素主要内容
15              :showPart="['title', 'creator', 'votes']"// 绑定展示内容
16              :type="item.type"                           // 绑定元素类型
17              :activeUser="activeUser"                    // 判断是否为当前登录用户
18            />
19          </el-card>
20          <el-card v-show="listInfo.length === 0"> // 列表为空展示提示
21            当前没有数据                                  // 文字提示
22          </el-card>
23        </div>
24      </div>
25      其他内容
26    </div>
27  </template>
28  <script>
29  import MainListNav from '@/components/MainListNav.vue';   // 引入 MainListNav
组件
30  其他内容
31
32  export default {
33    components: {
34      MainListNav,                                        // 注册 MainListNav 组件
35      其他内容
36    },
37    data() {
38      return {
39        其他内容
40        listLoading: false,                               // 默认开启列表 loading
41        listInfo: [],                                     // 默认列表内容
42      };
43    },
44    其他内容
45  };
46  </script>
```

上面的代码在 People 组件中增加了列表展示部分的内容，首先调用 MainListNav 组件，用来展示列表的导航栏，之后使用标签来调用路由中配置的列表子组件，并且绑定相应的内容，也就是 ListItem 组件，经过多次调用，大概也了解了具体参数。下面新增两个变量：第一个是列表的 loading；第二个是列表的内容。此时这两个变量是没有被赋值的，所以列表必然是空的。

个人列表框架的展示效果如图 10.5 所示。

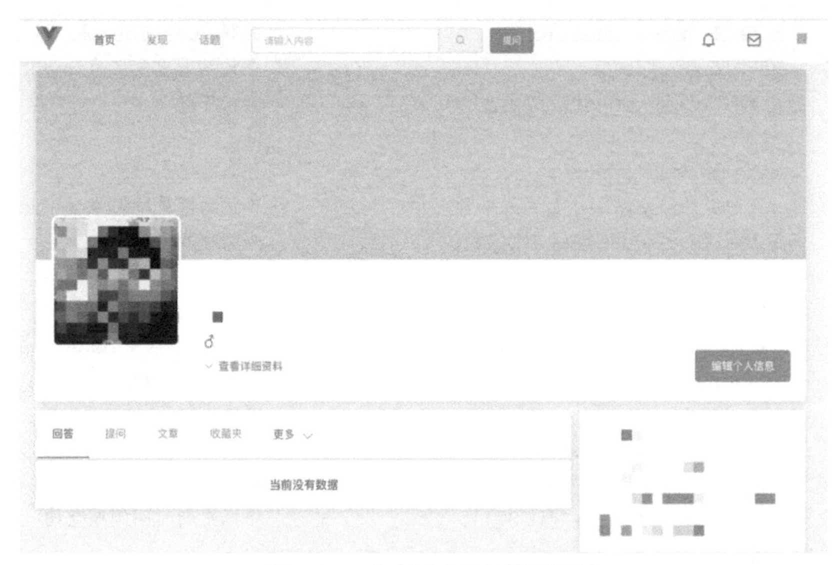

图 10.5　个人列表框架效果展示

10.2.2　作者回答查询接口开发

要获取回答列表，首先需要后端接口，修改后端项目中 /src/routes 文件夹下的 answers.js 文件。

```
01  其他内容
02
03  const creatorAnswer = async (ctx, next) => {        // 获取作者回答方法
04    const { creatorId } = ctx.query;                  // 获取参数中的作者 id
05    const where = {                                   // 查询条件参数
06      creatorId,                                      // 作者 id 相同
07    };
08    const include = [{                                // 联表查询参数
09      model: model.comments,                          // 关联 comments 表
10      as: 'comment',                                  // 查询结果重命名为 comment
11      attributes: commentAttributes,                  // 查询字段
12      required: false,                                // 非必需项
13      where: {                                        // 查询条件
14        targetType: 2,                                // targetType 为 2
15      },
16    }, {
17      model: model.status,                            // 关联 status 表
18      as: 'status',                                   // 查询结果重命名为 status
19      where: {                                        // 查询条件
20        targetType: 2,                                // targetType 为 2
```

```
21        },
22      }, {
23        model: model.questions,                    // 关联 questions 表
24        as: 'question',                            // 查询结果重命名为 question
25        attributes: questionAttributes,            // 查询字段
26      }, {
27        model: model.users,                        // 关联 users 表
28        as: 'author',                              // 查询结果重命名为 author
29        attributes: userAttributes,                // 查询字段
30      }];
31      try {
32        await Answer.findAll({                     // sequelize 中 findAll 方法
33          where,                                   // 查询位置条件
34          include,                                 // 联表查询条件
35          attributes: answerAttributes,            // 查询字段条件
36          order: [                                 // 查询顺序
37            ['updatedAt', 'DESC'],                 // 根据更新时间倒序查询
38          ],
39        }).then((res) => {
40          ctx.response.body = {                    // 返回结果
41            status: 200,                           // 返回状态
42            list: res,                             // 返回内容
43          };
44        });
45      } catch (error) {
46        utils.catchError(error);                   // 捕获错误
47      }
48    }
49
50    其他内容
51
52    module.exports = {
53      'GET /answers/creator': creatorAnswer,       // 暴露 /answers/creator 接口
54      其他内容
55    }
```

上述的代码增加了新的 /answers/creator 接口，用来查询某个用户创建的回答。查询参数共有 4 个：where 条件定义了作者 id；include 联表查询了相关内容，包括评论、问题和状态；attributes 参数在 config 中定义过，指定了查询字段；order 参数使查询结果按照 updatedAt 字段倒序排列，也就是将最近修改过的回答放到最前面。

10.2.3 作者回答查询接口调用

接口部分完成后，即可修改前端内容，修改前端项目 /src/views 文件夹下 People.vue 文件。

```
01    其他内容
```

```
02    <script>
03    其他内容
04    export default {
05      watch: {                                        // 侦听器，监听变化
06        $route: 'getList',                            // 路由变化后触发 getList 方法
07      },
08      mounted() {                                     // mounted 钩子
09        this.getList();                               // 触发 getList 方法
10        this.getUser();                               // 触发 getUser 方法
11      },
12      data() {
13        return {
14          其他内容
15          routerTrans: {                              // 路由请求地址转换对象
16            peopleMain: '/answers/creator',           // 个人主页回答列表请求地址
17            peopleArticles: '/articles/creator',           // 个人主页文章列表请求地址
18            peopleAsks: '/questions/creator',         // 个人主页提问列表请求地址
19          },
20        };
21      },
22      methods: {
23        其他内容
24        async getList() {                             // 获取列表方法
25          this.listLoading = true;                    // 打开 loading
26          this.listInfo = [];                         // 清空 listInfo
27          // get 请求当前路由对应的地址
28          await request.get(this.routerTrans[this.$route.name], {
29            creatorId: this.$route.params.id,         // 参数为路由中的用户 id
30          }).then((res) => {
31            if (res.data.status === 200) {            // 若返回成功
32                this.listInfo = res.data.list;// 将结果赋值给 listInfo 变量
33                this.listLoading = false;             // 关闭 loading
34            } else {                                  // 返回失败
35              this.$Message.success('请求个人信息失败，请稍后再试');    // 信息提示
36              this.$router.push({                     // 跳转页面
37                name: 'home',                         // 跳转到首页
38              });
39            }
40          });
41        },
42      },
43    };
44    </script>
```

由于列表部分使用了统一的框架，所以获取数据的方法也只有 getList。首先定义 routerTrans 对象，此对象对应当前路由名称与需要请求的接口。目前只开发了 peopleMain 路由和 /answers/creator 接口，在开发文章和提问列表时，会依照 routerTrans 对象进行配置，无

须担心。

getList 方法与之前获取列表内容的方法并无不同，使用 get 请求地址后，将返回值赋予 listInfo 变量，若请求失败，则跳转到首页。请求地址先使用 $route.name 获取当前路由名称，然后根据 routerTrans 对象获取相应的接口。在请求前将 listInfo 清空是防止数据错乱的问题，有时重新赋值是可能会出现旧数据不消失的情况，提前清空列表内容即可完美解决。

创建完 getList 方法后，在 mounted 钩子中进行调用。如果没有页面加载，则会自动请求列表数据。watch 是一个侦听器，可以用来监听页面变化，若页面变化，则自动触发相应方法。此处监听了页面路由变化，路由变化则会自动触发 getList 方法重新获取数据。

此时再刷新页面，应该会得到完整的用户回答列表，如图 10.6 所示。

■ 图 10.6　个人回答列表效果展示

回答展示至此已经完成，个人主页框架已经搭建完成，可以开发回答的编辑与删除功能了。

10.2.4　作者回答删除功能开发

回答的编辑与删除后端部分在第 9 章已经完成，此时直接请求即可。熟悉知乎的人可能知道，在知乎的个人中心，想要修改自己的回答，单击回答下方的“设置”按钮即可看见删除和编辑选项，下面先来看看删除，修改前端项目中 /src/components 文件夹下的 ListItemActions.vue 文件。

```
01   <template>
02     <div>
03       <div class="actions">
04         // showActionItems 中包含 setting 选项且为当前登录用户时展示设置选项
```

```
05          <el-dropdown v-if="showActionItems.includes('setting') && activeUser"
06    placement="bottom" class="m-l-25">
07            // 设置按钮
08              <el-button class="btn-text-gray" size="medium" type="text"
icon="el-icon-setting">
09                设置
10            </el-button>
11            // 设置选项下拉菜单
12            <el-dropdown-menu slot="dropdown">
13                // 删除按钮，单击触发 deleteContent 事件
14              <el-dropdown-item @click.native="deleteContent()">删除</el-dropdown-
item>
15              // 编辑按钮，单击触发 editContent 事件
16              <el-dropdown-item @click.native="editContent()">编辑</el-dropdown-
item>
17            </el-dropdown-menu>
18          </el-dropdown>
19        </div>
20      </div>
21    </template>
22    <script>
23    其他内容
24    export default {
25      props: [
26        其他内容
27        'activeUser',                          // 接收当前用户是否为登录用户信息
28      ],
29      其他内容
30      methods: {
31        其他内容
32        editContent() {                        // 编辑内容方法
33          if (this.type === 2) {               // 若类型为2(回答)
34            this.$emit('editorShowFuc', this.itemId);// 触发父组件的 editorShowFuc
方法
35          }
36        },
37        deleteContent() {                      // 删除内容方法
38          if (this.type === 2) {               // 若类型为2(回答)
39            this.deleteAnswers();              // 触发 deleteAnswers 方法
40          }
41        },
42        async deleteAnswers() {                // 删除文章方法
43          await request.delete('/answers', {   // delete 请求 /answers 接口
44            data: {                            // 传入参数
45              userId: this.userId,             // 当前用户 id
46              answerId: this.itemId,           // 当前回答 id
47            },
```

```
48          }).then((res) => {                         // 接收返回结果
49            if (res.data.status === 202) {           // 若删除成功
50              this.$Message.success('删除成功');      // 信息提示
51              this.$emit('getList');                 // 触发父组件 getList 方法
52            } else {                                 // 若删除失败
53              this.$Message.error(res.data.msg);     // 提示错误信息
54            }
55          });
56        },
57      },
58    };
59    </script>
```

在 ListItemActions 组件增加了设置选项，将鼠标指针悬停在“设置”按钮上会出现下拉菜单，展示出“删除”和“编辑”按钮。设置选项的展示需要两个条件：一是接收的 showActionItems 参数有 setting 选项；二是接收的 activeUser 参数为 true。双重条件保证设置不会错误展示。

单击“删除”按钮会判断当前类型是否为 2，若为 2，则触发 deleteAnswers 方法。此方法向 /answers 接口发送 delete 请求，参数为当前用户 id 和当前内容的 id。若删除成功，触发父组件的 getList 方法，重新获取数据；若失败，则展示错误信息。单击“编辑”按钮也会判断当前类型是否为 2，若为 2，则触发父组件的 editorShowFuc 方法，并将当前元素的 id 作为参数传递过去。

修改完 ListItemActions 组件后，需要对 ListItem 组件做一些小小的修改，根据当前路由判断 showActionItems 变量应该展示的内容，修改 /src/components 文件夹下的 ListItem.vue 文件。

```
01    <script>
02    其他内容
03
04    export default {
05      其他内容
06      data() {
07        return {
08          // 删除此处定义的 showActionItems 变量
09           showActionItems: ['vote', 'thanks', 'comment', 'share', 'favorite',
'more'],
10        };
11      },
12      computed: {
13        其他内容
14        showActionItems() {                 // 新建 showActionItems 计算属性
15          // 若当前路由为 peopleArticles 或者 peopleMain
16            if (this.$route.name === 'peopleArticles' || this.$route.name ===
'peopleMain') {
17            // 返回带有 setting 选项的数组
```

```
18            return ['vote', 'thanks', 'comment', 'share', 'favorite', 'setting'];
19          }
20          否则返回有 more 选项的数组
21          return ['vote', 'thanks', 'comment', 'share', 'favorite', 'more'];
22        },
23      },
24    };
25    </script>
```

如此便可自动根据当前路由来动态展示 ListItemActions 组件的按钮。

10.2.5 作者回答编辑功能开发

此时修改 People 组件，增加回答的编辑方法，修改 /src/views 文件夹下的 People.vue 文件。

```
01    <template>
02      <div class="people" v-loading="userLoading">     // 外层框架
03        <el-dialog                                      // element 对话框组件
04          :title="editorAnswer.question.title"          // 展示问题标题
05          :visible.sync="editorShow"                    // 绑定展示隐藏属性
06          :modal-append-to-body='false'                 // 不将节点生成到 body 上
07        >
08          <rich-text-editor                             // 引入富文本组件
09            class="with-border m-t-10"                  // 绑定样式
10            ref="answerEditor"                          // 绑定 ref 属性
11            :content="editorAnswer.content"             // 绑定 content 变量
12            :placeHolder="editorPlaceholder"            // 绑定 placeHolder 变量
13            @updateContent="updateContent"              // 绑定 updateContent 方法
14          />
15          <div class="footer m-t-10">
16            // 取消按钮，单击将 editorShow 变量改为 false
17            <el-button @click="editorShow = false">取 消</el-button>
18            // 确定按钮，单击触发 updateAnswer 方法
19            <el-button type="primary" @click="updateAnswer">确 定</el-button>
20          </div>
21        </el-dialog>
22        其他内容
23        <div class="profile-main" v-loading="listLoading">
24          <div class="profile-content">
25            其他内容
26            <el-card v-show="listInfo.length > 0">
27              <router-view
28                @getList="getList"                      // 绑定 getList 方法
29                @editorShowFuc="editorShowFuc"          // 绑定 editorShowFuc 方法
30                其他内容
31              />
```

```
32              </el-card>
33            </div>
34            其他内容
35          </div>
36        </div>
37      </template>
38      <script>
39      // 引入富文本组件
40      import RichTextEditor from '@/components/RichTextEditor.vue';
41      其他内容
42
43      export default {
44        components: {
45          其他内容
46          RichTextEditor,                          // 注册富文本组件
47        },
48        其他内容
49        data() {
50          return {
51            editorAnswer: {                        // 定义 editorAnswer 变量
52              question: {                          // 定义 question 属性
53                title: '',                         // 定义 title 属性
54              },
55              content: '',                         // 定义 content 属性
56            },
57            editorPlaceholder: '修改回答 ..',      // 定义 placeHolder
58            editorShow: false,                     // 定义修改组件展示隐藏变量
59          };
60        },
61        methods: {
62          其他内容
63          async editorShowFuc(id) {                // 编辑回答弹窗展示方法
64            // 深拷贝赋值给 editorAnswer 变量
65              this.editorAnswer = Object.assign({}, _.find(this.listInfo, item =>
item.id === id));
66            this.editorShow = true;                // 展示回答弹窗
67            await this.waittingForRender(0);       // 触发异步方法
68            // 触发富文本组件的更新内容方法
69            this.$refs.answerEditor.updateContent(this.editorAnswer.content);
70          },
71          updateContent(content, contentText) {  // 更新 editorAnswer 变量
72            与其他 updateContent 方法完全一致，不再赘述
73          },
74          waittingForRender(ms) {                  // 异步等待渲染方法
75            if (!this.$refs.answerEditor) {        // 若富文本组件尚未渲染
76              // 使用 promise 异步等待渲染
77              return new Promise(resolve => setTimeout(resolve, ms));
```

```
78          }
79          return null;                              // 若富文本组件已渲染则不处理
80        },
81        async updateAnswer() {                      // 更新回答方法
82          await request.put('/answers', {           // put 请求 /answers 接口
83            creatorId: getCookies('id'),            // 传入作者 id
84            answerId: this.editorAnswer.id,         // 传入回答 id
85            content: this.editorAnswer.content,     // 传入回答内容
86            excerpt: this.editorAnswer.excerpt,     // 传入回答简介
87          }).then((res) => {
88            if (res.data.msg === [0]) {             // 若修改失败
89              this.$Message.error('修改失败，请稍后再试');     // 信息提示
90            } else {                                // 若修改成功
91              this.$Message.success('修改成功');     // 信息提示
92              this.getList();                       // 重新获取列表数据
93            }
94            this.editorShow = false;                // 隐藏回答编辑弹窗
95          });
96        },
97      },
98    };
99    </script>
```

回答的修改就是一个简单的dialog组件，dialog组件中调用了富文本组件来编辑回答内容。整体逻辑就是单击“编辑”按钮后触发了editorShowFuc方法，该方法获取需要修改的回答，之后传递到富文本组件并且展示回答编辑弹窗，在弹窗内单击“修改”或“取消”按钮进行下一步操作。

这里有两点比较重要，首先是editorAnswer变量的赋值，此变量代表着当前编辑的回答，通过ListItemActions组件传递过来的回答id来确定回答内容，使用lodash的find方法。可能有些同学没有看懂数据赋值的方法，这里使用ES6合并变量的方法，将find后的回答内容合并给一个空对象，之后再赋值给editorAnswer变量。之所以要如此赋值，就涉及JS的基础知识。

在JS中也有栈（stack）和堆（heap）的概念，可以这么理解，栈其实是没有任何数据的，其所代表的内容是指向一个堆。简单来说就是一个人可能有名字和外号，若是一个人变了，则外号和名字所代表的内容也会相应改变。此处的赋值若直接使用等号赋值，相当于editorAnswer变量还是一个指针，若此时修改editorAnswer的内容，那么listInfo中相应的内容也会随之改变，因为editorAnswer变量和listInfo中的数据指向的都是一个个堆。使用Object.assign则会新建一个堆，editorAnswer变量会指向这个新生成的堆，此时随意修改editorAnswer变量的值，也不会影响到listInfo中相应的数据。类似的解决办法还有很多，可以查阅相关文献或官网。

另一个比较重要的点就是waittingForRender方法，该方法的作用是等待当前富文本组件渲染完成。因为富文本组件是放在dialog组件中的，而dialog组件在页面初始化后是隐藏状态，因此富文本组件并不会被渲染，这里也就无法拿到组件内部的updateContent方法。那怎么解

决这个问题呢？等待富文本组件渲染完成后，再调用 updateContent 方法即可。

editorShowFuc 使用 async…await 语法来解决异步的问题，所以当代码执行到下面这一句时：

```
await this.waittingForRender(0);
```

会等待 waittingForRender 执行完成后再执行后面的代码，而 waittingForRender 方法中先判断富文本组件是否渲染完成。若未渲染完成，则会使用 setTimeout 方法等待一下。如此，editorShowFuc 方法就会等待富文本组件渲染完成后再调用富文本组件的 updateContent 来更新其内部内容，回答编辑的弹窗也会成功展示。

单击弹窗上的"保存"按钮会触发 updateAnswer 方法，这就是一个简单的发送回答更新请求的方法，其参数中传递了作者 id、回答 id、回答内容和回答简介 4 个变量，传递过去后，后端会进行相应的处理，处理完成后返回给前端。若是成功，则给出信息提示并且调用 getList 方法重新获取回答列表内容，若是失败，则直接给出信息提示。

个人主页修改回答效果如图 10.7 所示。

■ 图 10.7　个人主页修改回答效果展示

10.2.6　作者文章的查看功能开发

文章的列表展示离不开后端的支持，首先增加个人文章列表的查询接口，修改后端项目 /src/routes 文件夹下的 artilces.js 文件。

```
01  其他内容
02
03  const creatorArticles = async (ctx, next) => {   // 获取用户文章方法
04    const { creatorId } = ctx.query;                // 获取用户 id 参数
05    const where = {                                 // 定义查询条件
06      creatorId                                     // creator 字段需保持一致
07    };
08    try {
```

```
09      await Article.findAll({                         // sequelize 的 findAll 方法
10        where,                                        // 查询条件参数
11        include: articleInclude,                      // 联表查询参数
12        attributes: articleAttributes,                // 查询字段参数
13        order: [                                      // 查询顺序参数
14          ['updatedAt', 'DESC'],                      // 以更新时间倒序查询
15        ],
16      }).then((res) => {                              // 得到查询结果
17        ctx.response.body = {                         // 返回结果
18          status: 200,                                // 返回状态
19          list: res,                                  // 返回查询结果
20        };
21      });
22    } catch (error) {
23      utils.catchError(error);                        // 捕获错误
24    }
25  }
26
27  其他内容
28
29  module.exports = {
30    'GET /articles/creator': creatorArticles,         // 暴露用户文章接口
31      其他内容
32  }
```

用户文章查询接口与用户回答查询接口大同小异，查询方法都是一样的，联表查询的参数在上面已经定义过，直接使用即可。

前端部分首先无须修改 /src/views 文件夹下的 People.vue 文件，因为在获取问题列表时已经定义好了 routerTrans 对象，而此对象中已经包含了文章列表的查询接口。需要修改的是路由配置，修改 /src 文件夹下的 router.js 文件。

```
01  {
02    path: '/people/:id',                              // 个人中心一级路由地址
03    component: People,                                // 个人中心一级路由组件
04    children: [{                                      // 个人中心二级路由配置
05      回答列表路由
06    }, {
07      path: 'articles',                               // 个人中心文章列表路由地址
08      name: 'peopleArticles',                         // 个人中心文章列表路由名称
09      component: ListItem,                            // 个人中心文章列表调用组件
10    }],
11  }
```

调用的组件还是 ListItem 组件，因为当时在开发时已经做好了文章和回答内容的兼容。如此，个人中心的文章列表便可直接展示，效果如图 10.8 所示。

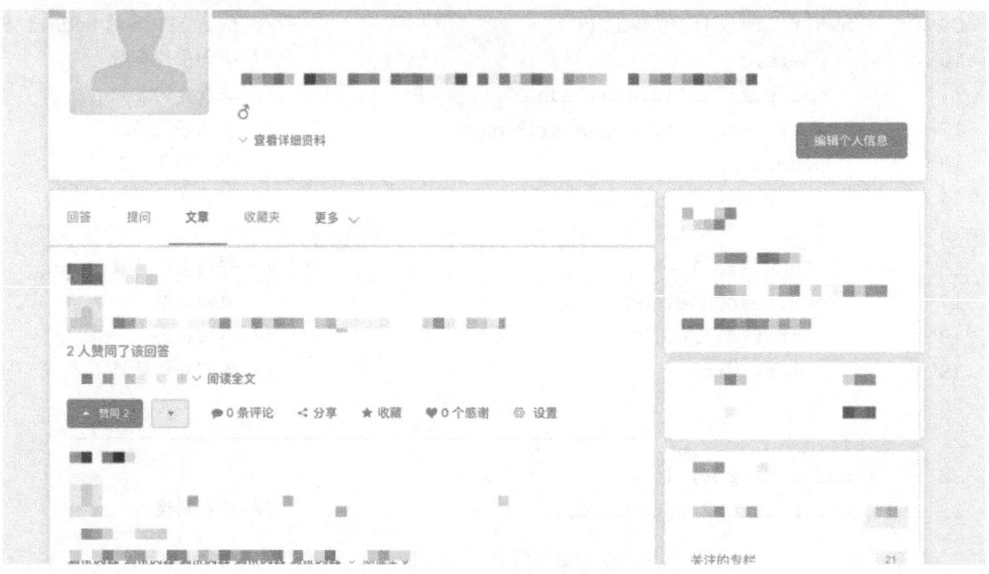

■图 10.8 个人主页文章列表效果展示

10.2.7 作者文章的删除功能开发

文章列表展示完成后，就可以开发修改与删除功能，修改 /src/components 文件夹下的 ListItemActions.vue 文件。

```
01  <script>
02  其他内容
03
04  export default {
05    其他内容
06    methods: {
07      其他内容
08      editContent() {                              // 编辑内容方法
09        if (this.type === 0) {                     // 若内容类型为 0（文章）
10          this.$router.push({                      // 跳转路由
11            name: 'editor',                        // 路由名称
12            params: {                              // 路由参数
13              articleId: this.itemId,              // 文章 id 即为当前内容 id
14            },
15          });
16        }
17        编辑回答方法
18      },
19      deleteContent() {                            // 删除内容方法
20        删除回答方法
21        if (this.type === 0) {                     // 若内容类型为 0（文章）
```

```
22            this.deleteArticles();                        // 调用 deleteArticles 方法
23          }
24        },
25        async deleteArticles() {                        // 删除文章方法
26          await request.delete('/articles', {           // delete 请求 /articles 接口
27            data: {                                     // 传入参数
28              creatorId: getCookies('id'),              // 作者 id
29              articleId: this.itemId,                   // 文章 id
30            },
31          }).then((res) => {                            // 返回结果
32            if (res.data.status === 202) {              // 若删除成功
33              this.$Message.success('删除成功');          // 信息提示
34              this.$emit('getList');                    // 触发父组件的 getList 方法
35            } else {                                    // 若删除失败
36              this.$Message.error(res.data.msg);        // 信息提示
37            }
38          });
39        },
40      },
41    };
42    </script>
```

修改 ListItemActions 组件中的 editContent 方法和 deleteContent 方法，增加了 deleteArticles 方法。单击“删除”按钮后，判断当前类型是否为 0。若为 0，则调用 deleteArticles 方法，该方法会向 /articles 接口发送 post 请求，参数是当前用户 id 和当前内容 id。拿到返回值后的操作和删除回答方法一样，信息提示和触发父组件的相应方法。单击“编辑”按钮后，触发 editContent 方法。若当前类型为 0，则跳转到文章编辑页面，参数为当前内容 id。

10.2.8 作者文章的编辑功能开发

文章编辑和回答编辑并不相同，并不会在个人主页出现弹窗然后修改，文章编辑和文章创建页面是同一页面。修改 /src/views 文件夹下的 Editor.vue 文件。

```
01    <script>
02    其他内容
03
04    export default {
05      其他内容
06      mounted() {
07        // 判断当前路由参数，若 articleId 不为 0，则获取文章信息
08        if (parseFloat(this.$route.params.articleId) !== 0) {
09          this.getArticleInfo();                          // 调用 getArticleInfo 方法
10        }
11      },
12      methods: {
```

```
13        其他内容
14        relaseArticles() {                              // 发布文章方法
15          // 若路由参数中 artilceId 不为 0，则触发 updateArticle 方法
16          if (parseFloat(this.$route.params.articleId) !== 0) {
17            this.updateArticle();
18          // 若路由参数中 articleId 为 0，则触发 createArticle 方法
19          } else {
20            this.createArticle();
21          }
22        },
23        async getArticleInfo() {                        // 获取文章内容方法
24          await request.get('/articles', {              // get 请求 /articles 接口
25            articleId: this.$route.params.articleId // 传入当前路由中 articleId 参数
26          }).then((res) => {                            // 请求返回结果
27            if ( res.data.status === 200) {             // 若请求成功
28              const articleInfo = res.data.content; // 将返回结果赋值给 articleInfo
29              this.content = articleInfo.content; // 赋值文章内容给 content 变量
30              this.imgUrl = articleInfo.cover;          // 赋值文章封面给 cover 变量
31              this.title = articleInfo.title;           // 赋值文章标题给 title 变量
32              // 触发富文本组件的 updateContent 方法
33              this.$refs.textEditor.updateContent(this.content);
34            } else {                                    // 若请求失败
35              this.$Message.error('获取文章内容失败，请稍后再试');      // 提示信息
36              this.$router.go(-1);                      // 返回上一页
37            }
38          })
39        },
40        async updateArticle() {                         // 更新文章内容方法
41          await request.put('/articles', {              // put 请求 /artilces 方法
42            articleId: this.$route.params.articleId,   // 传入当前文章 id
43            content: this.content,                      // 传入文章内容
44            excerpt: this.contentText.slice(0, 100),   // 传入文章简介
45            title: this.title,                          // 传入文章标题
46            imgUrl: this.imgUrl,                        // 传入文章封面
47            userId: getCookies('id'),                   // 传入当前用户 id
48          }).then((res) => {                            // 请求返回结果
49            if (res.data.msg === [0]) {                 // 若文章修改失败
50              this.$Message.error('文章修改失败，请稍后再试'); // 提示信息
51            } else {                                    // 若文章修改成功
52              this.$Message.success('文章修改成功');    // 提示信息
53              this.$router.push({                       // 跳转路由
54                name: 'peopleArticles'          // 跳转到个人中心文章列表
55              });
56            }
57          })
58        }
59      },
```

```
60    };
61    </script>
```

上面这段代码修改了 Editor 组件中的 relaseArticles 方法，增加修改文章方法，该方法向 /articles 接口发送 put 请求，参数为文章的相关信息和作者 id。新增 getArticleInfo 方法，该方法向 /articles 接口发送 get 请求，请求参数是当前路由中的文章 id。获取到文章信息后赋值给本地变量，用以展示当前文章信息。同时在 mounted 钩子中判断当前路由参数中 articleId 是否为 0。若不为 0，则是编辑文章，调用 getArticleInfo 方法获取文章信息。

文章的编辑和删除至此全部完成，相对来说比较简单，方法和回答的删除基本一致，修改方法直接调用 Editor 组件，比回答的编辑更加简单。

10.2.9 提问的列表

提问列表部分是最简单的，因为提问没有删除功能，至于提问的修改功能，前面已经介绍过，所以此页面只有提问展示功能。对于提问的展示和回答文章在格式上也有很大不同，所以无法直接调用 ListItem 组件，需要使用新的提问展示组件，在 /src/components 文件夹下新建 AskItem.vue 文件。

```
01    <template>
02      <div class="asks">                          // 提问单个元素外层框架
03        <h2 class="question-title">               // 提问标题
04          <router-link                            // 单击跳转
05            // 跳转到 detailsQuestions 路由，参数为当前内容的 id
06            :to="{name: 'detailsQuestions', params: {id: item.id}}"
07          >
08            {{item.title}}                        // 展示问题标题
09          </router-link>
10        </h2>
11        <span class="question-info">              // 展示问题相关状态
12          // 展示回答更新时间、回答个数和评论个数信息
13          {{item.updatedAt | dateFilter}} · {{item.answer ? item.answer.length :
0}} 个回答 · {{item.comment ? item.comment.length : 0}} 条评论
14        </span>
15      </div>
16    </template>
17    <script>
18    import moment from 'moment';                  // 引入 moment 插件
19
20    export default {
21      props: ['item'],                            // 接收父组件传递的参数
22      filters: {                                  // 过滤器
23        dateFilter: (date) => {                   // 日期过滤器
24          moment.locale('zh-cn');                 // moment 定义时区
25          return moment(date).format('YYYY-MM-DD');    // moment 转换时间格式
```

```
26      },
27    },
28  };
29  </script>
```

提问展示组件十分简单，只是单纯地展示问题信息，没有多余的功能。组件完成后，修改/src 文件夹下的 router.js 文件指定路由。

```
01  import AsksItem from './components/AsksItem.vue'; // 引入提问元素组件
02
03  其他内容
04  {
05    path: '/people/:id',                         // 个人主页路由地址
06    component: People,                           // 个人主页组件
07    children: [{                                 // 个人主页子路由配置
08      path: 'asks',                              // 个人主页回答列表路由地址
09      name: 'peopleAsks',                        // 个人主页回答列表路由名称
10      component: AsksItem,                       // 个人主页回答列表路由组件
11    }, {
12      文章列表路由配置
13    }, {
14      回答列表路由配置
15    }],
16  }
```

如此便完成 AsksItem 组件的调用，下面还有最后一步，增加获取用户提问信息的接口，修改后端项目 /src/routes 文件夹下的 questions.js 文件。

```
01  其他内容
02
03  const creatorQuestions = async (ctx, next) => {  // 获取用户提问列表
04    const { creatorId } = ctx.query;               // 获取请求中的作者 id
05    const where = {                                // 查询条件参数
06      creatorId                                    // 作者 id 必须相同
07    };
08    const include = [{                             // 联表查询参数
09      model: model.users,                          // 关联 users 表
10      as: 'author'                                 // 结果重命名为 author
11      attributes: userAttributes,                  // 查询字段
12    }, {
13      model: model.comments,                       // 关联 comments 表
14      as: 'comment',                               // 结果重命名为 comment
15      required: false,                             // 非必要参数
16      attributes: commentAttributes,               // 查询字段
17      where: {                                     // 查询条件
18        targetType: 1,                             // 目标类型为 1
19      },
20    }, {
```

```
21        model: model.answers,                    // 关联 answers 表
22        attributes: answerAttributes,            // 查询字段
23        required: false,                         // 非必要参数
24        as: 'answer',                            // 结果重命名为 answer
25      }];
26      try {
27        await Question.findAll({                 // sequelize 的 findAll 方法
28          where,                                 // 查询条件
29          include,                               // 联表查询参数
30          attributes: questionAttributes,        // 查询字段
31          order: [                               // 查询顺序
32            ['updatedAt', 'DESC'],               // 根据更新时间倒序排列
33          ],
34        }).then((res) => {                       // 查询结果
35          ctx.response.body = {                  // 返回内容
36            status: 200,                         // 返回状态
37            list: res,                           // 返回查询结果
38          };
39        });
40      } catch (error) {
41        utils.catchError(error);                 // 捕获错误
42      }
43    }
44
45    module.exports = {
46      'GET /questions/creator': creatorQuestions,     // 暴露个人提问列表接口
47      其他内容
48    }
```

个人提问的查询接口和个人文章与个人回答接口十分类似，完成后端接口后，前端刷新页面，即可看到个人提问列表，如图 10.9 所示。

■图 10.9　个人主页提问列表效果展示

至此，个人主页列表内容已全部完成，共有回答、提问和文章 3 个列表。个人主页提供了文章和回答的删除功能，并且提供了回答的编辑功能。

10.3 小结

在本章中，主要讲解了个人主页的开发。个人主页主要有两个功能：个人信息修改和个人创作内容的展示与操作。

个人信息的修改相对来说并不复杂，因为可以修改的信息很少，只有座右铭和个人头像。座右铭的修改比较简单，而个人头像的修改使用了 vue-image-crop-upload 组件，因为剪切图片功能对头像上传来说必不可少，引用组件的调用和自己开发的组件调用没有差别，绑定所需要的数据即可。

个人创作的展示操作内容较多，但并不复杂。因为前端组件化的原因，所以只需开发一个新的组件，其余组件完全可以调用之前开发好的组件，省时省力。为了方便查询，3 种内容的接口格式一模一样，前端处理起来只需配置不同的接口即可，其余部分无须改动。

现在项目的开发已经全部完成，剩下就是项目的上线部署。关于 Vue.js 的内容，本书中只展示了比较重要的功能，还有很多功能并没有涉及。读者可以查看 Vue.js 官方文档，虽然是有些枯燥，但胜在不是英文版的，理解起来比较简单，学习成本不高。推荐阅读文档是因为文档可以帮助我们更深入地了解 Vue.js 的原理，在日后遇到问题时，可以更好地找到解决方向，不会毫无头绪。

第11章 项目的部署

项目开发完成后，就要开始部署了，只能在本地运行的项目没有实际意义。项目部署前，必须了解一些基础知识。

本章主要涉及的知识点如下。

- ❑ 服务器的购买与配置
- ❑ nginx 的相关配置
- ❑ 前后端项目的部署

11.1 服务器的购买与配置

服务器的定义是提供计算服务的设备，其实就是一台电脑，把项目部署在这台电脑上，大家就可以通过 IP 或者域名来访问。服务器的系统主要有 Windows 和 Linux 两大类，本次项目的服务器推荐选购 Linux 系统。

既然服务器是一台电脑，那么配置信息必不可少，与正常电脑一样，它有自己的 CPU、硬盘、内存等相关配置。需要注意的是，服务器的带宽也是比较重要的，带宽太小，访问起来会很吃力，页面加载时间会比较长，用户体验自然也会因此变差。当然，本次部署无须多大带宽，仅供测试使用，买最便宜的即可。

系统方面，推荐 CentOS 系统，这是一个比较经典的 Linux 系统，由于存在时间较长，网上各类资料十分丰富，遇到问题也比较好处理。

下面以阿里云为例，介绍云服务器的购买方法。首先打开阿里云主页，在产品导航栏下选择云服务器 ECS，之后单击“立即购买”按钮，进入购买详情页，如图 11.1 所示。

这里选择 1 核 CPU 和 1GB 内存的配置，系统选择 CentOS，版本号是 7.6，64 位。选好之后单击“下一步”按钮，网络和安全选择默认配置即可，再单击“下一步”按钮，到系统配置页面，登录凭证选择自定义密码，输入合适的密码即可。密码输入完成后单击“下一步”按钮，分组设置无须修改，单击“下一步”按钮，到订单确认页面。勾选“服务协议”选项，单击“确认”按钮下单，即可跳转到支付页面，支付完成后，系统会跳转到支付完成页面，单击“管理控制台”按钮，即可跳转到云服务器 ECS 的事例列表，如图 11.2 所示。

服务器列表中有刚刚购买的服务器的基本信息，如 IP 地址、运行状态等。到这一步，完成服务器的购买。

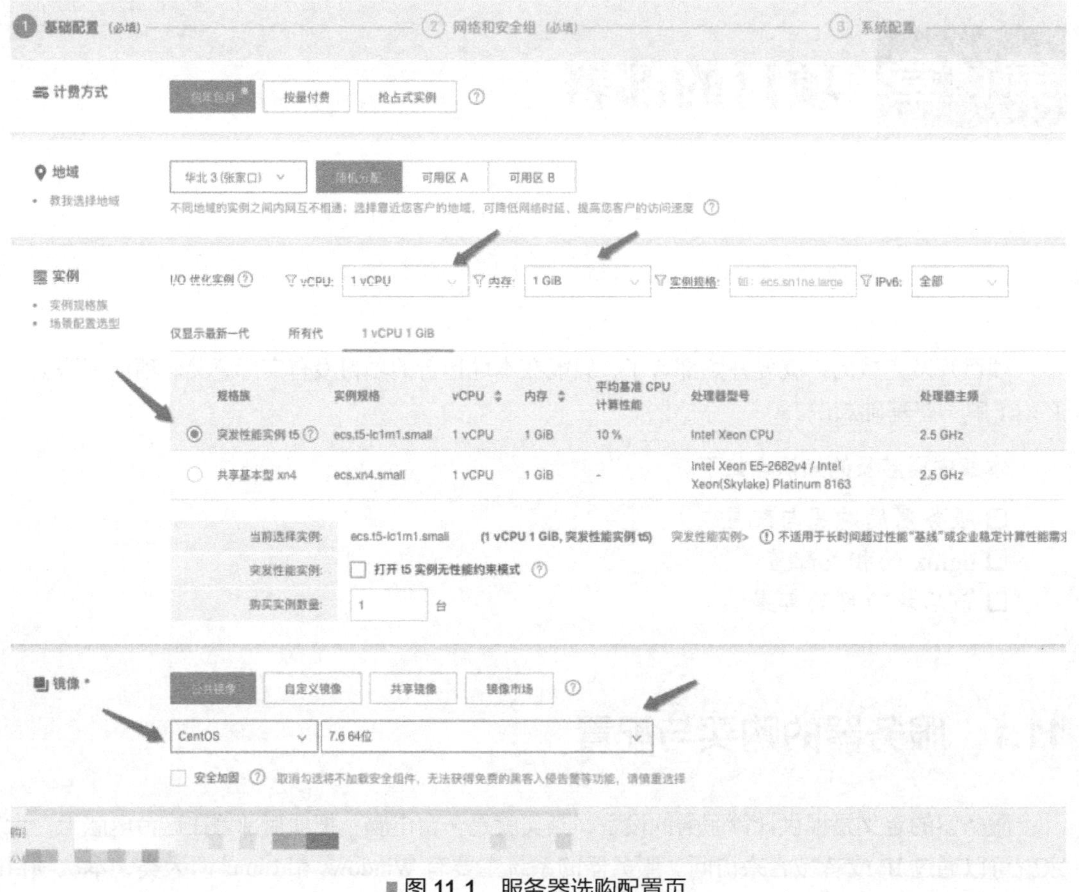

■ 图 11.1　服务器选购配置页

■ 图 11.2　服务器列表

相对来说阿里云的服务器比较贵，但胜在稳定、安全性高。如考虑成本，也可以选择别的服务器供应商，或者使用免费的体验版。服务器购买完成后，即可对服务器的环境进行配置。

11.2　服务器的连接与配置

要想对服务器进行相应的配置，首先需要远程连接到服务器，这里介绍两种连接服务器的方法。

11.2.1 服务器连接的两种方法

第一种方法是直接使用命令行工具连接，打开命令行工具，输入以下代码。

```
ssh root@服务器的 IP 地址
```

初次连接会有一个关于连接授权的信息提示，输入 yes 后，系统会提示输入密码，然后按 Enter 键，即可成功登录，结果如图 11.3 所示。

■ 图 11.3 SSH 连接服务器信息提示

此时便在本地连接到刚刚购买的服务器。

第二种方法是通过制定软件来连接服务器，以 Xshell 为例，首先填写服务器的 IP 地址和端口号，如图 11.4 所示。

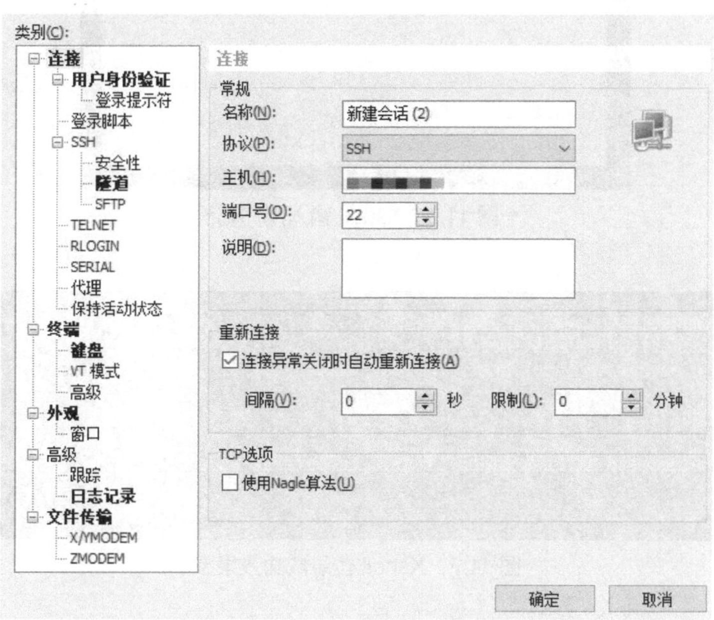

■ 图 11.4 Xshell 登录首页

单击“确定”按钮后提示输入用户名，如图 11.5 所示。

单击“确定”按钮后提示输入远程登录密码，如图 11.6 所示。

此时，单击“确定”按钮就可以看见登录后的效果，如图 11.7 所示。

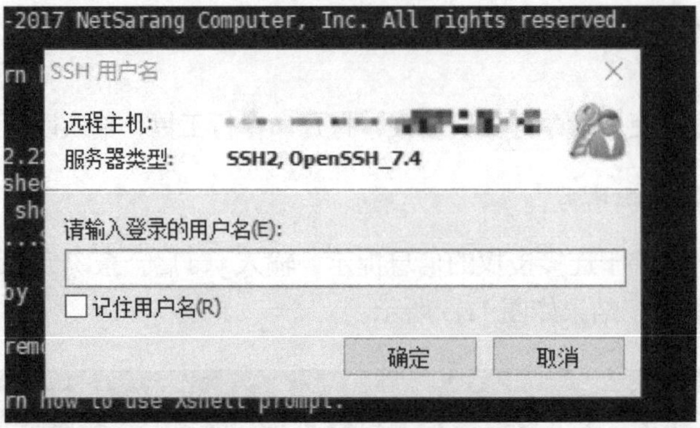

■ 图 11.5　Xshell 输入用户名

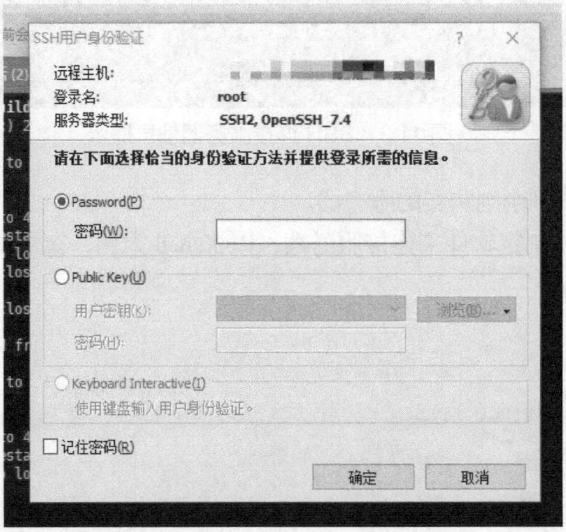

■ 图 11.6　Xshell 输入用户密码

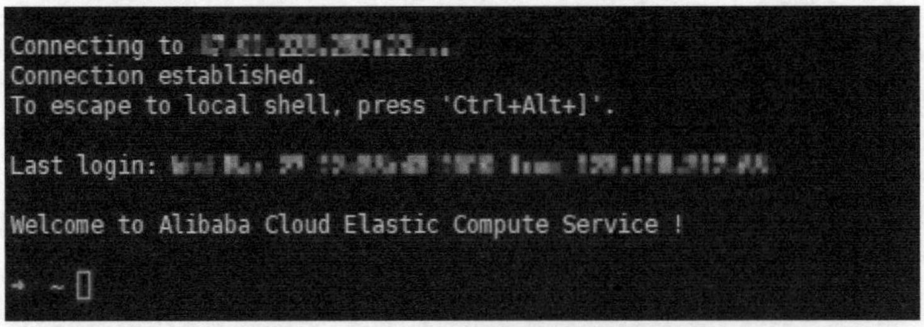

■ 图 11.7　Xshell 登录成功效果展示

11.2.2　服务器环境安装

连接完成后，需要对服务器的环境进行一些配置，让服务器更好用。CentOS 默认的安装器是 yum，可以使用 yum 安装需要的插件，首先安装 zsh。

```
yum install zsh
```

安装完成后安装git。

```
yum install git
```

这两者都安装完成后即可安装on-my-zsh，此插件在第1章介绍过，直接安装。

```
sh -c "$(curl -fsSL https://raw.githubusercontent.com/robbyrussell/oh-my-zsh/master/tools/install.sh)"
```

接下来安装Node.js，依次输入下面3条语句。

```
01  curl --silent --location https://rpm.nodesource.com/setup_10.x | sudo bash -
02  yum -y install nodejs
03  yum -y install gcc-c++ make
```

查看Node.js版本号，确认Node.js是否安装完成。

```
node -v
```

返回Node.js版本号即为安装完成，安装Node.js时会自动安装npm，所以无须再次安装，下面开始安装数据库，步骤较多，请耐心操作。首先要声明，在Centos系统中，默认的数据库已经不是MySQL而是mariadb，但对我们来说并没有区别，使用起来都一样。执行安装命令，并且将数据库设置为开机自启。

```
01  yum install mariadb mariadb-server          // 安装mariadb
02  systemctl start mariadb                     // 开启mariadb
03  systemctl enable mariadb                    // 将mariadb设置为自启动
```

11.2.3 服务器数据库详细配置

下面开始初始化数据库，输入如下代码。

```
mysql_secure_installation
```

启动MySQL的配置程序，回答一系列问题，代码如下。

```
01  Enter current password for root (enter for none): // 输入当前密码，默认为空
02  OK, successfully used password, moving on...
03
04  Setting the root password ensures that nobody can log into the MariaDB
05  root user without the proper authorisation.
06
07  Set root password? [Y/n] Y                          // 是否设置新密码/是
08  New password:                                       // 输入新密码
09  Re-enter new password:                              // 再次输入新密码
```

```
10  Password updated successfully!                    // 密码更新成功
11  Reloading privilege tables..                      // 重置表单
12   ... Success!                                     // 成功
13
14  By default, a MariaDB installation has an anonymous user, allowing anyone
15  to log into MariaDB without having to have a user account created for
16  them.  This is intended only for testing, and to make the installation
17  go a bit smoother.  You should remove them before moving into a
18  production environment.
19
20  Remove anonymous users? [Y/n] Y                   // 去掉匿名用户 / 是
21   ... Success!                                     // 去除成功
22
23  Normally, root should only be allowed to connect from 'localhost'.  This
24  ensures that someone cannot guess at the root password from the network.
25
26  Disallow root login remotely? [Y/n] N             // 禁止 root 用户远程登录
27   ... skipping.                                    // 跳过
28
29  By default, MariaDB comes with a database named 'test' that anyone can
30  access.  This is also intended only for testing, and should be removed
31  before moving into a production environment.
32
33  Remove test database and access to it? [Y/n] Y    // 去除测试数据库 / 是
34   - Dropping test database...                      // 正在删除测试数据库
35   ... Success!                                     // 删除成功
36   - Removing privileges on test database...        // 删除测试数据库授权
37   ... Success!                                     // 删除成功
38
39  Reloading the privilege tables will ensure that all changes made so far
40  will take effect immediately.
41
42  Reload privilege tables now? [Y/n] Y              // 重新给数据表授权
43   ... Success!                                     // 授权成功
44
45  Cleaning up...
46
47  All done!  If you've completed all of the above steps, your MariaDB
48  installation should now be secure.
49
50  Thanks for using MariaDB!                         // 配置成功
```

上述代码中，已经给出各类问题的中文释义，读者可以根据自己的需要进行适当的配置，之后配置 MySQL 的字符集。

```
01  init_connect='SET collation_connection = utf8_unicode_ci'
```

```
02    init_connect='SET NAMES utf8'
03    character-set-server=utf8
04    collation-server=utf8_unicode_ci
05    skip-character-set-client-handshake
```

字符集配置完成后，MySQL 的配置就完成了。此时需要把服务器的 MySQL 端口开放出来，否则无法访问服务器的 MySQL 服务。在实例列表中更多选项下找到“网络和安全组”选项，单击“安全组配置”选项即可配置安全组。新建 MySQL 安全组，如图 11.8 所示。

■ 图 11.8　服务器安全组配置

此时可尝试用客户端远程登录数据库，如图 11.9 所示。

如果无法登录，可以尝试重新给 root 用户赋予权限。

```
grant all privileges on *.* to '用户名'@'%' identified by '密码' with grant
option;
```

如果还未成功，可以上网查找，几乎所有数据库登录问题都可以找到答案。数据库配置完成后，可以导入本地数据。否则，系统部署完成后，整个项目是空的，成就感会少很多。

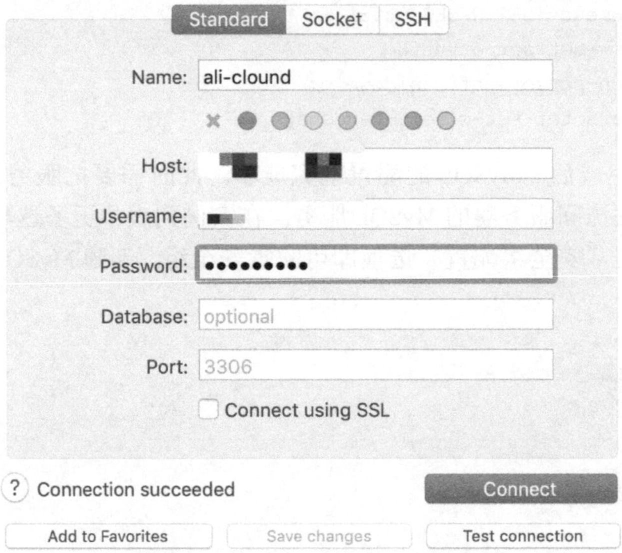

■ 图 11.9　MySQL 远程登录配置

11.2.4　服务器项目文件夹创建

接下来在服务器的根文件夹下新建名为 www 的文件夹。

```
mkdir /www
```

进入 www 文件夹。

```
cd /www
```

新建 front 和 server 文件。

```
01  mkdir front
02  mkdir server
```

此处 front 文件夹用来存储前端项目，server 用来存储后端项目。至此即完成服务器的所有配置，下面将开始服务的部署。

11.3　服务部署

服务部署分为 3 个步骤：前端项目部署、后端项目部署和 nginx 反向代理。

11.3.1　前端项目部署

前端项目的部署较为简单，首先将上传图片的地址修改一下，改成线上地址，共有 3 处：

用户头像上传、富文本图像上传和文章封面图像上传，修改完成后，即可打包项目，在命令行工具中执行打包命令。

```
npm run build
```

等待执行完成后，项目的根文件夹下会出现 dist 文件夹，此文件夹内的文件就是打包后的内容。

现在需要将打包好的文件放到服务器上，一共有两种方法：一种是简单的 scp 方法。

```
scp -r 打包后文件夹的绝对地址 root@服务器IP:/www/front
```

此命令是将本地的文件上传到服务器的指定文件夹，一条语句即可解决问题。另一种方法就是使用FTP工具连接到服务器，之后再对服务器的文件进行更改，这里以FileZilla软件为例，首先新建连接，如图 11.10 所示。

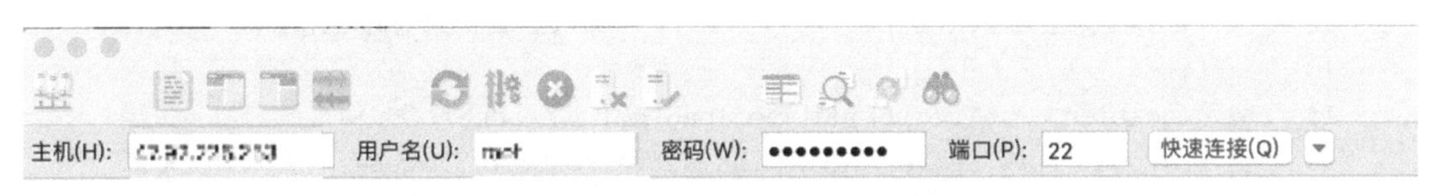

■ 图 11.10　FTP 工具连接示意图

连接完成后，可以在下方看到服务器上的文件内容，左侧是本地文件夹，右侧是远程文件夹，将左侧找到的打包后的文件拖到右侧指定文件夹即完成上传，如图 11.11 所示。

■ 图 11.11　FTP 上传文件到服务器

上传完成后，需要配置 nginx 反向代理才可访问，在服务器中安装 nginx，并设置为开机自启。

```
01    yum install nginx
02    systemctl enable nginx
```

修改 nginx 的配置文件，默认的配置文件应该是 /etc/nginx/nginx.config 文件，如果不确定，可以使用下面的语句查找一下 nginx 的位置。

```
whereis nginx
```

可以查询出 nginx 所在的位置，nginx 配置文件修改如下：

```
01   server {
02     listen 80 default_server;                    // 监听 80 端口
03     listen[::]: 80 default_server;               // 监听有前置内容的 80 端口
04     server_name fakezhihu;                       // 服务名称
05     root /www/front;                             // 文件夹地址
06     index index.html;                            // 默认初始文件
07       location @router {                         // 重定向路由，防止刷新 404 的错误
08         rewrite ^.*$ /index.html last;           // 重定向路由
09       }
10       location / {
11         try_files $uri $uri/ @router;            // 首页重定向
12         index index.html;                        // 定向到 index.html
13       }
14       location ~ .*\.(gif|jpg|jpeg|png)$ {       // 图片服务定向
15         root  /www/server/fakezhihu-server/public/images/; // 文件夹地址
16         if ( !-e $request_filename)              // 若文件名不存在
17         {
18           proxy_pass  http://127.0.0.1;          // 跳转回首页
19         }
20       }
21       location /users {                          // 前端 users 请求
22         proxy_pass http://服务器 IP:8081;        // 重定向到 8081 端口
23         proxy_set_header Host $host;             // 请求头 Host 设置
24         proxy_set_header X-Real-IP $remote_addr;    // 请求头地址设置
25       }
26       location /articles {                       // 前端 articles 请求
27         proxy_pass http://服务器 IP:8081;        // 重定向到 8081 端口
28         proxy_set_header Host $host;             // 请求头 host 设置
29         proxy_set_header X-Real-IP $remote_addr;     // 请求头地址设置
30       }
31       // 类似的还有 imgs、questions、answers、comments
32       // status 接口，配置都一样
33       // 做了热榜的同学需增加热榜接口的代理
34       error_page 404 /404.html;                  // 404 报错设置
35         location = /40x.html {                   // 默认报错页面
36       }
37       error_page 500 502 503 504 /50x.html;      // 500 系列报错设置
38         location = /50x.html {                   // 默认报错页面
39       }
40   }
```

增加完这些配置后重启 nginx。

```
nginx -s reload
```

启动 nginx 后需要将 80 端口开放出来，修改增加安全组配置，具体配置如图 11.12 所示。

■ 图 11.12　80 端口安全组配置

此时访问当前服务器的 IP 地址就可以看见项目，不过没有后端支持，什么都操作不了，下面开始部署后端项目。

11.3.2　后端项目部署

首先，进入后端项目的指定文件夹中去，在服务器中输入以下代码。

```
cd /www/server
```

使用 Git 复制之前写好的项目。

```
git clone 项目地址
```

进入项目中。

```
cd fakezhihu-server
```

安装依赖。

```
npm i
```

安装完依赖后，在后端项目 /src/public 文件夹下新建 images 文件夹。

```
01  cd src/public
02  mkdir images
```

如果有文件夹，就不用创建了，若是没有此文件夹，图片是传不上去的。创建完文件夹后，需要修改 /src/config 文件夹下的 default.js 文件，将数据库用户名密码和地址改成服务的相关内容，修改完成后，全局安装 pm2 插件。

```
npm i pm2 -g
```

安装完成后，可以使用 pm2 启动项目。

```
pm2 start bin/www
```

pm2 启动成功后的效果如图 11.13 所示。

```
→ fakezhihu-server git:(master) ✗ pm2 start bin/www
[PM2] Applying action restartProcessId on app [www](ids: 0)
[PM2] [www](0) ✓
[PM2] Process successfully started
```

App name	id	version	mode	pid	status	restart	uptime	cpu	mem	user	watching
www	0	0.1.0	fork	5857	online	1	0s	0%	2.9 MB	root	disabled

■ 图 11.13　pm2 启动成功效果展示

此时，还有最后一步需要操作——为 8081 端口新建安全组，在之前安全组的配置中再新建一个，配置如图 11.14 所示。

编辑安全组规则 ⑦ 添加安全组规则

网卡类型: 内网
规则方向: 入方向
授权策略: 允许
协议类型: 自定义 TCP
*端口范围: 8081/8081
优先级: 1
授权类型: IPv4地址段访问
*授权对象: 0.0.0.0/0　教我设置
描述:
长度为2-256个字符，不能以http://或https://开头。
确定　取消

■ 图 11.14　8081 端口安全组配置

后端部署至此全部完成。

下面在浏览器中输入服务器的 IP 地址，即可看到项目正常运行的结果，如图 11.15 所示。

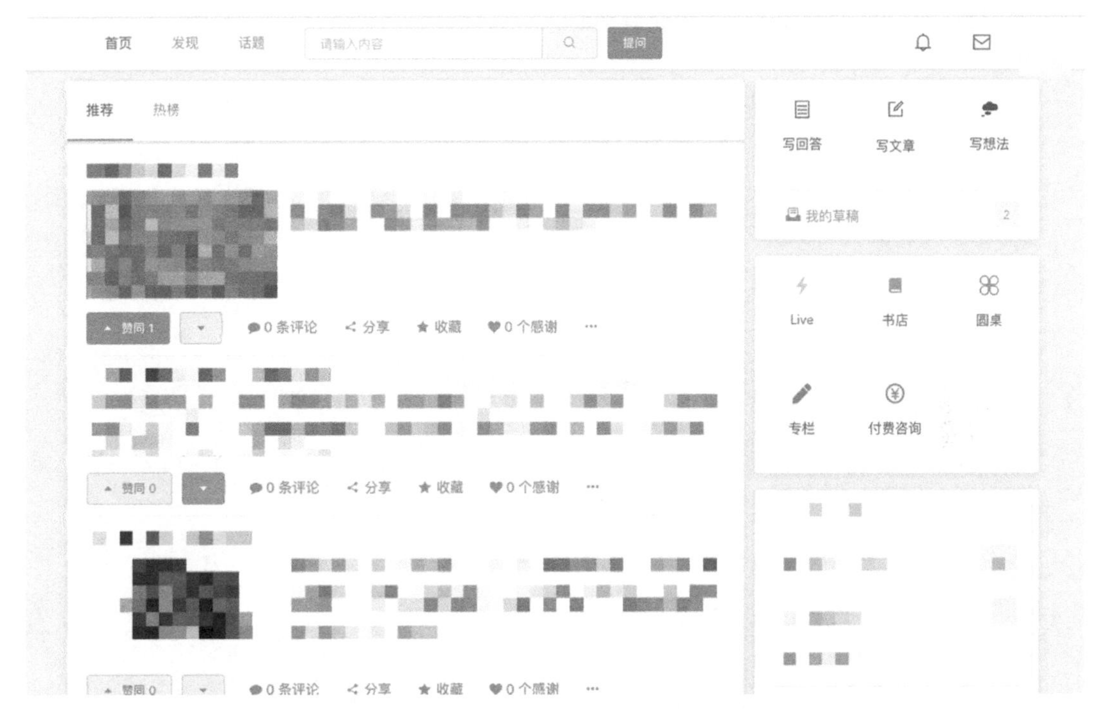

■图 11.15　部署完成后效果图

11.4　小结

本章介绍了如何将项目成功部署上线，由于是测试项目，所以部署过程会相对简单。由于是单机部署，也无须使用 docker 之类的容器，简简单单地放到线上即可。

需要注意的是安全组的配置，若是没有配置安全组，除了默认接口外，所有的内容都无法访问，有时候莫名其妙的无法访问报错很有可能与此有关。项目启动上使用 pm2 插件，此插件是为了方便随时重启服务，否则在一个窗口上启动后端服务，窗口关闭后，就无法关闭服务，若是想关闭，就只能关掉进程了，很是麻烦。使用 pm2 后，即可随时随地启动或关闭服务，一些日常使用方法如下。

```
01    pm2 start 服务名 / 服务文件          // 启动服务
02    pm2 stop 服务名                      // 关闭服务
03    pm2 restart 服务名                   // 重启服务
04    pm2 logs                             // 查看日志
```

对于图片的展示方面，使用 nginx 做了服务代理。若当前路由地址中包含指定图片的后缀名，如 png、jpg 等，就会去指定的文件夹下寻找相应的图片；若没有指定的后缀名，则跳转到项目首页。

其实部署项目的知识更偏向于后端，涉及的服务器相关知识较多，在实际操作中可能会遇到更多问题，可以在百度或者谷歌中获得帮助。

第12章 总结

本章是最后一章，旨在整理前 11 章的内容。

本章主要涉及的知识点如下。

- ❑ 本书第 1 篇内容回顾
- ❑ 本书第 2 篇内容回顾

12.1 第 1 篇内容回顾

本书第 1 篇为基础准备篇，为的是在真正开发前给读者介绍必要的基础知识，只有“打好底子”，才能更好地进行开发。否则，若是直接开始写，不会使用语法或者插件就尴尬了，如此学习，也不会起到一个很好的效果。

在第 1 篇中，首先介绍了前端的历史，讲述前端是如何从一个简单的页面到现在的大前端时代，其中的变化并非一蹴而就，而是无数人对技术不断的钻研，各种框架不断地迭代，互相竞争，优胜劣汰，才使得当前的前端市场一片火热。其中最关键的过程，我觉得还是前后端分离，很难想象这是一个怎样艰难的过程，曾经的前端都是依附于后端，很多小公司都没有专门的职位，大部分都是后端程序员一并写了，即使有前端工程师，项目的修改与测试还是要和后端工程师一起研发，工作十分烦琐。分离之后的工作方便了很多，仅仅需要与后端商量合适的字段即可开始开发，开发完成后，二者对接即可，不仅省时省力，同时也为前端提供了更大的发展方向，页面的功能与效果可以更好地实现，为用户提供更好的体验。前后端分离恰似给了前端第二次生命。

之后介绍了前端的三大框架，以及框架之间不断的演变进化，还是那句话“没有最好的框架，只有最适合的框架”。最后介绍了几种比较方便的开发工具，也是我现在正在使用的，每种工具都有自己的快捷键，熟练掌握后，开发效率会有一定程度的提升。当然，使用自己喜欢的开发工具就好，不一定非得使用本书推荐的。

在第 2 章和第 3 章中，介绍了 Vue.js 的相关知识，首先了解了 Vue.js 的两种使用方式，利用两个经典的例子来体现 Vue.js 的特点，之后细细了 Vue.js 的使用方法、具体的内容等。最后针对组件单独讲了一章，因为其确实是实际开发中比较重要的内容，任何一个项目都缺少不了组件的使用。组件的高可用性可以在很大程度上减少项目的代码，使项目的结构更加清晰明了。在本项目中，ListItem 组件就被多次复用，可以说是高可用性很直观的一种体现。当然，其余组件也有复用，但其频率并没有 ListItem 组件高，在此不再赘述。总之，组件的高复用性是程序员成长道路上不可或缺的技能，有时间可以针对看下相关文件，对日后的发展大有裨益。

第 4 章中学习了 ES6 的基础语法，学完之后应该会清晰地感觉到 ES6 语法的简洁之美。如 Brian Kernighan 所说："控制复杂性是计算机编程的本质。"ES6 帮助从语言层面简化了代码，剩下的部分就看实际开发中具体代码具体对待了。ES6 还使得 JS 这门语言更加完善，减少了 ES5 层面的一些漏洞，避免了一些由于语言本身带来的问题。当今的 ES6 被普及使用已经是大势所趋，剩下的就交给时间吧。

在第 5 章中分别介绍了前后端代码框架的构建，俗话说"工欲善其事，必先利其器"，有了好的框架才能更好地进行开发，少走弯路，合理的配置和公用方法也可减少很多冗余代码。前端项目不必多说，拥有 Vue-CLI 这样的脚手架工具，开发者需要做的仅仅是选择需要的插件，Vue-CLI 就会解决剩下的工作。封装 Axios 插件，可以更好地请求数据，可能有人觉得封装的意义不大，那是因为在本项目中没有用到请求的签名验证，在公司的项目中，很多请求都是不公开的，只有带着指定签名的请求，才可以得到返回，此时封装请求方法必不可少。

与前端一样，后端也有自己的脚手架工具，但是比较简单，只能构建基础的项目，剩下的自定义部分还是需要手动安装。在此次项目中封装了两种方法：一个是 Sequelize 的模型，统一放在 models 中，需要使用时直接引用即可；另一个就是路由的封装，无须多次注册路由，只需新建路由文件，封装方法即可自己将路由注册到项目中，减少了许多重复的操作。大家若是喜欢，可以将此脚手架用 Yeoman 封装一下，放到 npm 上供别的开发人员使用，日后自己使用也会方便许多。

12.2 第 2 篇内容回顾

本书第 2 篇为项目实战篇，此部分是实实在在的开发内容，本书尽量为每行代码都加上了注释，阅读起来应该不会太费力。而且包含项目部署的相关内容，读者可以在线上看见自己的项目，便于了解项目的整体流程。

有句话说得好："用几小时来定制计划，可以省下几周的编程时间。"第 6 章介绍如何对一个项目进行分析与设计。确定了一些基础信息，例如路由和数据库等，可以让后期的开发过程进展得更加顺利。一开始的设计可能并不会很完善，有些问题不实际操作可能考虑不到，但是没关系，给自己一个大致的开发方向即可，细节问题等操作时再具体思考。当然，尽量不要出现推翻之前写好的代码的问题，项目的根基部分一定要考虑好，否则，遇到问题时，会十分懊恼，影响项目的开发进度。

第 7 章到第 10 章是本项目的重点开发内容，用到的基本都是第一部分讲到的内容。首先开发项目的基础页面，实现了用户登录注册功能，基础功能实现后，才能进行后续的开发工作，否则后期开发中很有可能会受到影响，产生预期之外的问题。

基础部分完成后，即可开始增、删、改、查的操作，根据操作类型的不同细分为两大章，即文章问题的增、删、改、查和相关内容的增、删、改、查。文章问题是整个项目的主要内容，由于文章内容的复杂性，需要一个单独的页面来提供编辑和创建功能；问题则比较简单，仅一个 dialog 弹窗即可完成。由于文章和提问中都可能会有图片的存在，所以需要一个富文本组件来插入图片。富文本组件经过二次封装已经可以默认将图片存储到我们自己写的图片服务器上，如需使用，直接调用并绑定相应的方法即可。说到图片就不得不提图片上传接口，由于本地没有用 nginx 进行图片的代理，所以无法看见，部署到线上即可。上线之前务必记得修改图片地址的拼接，否则无法看见。

由于评论、答案和状态的修改操作要基于文章和问题，所以放在后面。这里需要注意状态的修改，和其他修改操作并不一致，这是因为其字段属性的特殊导致的。还有一点需要注意，就是查询语句的写法，由于本次项目多次涉及联表查询，所以查询方法不能太过复杂，虽然有的配置可以一次性查出所有的结果，但其代码过于复杂，不便于二次修改，而且若有别人接手你的项目，配置过于复杂将很不好理解。所以不如分开查询，标明每次查询结果的作用，最后拼装即可，如此操作也更方便问题的定位，避免了从头阅读复杂的查询配置。

当然，有些固定的配置可以提出来放到配置文件中，可以避免每次书写相同的配置，浪费时间。但这样做要注意一个问题，若是配置仅仅会使用一次，并且可复用性极低，无须提取出来，否则会使配置文件过长，修改起来十分费力。

在完成大部分内容的增、删、改、查后，即可开始开发个人中心功能。个人中心的内容主要分为两大类：一是个人信息的修改；二是个人操作信息的展示。个人信息的修改不必多说，仅仅是座右铭和头像的修改，头像的修改为了预览，使用了别人封装好的插件，根据说明调用即可。个人操作信息分成了三大类：回答、提问和文章。这也就是用户可以在本次项目中做的所有操作了，而且删除都放在了个人中心的列表中，所以还是比较重要的。由于列表的格式相似，所以直接使用路由配置的方式配置好展示元素的组件，获取到数据后循环渲染即可。为了方便操作，三者的接口都被设计得十分类似，唯一的不同就是请求接口的内容，使用变量来存储对应路由和接口关系，即可在最大限度上简化代码。

第 11 章讲的是项目部署的相关内容，从购买服务器到对服务器进行配置，再到前后端项目的部署。每一步都有介绍，都是实实在在的操作。项目的部署其实涉及后端的知识点更多一些，尤其是服务器上的一些内容，了解一下没有坏处，不了解也没有什么大问题，全凭个人喜好。

12.3 小结

本章回顾了前 11 章的主要内容，对本书有了一个系统性的总结。本书从基础知识讲到项目部署上线，由于内容较多，期间还是有很多细节知识无法囊括，仍需读者另找时间仔细研究。书中的知识都是固定的，但生活却时时刻刻都在变化，在实际生活工作中，仍需要因项目制宜，选择最合适的方案与技术，才能构建出最好的项目。